华为智能计算技术丛书

Database Principle and Application
Based on Gauss DB

数据库原理及应用

基于GaussDB的实现方法

李雁翎◎编著
Li Yanling

清华大学出版社
北京

内 容 简 介

在大数据时代，"数据"是一种宝贵的资源，甚至可以说是战略性资源，它蕴含着无尽的能量，展示出超然的魅力。随着大数据时代的到来，数据库技术在研究、管理和应用数据领域成为备受瞩目的核心技术。在这种背景下，数据库技术已成为人们需要学习和掌握的一种基本知识和本领。

本书以华为公司自主研发的 GaussDB(for MySQL)数据库管理系统为背景，全面讲述了数据库原理和技术，以及基于 GaussDB(for MySQL)进行数据库应用系统开发的基本技能和方法。

本书以培养计算思维能力为目标，由"基础理论篇""技术篇""系统应用篇"三篇组成，以数据库应用系统案例为主线贯穿全书，讲述了数据库基础理论、数据库操作和管理的基本技能以及数据库应用系统开发的一般方法。特别地，它以目前国产新型云数据库为背景，这在国内极为少见，对于增强科技自信、民族自信，促进国产数据库软件的发展和应用普及具有重要意义。

本书配套资源全面、丰富，未来还将配套适合 GaussDB(for MySQL)平台的实验指导书，可作为数据库技术学习者的教学用书，也可作为培养"小型应用系统开发能力"的学习用书，以及作为广大计算机用户和计算机学习者的培训用书及自学用书。

图书在版编目(CIP)数据

数据库原理及应用：基于 GaussDB 的实现方法/李雁翎编著. —北京：清华大学出版社，2021.7
(华为智能计算技术丛书)
ISBN 978-7-302-58085-0

Ⅰ. ①数… Ⅱ. ①李… Ⅲ. ①关系数据库系统 Ⅳ. ①TP311.138

中国版本图书馆 CIP 数据核字(2021)第 075683 号

责任编辑：曾　珊
封面设计：李召霞
责任校对：郝美丽
责任印制：刘海龙

出版发行：清华大学出版社
　　　　网　　　址：http://www.tup.com.cn，http://www.wqbook.com
　　　　地　　　址：北京清华大学学研大厦 A 座　　　邮　　编：100084
　　　　社　总　机：010-62770175　　　　　　　　　邮　　购：010-83470235
　　　　投稿与读者服务：010-62776969，c-service@tup.tsinghua.edu.cn
　　　　质量反馈：010-62772015，zhiliang@tup.tsinghua.edu.cn
　　　　课件下载：http://www.tup.com.cn，010-83470236
印　装　者：小森印刷霸州有限公司
经　　　销：全国新华书店
开　　　本：186mm×240mm　　　印　　张：19.25　　　　字　　数：402 千字
版　　　次：2021 年 8 月第 1 版　　　　　　　　　　　印　　次：2021 年 8 月第 1 次印刷
印　　　数：1～2500
定　　　价：69.00 元

产品编号：090403-01

FOREWORD
序

　　新技术是发展新经济的第一动力。 近年来，随着中国经济社会步入高质量发展的健康轨道，我们自主开发的新技术在许多领域生根开花，渐成主角，并成为经济发展的新动能。 在计算机科学与应用技术领域，随着云计算技术的成长、成熟，基于云的关系数据库的服务需求快速增长，催生了一些本土的针对云环境设计的关系数据库架构，并开始在多领域发挥重要作用。 华为公司数据库专业研发团队依靠深厚的理论基础以及过硬的技术力量，研发推出了基于云的国产数据库管理系统软件GaussDB(for MySQL)。 该产品一经问世，就为许多企业构建了大数据与云服务时代背景下良好的数据库管理生态体系。

　　GaussDB(for MySQL)云数据库，是最新一代企业级高扩展海量存储分布式数据库管理系统，完全兼容 MySQL。 它是鲲鹏系统生态中的核心产品之一，既拥有商业数据库的性能和可靠性，又具备开源数据库的灵活性，是一款可融入许多行业的新产品，助力形成按需提供个性化产品和服务的新业态，可以作为前景广阔的产业链跨界融合的产业管理与运行的新模式。

　　本书由东北师范大学李雁翎教学团队与华为公司共同打造，旨在推广 GaussDB 新技术的应用。 作为院校和企业联合并取得成功的产学研项目而形成的教学研究成果之一，本书以培养数据库理论基础知识与数据处理技能为目标，全面展示、讲解了GaussDB(for MySQL)这款云数据库管理软件，让国产数据库软件走进高校。 不仅满足了本土的云数据库开发应用需求，而且将增进、激励高校学子积极进取的精神和爱国情怀，具有很强的时代感和现实意义。

　　本书富有特色，在完整呈现数据库理论基础之上，贯穿了云数据库原理与应用技术，同时介绍了 GaussDB(for MySQL)数据库管理系统的特色及技术面貌。 本书体例新颖，有丰富的数字资源支撑，有配套的网络课程，形成立体化内容。

　　可以预期，在未来 10～15 年甚至更长的时期内，一方面，信息技术唱主角的态势仍将继续并扩大，另一方面，信息技术的潜力还远未充分发挥，由它所带动的更新的科学技术和发展动能还在持续孕育之中。 信息技术的推广速度和影响力，不仅已然如我们所看到的，远远大于电力、冶炼等传统技术，而且它与云计算、人工智能的结合融为一体，也将深刻地改变人类社会，令人叹为奇迹。 为了使人类社会及赖以生存的地球成为可控的世界，我们需要培养大量的计算机数据库技术人才，需要有我国自主的基础性发明和创新型的生产制造，需要教育为先。 在此我非常高兴地向人们推荐这本云数据库 GaussDB（for MySQL）教材，愿它发挥更好、更大的教学效益，是为序。

中国科学院院士 陈国良

2021 年 2 月

PREFACE
前　言

在大数据时代，"数据"构成了一种世界观，以"数据"观世界，则客观世界就是一切数据的总和。"数据"是一种宝贵的资源，甚至可以说是战略性资源。"大数据"技术使"数据"蕴含着无尽的能量，显示出超然的魅力。只要掌握数据，人人都可以俯瞰大千世界的任何一个侧面。所谓掌握数据，也就意味着首先要处理数据；而数据处理的过程是与数据库技术息息相关的。数据库原理和技术给人们提供了一种理解、处理和管理世界的方法。随着数据观的成长、成熟和发展，数据时空的海量扩张呈现出一个大数据时代来临的现实景观。大数据必然带来云计算技术的发展，数据库技术也因云计算而有了新的飞跃，于是云数据库管理系统给我们打开了一个数据处理的想象空间，呈现出海量数据与云计算背景下数据处理的"魅力生态"新技术场景。

在这种形势下，华为公司研发推出的 GaussDB 管理系统应运而生。它以基于云计算的数据库管理技术为根基，是企业级高扩展海量存储分布式数据库管理系统，完全兼容 MySQL，一经问世便成为华为鲲鹏系统生态中的核心产品之一，进而成为替代国外数据库管理系统软件、解决"卡脖子问题"的国产本土数据库管理系统的代表、首选和佼佼者，备受瞩目。

作为三十余年一直在高校讲授"数据库原理和应用"相关课程的教师，我编著了多本相关的数据库教程，但这是第一次编著国产数据库教程。在多年的实践教学的基础上，在华为公司 GaussDB 团队合作和指导下，研发编著了本书，以使 GaussDB（for MySQL）更快地走进数据库技术应用领域，走进高校，为广大读者用户所掌握。

本书的特点在于将数据库基本原理知识与 GaussDB（for MySQL）数据库管理系统的技术知识融合在一起，是以 GaussDB（for MySQL）为平台的数据库原理与技术教程，也是从数据库基本概念入手的 GaussDB（for MySQL）数据库管理系统入门教程。本书讲解了数据库基本概念、数据库设计、数据库组织与管理、数据库 SQL 查询语言、数据库系统控制，以及数据库应用系统开发的一般方法，同时也介绍了 GaussDB（for MySQL）云数据库的特性、架构及工作原理等几个方面的内容。每章都通过翔实的基础知识和简明的操作步骤，将知识点和实际应用相结合，帮助读者理解和掌握数据库原理和数据库操作。以"基础知识与动手实验相结合"为编写理念，以一个完整的数据库应用系统案例贯穿全书，编写体例贴近实践的语境，将数据库原理与数据库操作技术，以及数据库应用系统开发等内容相结合，由浅入深，层层递进地展现给读者。

本书共有三篇，共 13 章。

上篇：基础理论，共有 3 章。

第 1 章　走进 GaussDB。 主要介绍了信息、数据、数据库、数据库管理系统、数据库系统和分布式数据库系统等概念； 数据库系统结构、数据库应用系统的组成； GaussDB(for MySQL)的特点、系统架构和集成环境等内容。

第 2 章　关系数据库。 主要介绍了数据描述过程、概念模型、关系模型、关系规范化和关系代数等内容。

第 3 章　数据库设计和建模。 主要介绍了数据库设计的生命周期、需求分析方法、概念结构设计、逻辑结构设计、物理结构设计方法、步骤和工作流程等内容。

中篇：技术详解，共有 7 章。

第 4 章　数据库预备知识。 主要介绍了数据库的数据类型、常用函数和表达式计算等数据库应用开发的必备基础知识等。

第 5 章　SQL。 主要介绍了 SQL 的特点、功能； SQL 数据定义语句、数据操纵语句应用等内容。

第 6 章　数据库。 主要介绍了集中式数据库、分布数据库式、云数据库框架； 介绍了存储引擎； 数据库创建及维护方法等内容。

第 7 章　文件组织与索引。 主要介绍了文件组织、索引、索引的类型以及创建索引遵循的原则，索引创建、维护和使用等内容。

第 8 章　表与视图。 主要介绍了数据表的操作方法，包括表设计概述、创建表的方法、表中数据的操作方法； 介绍了什么是视图、创建视图、视图维护及使用等内容。

第 9 章　数据查询。 主要介绍了 SELECT 语句、集函数查询、单表查询、多表查询、嵌套查询、子查询、带 EXISTS 关键字的子查询，并通过案例演示 SQL 语句的实际应用。

第 10 章　数据库完整性。 主要介绍了完整性约束； 介绍了存储过程，存储过程的创建以及存储过程的调用、维护和使用； 介绍了触发器，创建触发器，维护及使用触发器等内容。

下篇：系统应用，共有 3 章。

第 11 章　数据库系统控制。 主要介绍了事务及事务特性； 介绍了数据库系统恢复技术及并发控制； 介绍了数据库安全、用户管理、数据库备份/恢复、数据库表导入/导出等内容。

第 12 章　GaussDB(for MySQL)数据库管理系统。 主要介绍了 GaussDB(for

MySQL)系统结构，数据存储、恢复与实现工作机制；介绍了 GaussDB 整体架构和 GaussDB 云数据库架构等内容。

第 13 章　数据库应用系统开发的一般方法。主要介绍了数据库应用系统开发的一般方法，并对应用系统开发中的问题提出、需求分析、系统设计等工作进行详细阐述。

全书各章节配有 60 个微视频，如下表所示。

序号	视 频 标 题	对应章节位置
1	1-1a：基本概念一	1.1 尾
2	1-1b：基本概念二	1.1.3 尾
3	1-2：数据库系统	1.2 尾
4	1-3：GaussDB(for MySQL)概述	1.4 尾
5	2-1：概念模型	2.2 尾
6	2-2：关系模型	2.3 尾
7	2-3：关系规范化	2.4 尾
8	2-4：关系运算和、差、交	2.5.3 尾
9	2-5：关系运算投影、选择	2.5.6 尾
10	2-6：关系运算连接	2.5.7 尾
11	2-7：除	2.5.8 尾
12	3-1：数据库生命周期	3.1 尾
13	3-2：需求分析	3.2 尾
14	3-3：概念结构设计	3.3 尾
15	3-4：逻辑结构设计	3.4 尾
16	3-5：物理结构设计	3.5 尾
17	4-1：GaussDB(for MySQL)的数据类型	4.1 尾
18	4-2：GaussDB(for MySQL)的运算符	4.2 尾
19	4-3：GaussDB(for MySQL)的函数	4.3 尾
20	5-1：SQL 概述	5.1 尾
21	5-2：SQL 数据操纵语句	5.3 尾
22	6-1：数据库分类	6.1 尾
23	6-2：存储引擎	6.2 尾
24	6-3：创建数据库	6.3.1 尾
25	6-4：维护数据库	6.3.2 尾
26	7-1：文件组织	7.1 尾
27	7-2：创建索引的原则	7.3 尾
28	7-3：维护索引	7.5 尾
29	8-1：表的创建	8.1 尾

续表

序号	视 频 标 题	对应章节位置
30	8-2：表中数据的输入	8.2.1 尾
31	8-3：表中数据的维护	8.3.3 尾
32	8-4：视图特性	8.4 尾
33	8-5：视图操纵	8.6 尾
34	9-1：SELECT 语句概述	9.1 尾
35	9-2：集函数查询	9.2 尾
36	9-3：行、列查询	9.3.4 尾
37	9-4：两表列查询	9.4.2 尾
38	9-5：多表条件查询	9.4.4 尾
39	9-6：多表行、列查询	9.4.5 尾
40	9-7：多表嵌套查询	9.5.2 尾
41	9-8：带 IN 关键字的查询	9.6.1 尾
42	9-9：带比较运算符的查询	9.6.2 尾
43	9-10：带 ANY 关键字的子查询	9.6.3 尾
44	9-11：带 ALL 关键字的子查询	9.6.4 尾
45	9-12：带 EXISTS 关键字的子查询	9.6.5 尾
46	10-1：实体完整性约束	10.1.1 尾
47	10-2：参照完整性约束	10.1.2 尾
48	10-3：用户自定义完整性约束	10.1.3 尾
49	10-4：触发器概述	10.2.1 尾
50	10-5：创建触发器	10.2.2 尾
51	10-6：维护触发器	10.2.3 尾
52	10-7：存储过程概述	10.3.1 尾
53	10-8：创建存储过程	10.3.2 尾
54	10-9：维护存储过程	10.3.3 尾
55	11-1：事务	11.1.2 尾
56	11-2：恢复技术	11.2.3 尾
57	11-3：并发控制	11.3.4 尾
58	11-4：数据库安全	11.4.4 尾
59	12-1：GaussDB(for MySQL) 概述	12.4.3 尾
60	12-2：GaussDB 数据库整体架构	12.5.4 尾

本书富有特色，是国内首本引入 GaussDB 作为技术平台的数据库教学用书，对扩展数据库应用，推广使用国产数据库管理系统软件，普及 GaussDB，都具有很强的针对性和现实意义。全书从基础理论入手，体系清晰，知识点全面，对数据库原理知识体系的讲解深入浅出，精编精讲，尽量将复杂的问题简单化；以实例主导，有很强的实用性；设计手段尽量简洁，尤其注重使用和设计能力的培养。

　　本书配有丰富的教学资源，可作为学习数据库原理课程教学用书，也可作为培养"小型应用系统开发能力"的学习用书，以及广大计算机用户和计算机学习者的培训用书及自学用书。

　　本书由李雁翎编写。华为公司数据库团队专家提供了有关 GaussDB(for MySQL) 数据库管理系统部分内容及资料，并在编写过程中给予指导。刘征承担了部分实验的验证和微视频的录制。华为公司张霄鸾、赵成、周家恩、张迪、张昆、王立、贾新华、康阳、赵新新、张彦轩，以及清华大学出版社盛东亮、曾珊在图书编写过程中给予了各种支持，在此一并表示感谢。

　　由于作者水平有限，书中难免有疏漏和不足之处，欢迎广大读者批评指正。

编　者

CONTENTS
目　　录

上篇　基础理论

中篇　技术详解

下篇　系统应用

第 11 章　数据库系统控制　　205

上篇 基础理论

在信息社会,信息的获取、处理和掌握依赖于社会信息系统的建立,由此产生了有关数据库的理论和技术。数据库理论和技术构成了信息系统的核心技术和基础。GaussDB(for MySQL)云数据库是华为自主研发的最新一代企业级高扩展海量存储分布式数据库管理系统。

在本篇,我们从数据库原理和技术的基本概念出发,一起走进数据库系统,走进GaussDB(for MySQL)。

本篇共有3章内容,其中:

第1章 走进GaussDB。学习数据库原理和技术的基本概念,逐一讲解信息、数据、数据库、数据库管理系统、数据库系统、分布式数据库系统,以及数据库系统体系结构、数据库应用系统的组成等,阐述了GaussDB(for MySQL)数据库管理系统的特点、系统架构和管理控制平台。

第2章 关系数据库。学习关系数据库基本概念,逐步深入讲解数据描述过程、概念模型基本概述、E-R模型图、实体联系类型,以及关系模型、关系的操作、关系的完整性、关系数据库的特性、关系代数等。

第3章 数据库设计和建模。学习数据库设计的方法与步骤,分步讲解需求分析、概念结构设计、逻辑结构设计和物理结构设计各阶段目标及任务,学习概念模型、逻辑模型和物理模型的表示方法等数据库设计相关内容。

走进 GaussDB

人类进入信息社会的重要标志,是将一切事物和行为都尽可能地转化成"信息"的方式存在,人们通过获取、处理和掌握"信息"来表达客观现实和掌握世界。这就是所谓的"信息化"。于是"信息"变得无处不在、无比重要,对"信息"的应对和处理便成为人们基本的生存技能、生活手段和存在方式之一。

数据库技术连同与其共生的计算机技术、网络技术的应用与普及水平,标志着一个国家的信息化水平。作为信息系统管理核心技术的数据库应用技术现在已融入国家公共管理,以及人们日常的工作、生活中,进而影响着人类的价值体系、知识结构和生活方式。

GaussDB(for MySQL)就是一个为建立社会信息系统而服务的数据库管理系统。在这里,数据将不再分散,不再孤单,而形成了一种"数据库系统"环境,形成了一种数据的生态系统,达成了"一揽子"的数据管理与数据应用服务。本章将从数据库基本概念出发,引领大家走进 GaussDB。

1.1　与数据库相关的基本概念

1-1a

走进数据库应用领域,首先遇到的是信息、数据和数据库等基本概念。这些不同的概念和术语将贯穿在人们进行数据处理的整个过程之中。掌握好这些概念和术语,对于我们更好地学习和使用数据库管理系统,有着重要的意义。

本节将具体讲解信息、数据、数据库、数据库管理系统、数据库系统和分布式数据库系统等基本概念。

1.1.1　信息

在人类社会活动中存在各种各样的事物,每个事物都有其自身的表现特征和存在方式,以及与其他事物的相互关联、相互影响、相互作用。信息(Information)可定义为人们对于客观事物属性和运动状态的反映。它所反映的是关于某一客观系统中,某一事物的存在方式或某一时刻的运动状态。

信息是人们在进行经济活动、生产活动以及文化活动等社会活动时的产物,并用以参与指导其活动过程。信息是有价值的,是可以被感知的,可被感知。经过加工处理的信息对人类客观行为产生影响,通过各种方式传播。

信息可以通过载体传递,可以通过信息处理工具进行存储、加工、传播、再生和增值。

在信息社会中,信息一般可与物质或能量相提并论,它是一种重要的资源,信息有如下主要的特征:

(1) 信息的内容是关于客观事物或思想方面的知识,即信息的内容能反映已存在的客观事实,能预测未发生事物的状态,能用于指挥控制事物发展的决策;

(2) 信息是有用的,它是人们活动的必需知识,利用信息能够克服工作中的盲目性,增加主动性和科学性;

(3) 信息能够在空间和时间上被传递,在空间上传递信息称为信息通信,在时间上传递信息称为信息存储;

(4) 信息用一定的符号形式来表示,信息与其表现符号不可分。

1.1.2 数据

数据(Data)是反映客观事物存在方式和运动状态的记录,是信息的载体。对客观事物属性和运动状态的记录是用一定的符号来表达的,因此说数据是信息的具体表现形式。

表现信息的数据的形式是多种多样的,不仅有数字、文字符号,还可以有图形、图像和音频视频文件等。用数据记录同一信息可以有不同的形式,信息不会随着数据形式的不同而改变其内容和价值。

数据与信息在概念上是有区别的。从信息处理角度看,任何事物的存在方式和运动状态都可以通过数据来表示。经过加工处理后的数据具有知识性,能够对人类活动产生作用,从而形成信息。信息是有用的数据,数据是信息的表现形式。信息是通过数据符号来传播的,不具有知识性和有用性的数据不能称为信息,也就没有价值输入计算机或数据库中进行处理。从计算机的角度看,数据泛指那些可以被计算机接受并处理的符号,是数据库中存储的基本对象。

数据具有如下特征:

(1) 数据有"型"和"值"之分;

(2) 数据的使用受数据类型和取值范围的约束;

(3) 数据具有多种表现形式;

(4) 数据有明确的语义。

例如:某人"自然信息"中的数据,用如下形式表示。

型：（姓名,性别,出生年份,籍贯,所在系,入学时间）

值：（张明明,男,2000,江苏,计算机系,2018）

通过上面数据的"型"和"值",可以将其解释为：

张明明是个男大学生,2000 年出生,江苏人,2018 年考入计算机系

当我们将其"型"中的"入学时间"改为"入职时间",同样的数据,将解释为：

张明明是个男职工,2000 年出生,江苏人,2018 年入职计算机系

由此看来,数据不仅仅是一个单纯的符号串,它是由数据的"型"和"值"共同表征和定义的带有语义的"符号"。由于数据类型的多样性,大千世界都可用数据来描绘和记录,尤其是由于数据处理工具的层出不穷,数据技术越发进步,数据价值的挖掘和利用便越发深入,前景广阔。人们因为关注和掌握与数据相关的技术而开启了人类社会的信息时代。

1.1.3　数据库

1-1b

数据库（DataBase,DB）是数据库系统的核心部分,是数据库系统的管理对象。

所谓数据库,是以一定的组织方式将相关的数据组织在一起的,长期存放在计算机内的,可为多个用户共享的,与应用程序彼此独立、可统一管理的数据集合。

数据库组织由数据模型来表示。在数据模型的基础上,数据库不仅存储客观事物本身的信息,还包括各事物间的关系。数据模型的主要特征在于其表现的数据逻辑结构,因此确定数据模型就等于确定了数据间的关系,即数据库的"框架"。有了数据间的关系框架,再把表示客观事物具体特征的数据按逻辑结构输入到"框架"中,就形成了有组织结构的"数据"的"容器",这个"容器"便可理解为存放数据的"仓库"。

数据库将数据存放在"外存储器"中,可长期存放,并与应用程序彼此独立。由于其依赖数学模型进行"框架"存放,所以很方便为多个用户共享。

数据库的性质是由数据模型决定的。在数据库中,数据的组织结构如果支持层次模型的特性,则该数据库为层次数据库；数据的组织结构如果支持网络模型的特性,则该数据库为网络数据库；数据的组织结构如果支持关系模型的特性,则该数据库为关系数据库；数据的组织结构如果支持面向对象模型的特性,则该数据库为面向对象数据库。

数据库的特征如下：

(1) 按一定的数据模型进行组织、描述和存储；

(2) 可为多个用户共享；

(3) 冗余度较小；

(4) 数据独立性较高；

(5) 易扩展。

1.1.4　数据库管理系统

数据库管理系统(DataBase Management System,DBMS)是位于用户与操作系统之间,具有数据定义、管理和操纵功能的软件集合。

数据库管理系统提供对于数据库资源进行统一管理和控制的功能,使数据与应用程序隔离,数据具有独立性;使数据结构及数据存储具有一定的规范性,减少了数据的冗余,并有利于数据共享;提供安全性和保密性措施,使数据不被破坏,不被窃用;提供并发控制,在多用户共享数据时保证数据库的一致性;提供恢复机制,当出现故障时,数据可恢复到一致性状态。

目前受广大用户欢迎的数据库管理系统很多,如 MySQL、Oracle、Access、SQL Server 等,本书所介绍的 GaussDB(for MySQL)就是一款由华为公司自主研发的数据库管理系统软件。

无论是哪种数据库管理系统软件,都具有如下主要功能:

(1) 数据定义功能;

(2) 数据操纵功能;

(3) 数据库的运行管理功能;

(4) 数据库的建立和维护功能。

1.1.5　数据库系统

数据库系统(DataBase System,DBS)是支持数据库得以运行的基础性系统,即整个计算机系统。数据库是数据库系统的管理对象,每个具体的数据库及其数据的存储、维护以及为应用系统提供数据支持,都是在数据库系统环境下运行完成的。

数据库系统是计算机软/硬件资源的集合,用于实现有组织地、动态地存储大量相关的结构化数据,方便各类用户访问数据库。

1.1.6　分布式数据库系统

分布式数据库系统(Distributed DataBase System,DDBS)以数据"分布"的方式实现有组织地、动态地存储大量相关结构化数据,方便各类用户访问数据的计算机软/硬件资源的集合。所谓"分布"方式,指在一般情况下,将一个大型复杂的数据库拆分成多个独立的数据库,分散存储在不同物理空间。用户可以有 DBMS 的一份完整副本,或者部分副本,并具有自己的局部数据库,然后通过网络互相连接,使物理上分布的各局部数据库共同组成一个完整的、全局的逻辑视图。对于用户而言,相当于有一个集中的数据库为其所用。

1.2　数据库应用系统的组成

数据库应用系统是在计算机系统的意义上来理解的数据库系统,它一般由支持数据库的硬件环境、数据库软件支持环境(操作系统、数据库管理系统、应用开发工具软件、应用程序等)、数据库、开发使用和管理数据库应用系统的人员组成。

1.2.1　数据库应用系统组织架构

"天时、地利、人和"方可成就大事,一件事由多元素构成,且这些多元要素要有一个整体性最佳的配比。同样地,一个机构、一个企业、一个学校等,都是由不同的职能部门组成的,每个部门都制约着整体运营,只有实现各职能部门有机的、协调的配合,方可实现整体的最优化。

数据库应用系统组织架构如图 1-1 所示。

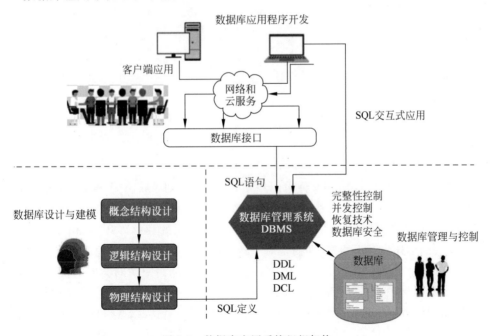

图 1-1　数据库应用系统组织架构

由图 1-1 可知,数据库应用程序开发、数据库设计与建模、数据库管理与控制这三部分构成了数据库应用系统的有机整体,三者良性的对接及各自完善的设计,使数据库系统趋于有机性。

1.2.2 数据库系统结构

数据库系统在总的体系结构上具有外部级、概念级、内部级三级结构的特征,这种三级结构也称为"三级模式结构"或"数据抽象的三个级别"。

数据库系统的三级模式结构由外模式、概念模式和内模式组成,如图 1-2 所示。

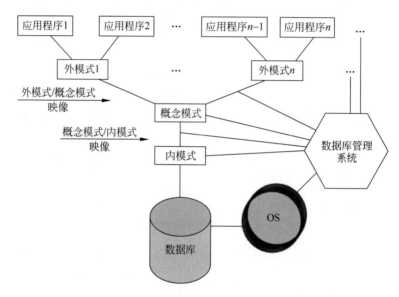

图 1-2　数据库系统的三级模式结构

1. 外模式

外模式(External Schema)又称为用户模式(User's Schema)或子模式(SubSchema),对应于用户级,是某个或几个数据库用户所看到的数据库的数据视图。外模式是与某一应用有关的数据的逻辑结构和特征描述。对于不同的数据库用户,由于需求的不同,外模式的描述也互不相同,即使是对于概念模型相同的数据,也会产生不同的外模式。这样,一个概念模型可以有若干个外模式,每一个用户只关心与其有关的外模式,这有利于数据保护,对数据所有者和用户都极为方便。用户可以通过子模式描述语言来描述用户级数据库的记录,还可以利用数据操纵语言对这些记录进行操作。

2. 概念模式

概念模式(Conceptual Schema)又称模式(Schema)或逻辑模式(Logic Schema),

它是介于内模式与外模式之间的层次,与结构数据模型对应,由数据库设计者综合各用户的数据,按照统一观点构造的全局逻辑结构,是对数据库中全部数据的逻辑结构和特征的总体描述,是所有用户的公共数据视图。概念模式描述的是数据的全局逻辑结构。外模式涉及数据的局部逻辑结构,通常是概念模式的子集。概念模式是用模式描述语言来描述的,在一个数据库中只有一个概念模式,是数据库数据的公共视图。

3. 内模式

内模式(Internal Schema)又称为存储模式(Storage Schema)或物理模式(Physical Schema),是数据库中全体数据的内部表示,它描述了数据的存储方式和物理结构,即数据库的"内部视图"。"内部视图"是数据库的底层描述,定义了数据库中的各种存储记录的物理表示、存储结构与物理存取方法,如数据存储文件的结构、索引、集簇等存取方式和存取路径等。内模式虽然称为物理模式,但它的物理性质主要表现在操作系统级和文件级上,本身并不深入到设备级,仍然不是物理层,不涉及物理记录的形式(例如不考虑具体设备的柱面与磁道大小),因此只能说,内模式是最接近物理存储的数据存储方式。内模式是用模式描述语言严格定义的,在一个数据库中只有一个内模式。

在数据库系统体系结构中,三级模式是根据所描述的三层体系结构的三个抽象层次定义的。外模式处于最外层,它反映了用户对数据库的实际要求;概念模式处于中间层,它反映了设计者的数据全局的逻辑要求;内模式处于最深层,它反映了数据的物理结构和存取方式。

传统数据库系统的三级模式是数据的三个级别的抽象,使用户能够逻辑地、抽象地处理数据,而不必关心数据在计算机中的表示和存储。

分布式数据库系统同样实现了三个抽象层次间的联系和转换,其模式结构如图 1-3 所示。

1.2.3　DBMS 管理与控制

数据库管理与控制是由数据库管理系统(DataBase Management System,DBMS)来实现的,数据库的拥有者依靠 DBMS 完成对数据库的统一管理。

DBMS 提供了以下 3 个数据子语言进行数据库管理与控制。

(1) 数据定义语言(Data Definition Language,DDL),用于定义数据库的各级模式(外模式、概念模式、内模式)及其相互之间的映像,定义数据的完整性约束及保密限制等约束,各种模式通过数据定义语言编译器翻译成相应的目标模式,并保存在数据字典中。

(2) 数据操纵语言(Data Manipulation Language,DML),用于实现对数据库中的

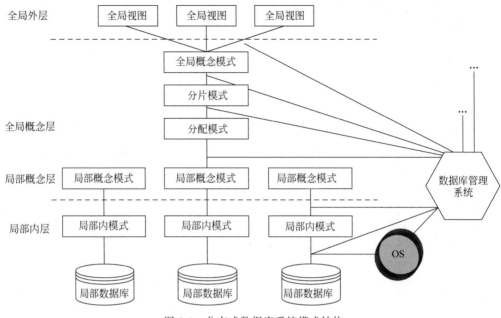

图 1-3　分布式数据库系统模式结构

数据进行存取、检索、插入、修改和删除等操作。

　　数据操纵语言一般有两种类型：一种是嵌入高级语言中，不独立使用，此类语言称为宿主型语言；另一种是交互查询语言，可以独立使用，进行简单的检索、更新等操作，通常由一组命令组成，用于提取数据库中的数据，此类语言称为自主型语言，包括数据操纵语言的编译程序和解释程序。

　　(3) 数据控制语言(Data Control Language,DCL)，用于安全性和完整性控制，实现并发控制和故障恢复。数据库管理例行程序是数据库管理系统的核心部分，它包括并发控制、存取控制、完整性条件检查与执行、数据库内部维护等，数据库的所有操作都在这些控制程序的统一管理下进行，以确保数据的正确、有效。

1-3

1.3　GaussDB(for MySQL)概述

　　GaussDB(for MySQL)云数据库是华为公司自主研发的最新一代企业级高扩展海量存储分布式数据库管理系统，完全兼容 MySQL。它是鲲鹏系统生态中的核心产品之一，既拥有商业数据库的性能和可靠性，又具备开源数据库的灵活性。

　　以下概念有助于读者更好地了解和使用 GaussDB(for MySQL)。

（1）集群：一个集群包含一个主节点和多个只读节点。GaussDB(for MySQL)采用集群架构。

（2）区域(Region)：区域是指物理的数据中心。一般情况下，GaussDB(for MySQL)实例应该和弹性云服务器实例位于同一地域，以实现最高的访问性能。

（3）可用区(Availability Zone,AZ)：一个 AZ 是一个或多个物理数据中心的集合，有独立的"风火水电"，AZ 在内逻辑上再将计算、网络、存储等资源划分成多个实例，可用区是指在某个地域内拥有独立电力和网络的物理区域。可用区之间用内网互通，不同可用区之间实现物理隔离。每个可用区都不受其他可用区故障的影响，并提供低价、低延迟的网络连接，以连接到同一地区，其他可用区通过使用独立可用区内的GaussDB(for MySQL)，可以保护应用程序不受单一位置故障的影响。同一区域的不同 AZ 之间没有实质性区别。

1.3.1　GaussDB(for MySQL)的特点

GaussDB(for MySQL)是计算与存储分离、云化架构的关系型数据库管理系统，它具有如下特点。

1. 超高性能

GaussDB(for MySQL)融合了传统数据库、云计算与新硬件技术等多方面技术，采用云化分布式架构，一台服务器每秒能够响应的查询次数 QPS (Query Per Second)可达百万级。支持高吞吐、强一致的事务管理，性能接近于原生 MySQL 的 7 倍，支持读/写分离，自动负载均衡。

2. 高扩展性

GaussDB(for MySQL)基于华为最新一代 DFV(Data Function Virtualization)存储，采用计算存储分离架构，支持只读副本、快速故障迁移和恢复，主机与备机共享存储，存储量可达 128TB；通过分布式和虚拟化技术大大提升了 IT 资源的利用率，自动化分库、分表，拥有"应用透明开放架构"特性，可随时根据业务情况增加只读节点，扩展系统的数据存储能力和查询分析性能，即容量和性能可按照用户的需求进行自动扩展。

3. 高可靠性

GaussDB(for MySQL)具有高可用的跨 AZ 部署方案，支持数据透明加密，还支持自动数据全量、增量备份，一组数据拥有 3 份副本，可做到数据零丢失，安全可靠。

4. 高兼容性

GaussDB(for MySQL)完全兼容 MySQL，原有 MySQL 应用无需任何改造便可运行；并在兼容 MySQL 的基础上，针对性能进行了高度优化，提升了数据库管理系统的功能，同时改善了交互环境，有非常友好的用户工作界面，用户进行数据库操纵时更方便、快捷。

5. 超低成本

GaussDB(for MySQL) 既拥有商业数据库的高可用性，又具备开源数据库的低成本效益；开箱即用，也可选择性地按需使用，无论是大中型数据库用户，还是中小型数据库的所有者，都可以找到适合自己需求的云数据库服务。

6. 易开发

GaussDB(for MySQL)兼容 SQL 2003 标准，支持存储过程和丰富的 API 接口（如 JDBC、ODBC、Python、C-API、Go），为数据库应用系统开发提供了便利；有一定关系数据库基础和编程经验的用户可毫无障碍地快速进入，即便零基础的用户也会很容易地熟悉、学会相关数据库管理技术。

1.3.2 GaussDB(for MySQL)系统架构

传统的关系数据库系统通常假定数据存储在本地磁盘。如果数据库需要高可用性，通常需要维护数据库的两个或三个副本，即一个 Master 数据库（主机）和一到两个 replica(备机)。Master 节点同时处理读写事务。每个 replica 需要维护一份数据库的完整副本，并能处理只读事务。如果 Master 节点出现故障或失去响应，则其中一个 replica 节点升为新的 Master 节点。

GaussDB(for MySQL)是基于华为 DFV 存储软件架构支撑的云数据库。其系统架构如图 1-4 所示。

GaussDB(for MySQL)将数据库系统分为计算层和存储层，让每一层都承担部分数据库功能，可以解决这些问题；计算节点只将日志记录发给存储层，而不是发送完整的页面，存储层知道如何用日志记录来更新和生成页面，计算层与物理层之间只需通过网络进行一次调用即可完成，这样可以尽可能减少网络发送的数据量，降低请求的延迟。

其中：

数据库前端目前兼容 MySQL 的全部功能，负责数据库的连接处理、SQL 优化和执行、事务管理。

计算层由一个 Master 节点和多个 read replica 组成，Master 节点可以提供读写操作，read replica 只执行读操作。为了保证数据库的数据页的修改持久化，日志记录必须持久化。

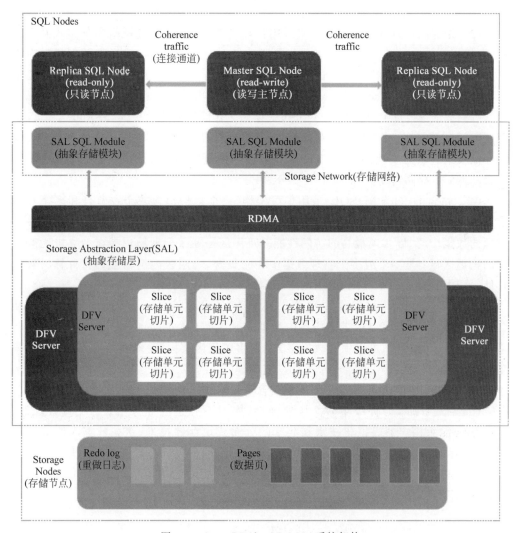

图 1-4　GaussDB(for MySQL)系统架构

存储层负责日志记录的持久化。同时,它们将日志记录服务于只读副本,以便这些副本可以将日志记录应用到其缓冲池中的页。Master 节点也会定期与其他只读副本进行通信(最新日志记录的位置),以便只读副本读取最新的日志记录。

1.3.3　GaussDB(for MySQL)独特之处

GaussDB(for MySQL)是国产数据库,除了具有传统数据库管理系统的功能及特点外,它的核心技术如下:

(1) 100%兼容开源 MySQL 生态。为用户提供了数据库"管理控制平台",具有十分友好的可视化数据库操纵环境,同时也提供了命令行操作场景。

(2) 深度优化数据库内核。同时采用物理复制、RDMA 高速网络和分布式共享存储,大幅提高性能。集群包含一个主节点和最多 15 个只读节点,满足高并发场景对性能的要求,尤其适用于读多写少的场景。基于共享存储的一写多读集群,数据只需要一次修改,所有节点立即生效。

(3) 基于华为自主研发的 DFV 分布式存储。存储扩展能力更强,最大可达 128TB;存储空间利用率高,共享分布式存储架构,数据库存储 3 份副本;网络资源开销小;计算存储仅通过日志实现持久化;I/O 精简;故障恢复时间短(在 10s 内);支持数据容量自动伸缩;存储自动分片,无需分库分表。

(4) GaussDB(for MySQL)采用集群架构,一个集群包含一个主节点和多个只读节点。一般情况下,数据库实例应该和弹性云服务器实例位于同一区域,即在同一个物理的数据中心,以实现最高的访问性能。可用区是在某个地域内拥有独立电力和网络的物理区域;是一个或多个物理数据中心的集合,可用区内逻辑上再将计算、网络、存储等资源划分成多个实例,可用区之间内网互通,不同可用区之间物理隔离。跨 AZ 部署,可用区高可用,数据安全可靠。共享分布式存储的设计,彻底解决了主从(Master-Slave)异步复制所带来的备库数据非强一致的缺陷,使得整个数据库集群在应对任何单点故障时,可以保证数据零丢失;多可用区架构,在多个可用区内都有数据备份,为数据库提供容灾和备份;采用白名单、VPC 网络、数据多副本存储等全方位的手段,对数据库数据访问、存储、管理等各个环节提供安全保障。

(5) 弹性扩展,分钟级生效。快速弹性,应对不确定的业务增长;配置升降级,5 分钟生效,采用容器虚拟化技术和共享的分布式块存储技术,使得数据库服务器的CPU、内存能够快速扩容;增减只读节点,5min 生效,通过动态增减节点提升性能或节省成本。通过使用集群地址可屏蔽底层的变化,应用对于增减节点无感知。其读/写工作流如图 1-5 所示。

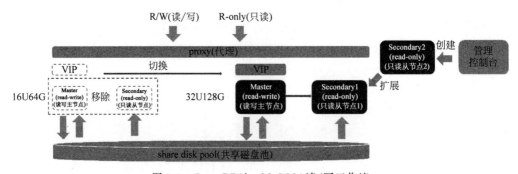

图 1-5　GaussDB(for MySQL)读/写工作流

（6）快速备份恢复，专为 GaussDB(for MySQL)引擎定制的分布式存储系统，极大提升恢复性。数据天然按多时间点多副本存储，快照秒级生成，支持海量快照，体现了强大的数据快照处理能力；备份及恢复逻辑下沉到各存储节点，本地访问数据直接与第三方存储系统交互，具有并行高速备份、恢复的高并发高性能。

1.3.4　GaussDB(for MySQL)集成环境

随着企业应用上传至云端，基于云的关系数据库服务需求快速增长。在过去的几年中，出现了一些针对云环境设计的关系数据库架构，GaussDB(for MySQL)就是一款已经开始应用的，基于云的数据库管理系统软件架构如图 1-6 所示。

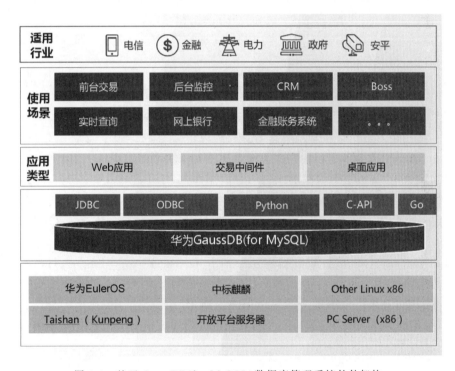

图 1-6　基于 GaussDB(for MySQL)数据库管理系统软件架构

GaussDB(for MySQL)可以兼容 MySQL 的命令行方式，更多的操作是自身数据库"管理控制平台"集成环境，如图 1-7 所示。

从图 1-7 可知，GaussDB(for MySQL)工作环境简洁明快，分为菜单栏、功能选项卡，以及数据库操作区，用户只要了解基本的数据库基础理论和概念，会很方便地进入 GaussDB(for MySQL)环境，对数据库进行操作和管理。

功能选项卡　　　　　　　　　　　　　　　　菜单栏

数据库操作区

图 1-7　GaussDB(for MySQL)集成环境

1.3.5　GaussDB 家族其他数据库产品

华为 GaussDB 在鲲鹏系统生态中是主力场景之一。这主要源于 GaussDB 在企业管理中,特别是大中型企业管理中有着重要的应用。

GaussDB 家族总体可以分为关系型数据库和非关系型数据库。

(1) GaussDB 关系型数据库。OLTP 数据库,多用于企业生产交易;OLAP 数据库,多用于企业分析的行为。

云数据库 GaussDB(for MySQL)和 GaussDB(for openGauss)针对 OLTP 应用场景;GaussDB(DWS)针对 OLAP 场景数据仓库服务。

(2) GaussDB 非关系型数据库。目前有 GaussDB(for Mongo)、GaussDB(for Redis)、GaussDB(for Cassandra)和 GaussDB(for Influx)等。

GaussDB 升级为全场景云服务,如图 1-8 所示。

其中 GaussDB(for openGauss) 和 GaussDB(DWS)是两款关系型数据库产品。

1. GaussDB(for openGauss) 产品简介

GaussDB(for openGauss)是华为公司结合自身技术积累,推出的全自主研发的新一代企业级分布式数据库,支持集中式和分布式两种部署形态。在支撑传统业务的基础上,为企业应对 5G 时代的挑战提供了无限可能。

GaussDB(for openGauss)应用与推进,如图 1-9 所示。

2. GaussDB(DWS)产品简介

数据仓库服务(Data Warehouse Service,DWS)即 GaussDB(DWS),是一种基于公

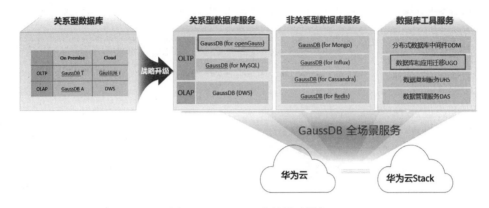

图 1-8　GaussDB 全场景云服务

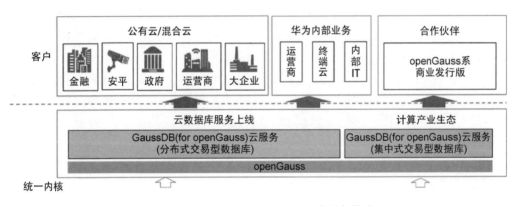

图 1-9　GaussDB(for openGauss) 应用与推进

有云基础架构和平台的在线数据处理数据库,提供即开即用、可扩展且完全托管的分析型数据库服务。GaussDB(DWS)是基于华为云原生融合数据仓库 GaussDB 产品的服务,兼容标 ANSI SQL 99 和 SQL 2003,为各行业 PB 级海量大数据分析提供有竞争力的解决方案。GaussDB(DWS)可广泛应用于金融、车联网、政企、电商、能源、电信等多个领域,连续多年入选 Gartner 公司发布的数据管理解决方案魔力象限,相比于传统数据仓库,性价比提升数倍,具备大规模扩展能力和企业级可靠性。

与传统数据仓库相比,GaussDB(DWS)可解决多行业超大规模数据处理与通用平台管理问题。主要有以下特点与显著优势。

(1) 易使用:通过使用 GaussDB(DWS)管理控制台实现一站式可视化便捷管理,能够完成应用程序与数据仓库的连接、数据备份、数据恢复、数据仓库资源和性能监控等运维管理工作。

(2) 兼容性强:与大数据无缝集成。可以使用标准 SQL 查询 HDFS、OBS 上的数据,数据无须搬迁。提供一键式异构数据库迁移工具,可支持 MySQL、Oracle 等 SQL 脚本迁移到 GaussDB(DWS)中。

(3)易扩展:Shared-Nothing 开放架构按需扩展,可随时根据业务情况增加节点,扩展系统的数据存储能力和查询分析性能。容量和性能随集群规模线性提升,线性比为 0.8,扩容后的性能线性提升。扩容过程中支持数据增、删、改、查及 DDL 操作(Drop/Truncate/Alter table),具有在线扩容技术,扩容期间业务不中断、无感知,扩容时不中断业务。

(4)高性能:GaussDB(DWS)采用全并行的 MPP 架构数据库,业务数据分散存储在多个节点上。可实现查询高性能,万亿数据秒级响应。能够根据数据特征自适应选择压缩算法,平均压缩比为 7:1。压缩数据可直接访问,对业务透明,极大缩短历史数据访问的准备时间。

(5)高可靠:支持分布式事务数据强一致保证(Atomicity Consistency Isolation Durability,ACID)。GaussDB(DWS)所有的软件进程均有主备保证,集群的协调节点(CN)、数据节点(DN)等逻辑组件全部有主备保证。

(6)安全性高:GaussDB(DWS)支持数据透明加密,还支持自动数据全量、增量备份,有助于提升数据可靠性。

(7)低成本:按需付费:按实际使用量和使用时长计费。前期无须投入较多固定成本,可以从低规格的数据仓库实例起步,以后随时根据业务情况弹性伸缩所需资源,按需开支。

知识点树

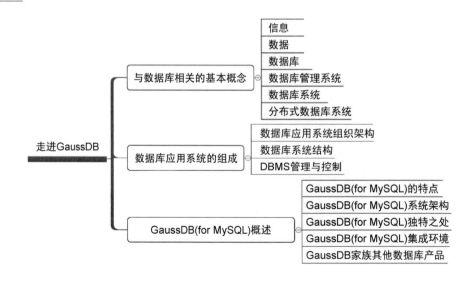

思考题

————

（1）信息和数据有什么区别？

（2）试述什么是数据库。

（3）试述数据库在数据库系统中的作用。

（4）数据库管理系统的功能是什么？

（5）数据库应用系统的主要组成部分是什么？

（6）简述 GaussDB(for MySQL)的特点。

（7）简述 GaussDB(for MySQL)的系统架构。

（8）简述 GaussDB(for MySQL)抽象存储的优点。

## 第 2 章

关系数据库

现实世界中的客观事物是彼此相互联系的。一方面,某一事物内部的诸多因素和诸多属性根据一定的组织原则相互联系,构成一个相对独立的系统;另一方面,某一事物同时也作为一个更大系统的因素或属性而存在,并与系统中其他因素或属性发生联系。客观事物的这种普遍联系性决定了作为事物属性记录符号的数据与数据之间也存在着一定的联系性。数据库的组织方式就是对这种数据与数据之间关系的抽象。

在数据库系统中,数据与数据之间关系的描述,以及各类数据集的定义、操纵和计算都是有一定规约的。本章学习关系数据库、数据模型,以及关系代数等基础知识,它们就是基于事物之间的普遍联系,以及数据与数据之间基本关系构成数据库基本原理的知识,不仅强调"关系"这一概念对于构成数据库方法论的意义,也涉及约简、聚类、分解等思想方法。

2.1 数据描述

认知事物之前,首先需要有效的表现方式。抽象是表现事物常用的方法,如同某行政区的发展规划、某城市的规划设计、建筑师设计的沙盘、机械师设计的图纸等,都是用"约简"方式将整体表现出来。"约简"的实质就是抽象。

根据不同的需求,对现实世界的抽象结果有着不同的表现形式。如建筑师设计的沙盘是为了展示其设计理念,机械师设计的图纸是为了给生产加工提供依据。而我们这里所说的"数据抽象",是为了在计算机操作中虚拟客观现实,更好地加工处理数据,通过对客观现实进行数字化转换及计算,从而给出重要方法。

从人与自然的"本然"角度看,数据抽象的"真理性与真实性"无论如何也不能完全替代现实的自然性和复杂性。但数据抽象毕竟依赖于科学数据,很大程度上给我们通过科学虚拟方式接近客观真实性提供了某种相对有效的途径。

数据描述是以数据"符号"的形式,从满足用户需求出发,对客观事物属性和运动状态而进行的描述。

数据的"描述"是从实际的人、物、事和概念中抽取所关心的共同特性,忽略非本质的细节,然后把这些特性用相应的概念精确地加以描述。描述既要符合客观现实,又要适应数据库原理与结构,同时也要适应计算机原理与结构。通常用分类(Classification)、聚集(Aggregation)和概括(Generalization)方法进行数据描述。

进一步说,由于计算机不能够直接处理现实世界中的具体事物,所以人们必须将客观存在的具体事物进行有效的描述与刻画,转换成计算机能够处理的数据符号语言。

数据的转换过程可分为三个数据范畴:现实世界、信息世界和计算机世界,如图 2-1 所示。

图 2-1　数据的转换过程

1. 现实世界

现实世界是指客观存在的事物及其相互联系。在现实世界中,人们可以通过事物不同的属性和运动状态对事物加以区别,描述事物的性质和运动规律。

2. 信息世界

信息世界是人们对客观存在的事物及其相互间联系的反映。人们将对客观事物的反映通过"符号"记录下来,事实上是对现实世界的一种抽象描述。

在信息世界中,不是简单地、无目的地对现实世界进行符号记录,而是要通过选择、分类、命名等抽象过程产生出概念模型,用以表示对现实世界的抽象与模拟,这种选择、分类、命名等抽象的出发点和原则,就是要具备有用性和有效性。因为信息是有用的数据,计算则需要有效的数据计算和有效的计算数据。

3. 计算机世界

计算机世界是信息世界的数据化。客观存在的事物及其相互联系的反映,在这里用数据模型来表示。也就是说,计算机世界的数据模型将信息世界的概念模型进一步抽象,形成便于计算机处理的数据表现形式。

计算机本质上是一种数据抽象,是科学的抽象,而不同于哲学的抽象。

2-1

2.2 概念模型

概念模型是一种独立于计算机系统的数据模型，只是用来描绘某个特定环境下、特定系统中，特定需求对象所关心的客观存在的信息结构。

概念模型摆脱计算机系统及 DBMS 的具体技术问题，集中精力分析数据以及数据之间的联系等，与具体的 DBMS 无关。

概念模型通常用 E-R 模型和扩充的 E-R 模型来表示。

2.2.1 概念模型相关术语

对任何事物及其状态进行的描述在本质上都是一种数据抽象，而任何数据抽象的第一步，就是要给出如何抽象地描述具体状态的方法"概念"，即给出具体事物对象及其状态的数据关系的描述方法与法则，通过建立其概念模型达成描述事物的目的。

1. 实体

实体（Entity）是客观存在并相互区别的"事物"。

实体可以是具体的人、事及物，也可以是抽象的概念与联系。

例如：一个学生、某个学院、一个系、某门课程、一次考试成绩等。

2. 属性

属性（Attribute）用于描述实体特征与性质。

实体有若干个特性，每一个特性称为实体的一个属性，属性不能独立于实体而存在。

例如：一个学生可看成是一个实体，其属性有"学号""姓名""性别""出生年月""籍贯""班级编号"等。

通常用诸多属性来描述实体的特征，属性的多少决定了对实体描述的详略。

3. 码

码（Key）是能够唯一地标识某一个实体的属性或属性集。作为码的属性或属性集称为主属性；反之称为非主属性。

例如：在"学生"实体集中，我们可以将"学号"属性作为码；如果没有"学号"这一属性，若该实体集中没有重名的学生，可以将"姓名"属性作为码；如果没有"学号"，该实体集中有重名的学生,但其性别不同,可以将"姓名"和"性别"这两个属性联合作为码。

4.域

域(Domain)是属性的取值范围。

例如:如果有"学生"实体,其具有"学号""姓名""性别""出生年月""籍贯"等属性,其中"学号""性别"等属性的取值范围就是其属性域,"学号"不能过长,且不能随意编写,"性别"只能是两种状态。

5.实体型

实体型(Entity Type)是用实体名和属性集来描述同类实体的,是对实体的抽象表达。

例如:多个学生是同类实体的集合,其实体型为:学生(学号,姓名,性别,出生年月,籍贯,班级编号)。其中:"学生"为实体名,"学号,姓名,性别,出生年月,籍贯"为这一类实体的属性集,且多个学生都具有这些属性。

6.实体集

实体集(Entity Set)是若干个同类实体信息的集合,是实体型的具体体现。

例如:多个学生是同类实体的集合,以多个(学号,姓名,性别,出生年月,籍贯)采集的信息的集合便是实体集,往往用一张二维表的形式展现。学生实体集如表 2-1 所示。

表 2-1 学生实体集

学　号	姓　名	性　别	出生年月	籍　贯
190101	江珊珊	女	2000-01-09	内蒙古
190102	刘东鹏	男	2001-03-08	北京
190115	崔月月	女	2001-03-17	黑龙江
190116	白洪涛	男	2002-11-24	上海
190117	邓中萍	女	2001-04-09	辽宁
190118	周康乐	男	2001-10-11	上海
190121	张宏德	男	2001-05-21	辽宁
190132	赵迪娟	女	2001-02-04	北京

7.联系

联系(Relationship)是两个或两个以上实体集间的关联关系。

实体间联系有两种：一种是同一实体集的实体之间的联系；另一种是不同实体集的实体之间的联系。前一种方式往往可以转化为后一种方式来表现。

实体集间联系通常有一对一联系（1∶1），一对多联系（1∶n），多对多联系（m∶n）等方式。

2.2.2　实体-联系类型

1．一对一联系（1∶1）

设有实体集 A 与实体集 B，如果 A 中的 1 个实体至多与 B 中的 1 个实体关联，反过来，B 中的 1 个实体至多与 A 中的 1 个实体关联，则称实体集 A 与实体集 B 是一对一联系类型。记作（1∶1）。

2．一对多联系（1∶n）

设有实体集 A 与实体集 B，如果 A 中的 1 个实体与 B 中的 n 个实体关联（$n \geqslant 0$），反过来，B 中的 1 个实体至多与 A 中的 1 个实体关联，则称实体集 A 与实体集 B 是一对多联系类型。记作（1∶n）。

3．多对多联系（m∶n）

设有实体集 A 与实体集 B，如果 A 中的 1 个实体与 B 中的 n 个实体关联（$n \geqslant 0$），反过来，B 中的 1 个实体与 A 中的 m 个实体关联（$m \geqslant 0$），则称实体集 A 与实体集 B 是多对多联系类型。记作（m∶n）。

2.2.3　实体-联系图

实体-联系（Entity-Relationship，E-R）方法是对概念模型数据库组织结构抽象的定义。实体-联系方法一般用实体-联系图（简称 E-R 图）来表示，即通过图形描述实体集、实体属性和实体集之间的联系。

E-R 图的符号含义如表 2-2 所示。

表 2-2　E-R 图的符号含义

图　形	符　号	含　义
▭	矩形	实体型
⬭	椭圆形	属性
◇	菱形	联系

① 联系本身:用菱形表示,菱形框内写明联系名,并用无向边分别与有关实体连接起来,同时可在无向边旁标上联系的类型。

② 联系的属性:联系本身也是一种实体型,也可以有属性。如果一个联系具有属性,则这些属性也要用无向边与该联系连接起来。

例 2-1   若有"学院""学生""教师"和"课程"4 个实体型,其 E-R 模型如图 2-2 所示。

图 2-2   实体型 E-R 模型示例

例 2-2   若"学生"的实体型为:学生(学号,姓名,性别,出生年月,籍贯),则 E-R 模型如图 2-3 所示。

图 2-3   实体型及属性 E-R 模型示例

例 2-3   若有实体型(学生)、实体型(班级)、实体型(课程),3 个实体型间的联系是:

(1)"班级"与"学生"之间是"一对多"的联系;

(2)"学生"与"课程"之间是"多对多"的联系。

3 个实体型之间的联系如图 2-4 所示。

例 2-4   若有实体型"学生"包含"姓名",若学生的姓名有多个(中文名、英文名、网名等),那么"学生"实体型中的姓名属性就存在属性间的"一对多"的联系,如图 2-5 所示。

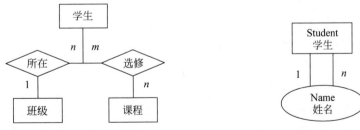

图 2-4   实体型间联系 E-R 模型示例   图 2-5   同一实体型属性间联系 E-R 模型示例

2.3 关系模型

关系模型是目前最为流行的支持数据库定义的数据模型,广泛应用的数据库管理系统一般都采用关系模型作为数据的组织方式。现在大家耳熟能详的 SQL Server、Access、MySQL、Oracle,以及本书介绍的 GaussDB 都是支持关系模型的数据库管理系统软件。

2.3.1 关系模型相关术语

数据模型由数据结构、数据操作和完整性约束三部分要素组成,关系模型相关术语如下。

1. 关系

数据结构用来描述现实系统中数据的静态特性,它不仅要描述客观存在的实体本身,还要描述实体间的联系。而关系模型数据结构特指那种虽具有相关性而非从属性的、按照某种平行序列排列的数据集合。关系模型用"二维表"结构表示事物间的联系。

关系(Relation)是用二维表形式表示概念模型中实体集的数据结构。如表 2-3 就是一个关系的例子。

表 2-3　学院表

学院编号	学 院 名 称	院 长	电 话	地 址
A	计算机科学	沈存放	010-86782098	A-JSJ
B	电子信息与电气工程	张延俊	010-85764325	B-DZXDQG
C	生命科学	于博远	010-86907865	C-SMKJ
D	化学化工	杨晓宾	010-86878228	D-HXHG
E	数学科学	赵石磊	010-81243989	E-SXKX
F	物理与天文	曹朝阳	001-80758493	F-WLTW
H	媒体与设计	王佳佳	010-81794522	H-MTSJ

2. 元组

元组(Tuple)是一个关系中每一横行数据的集合。

若干个平行的、相对独立的元组组成了关系,每一元组由若干属性组成,横向排列元组的诸多属性。元组对应于实体集中相对独立的实体,每一个实体的若干属性组即元组的诸多属性。

例如:在上面的"学院"关系中,(A,计算机科学,沈存放,010-86782098,A-JSJ)这一组数据表示了一个元组。

3. 属性

属性(Attribute)用来表示关系的每一个属性的全部信息,每一属性由若干按照某种值域(Domain)划分的相同类型的分量组成。在一个关系中,每一竖列称为一个属性。

例如:在上面的"学院"关系中,"计算机科学、电子信息与电气工程、生命科学、化学化工、数学科学、物理与天文、媒体与设计"这组数据描述了与"学院名称"这一属性(值域)的信息,展示的是这个学校各学院的名称。

4. 分量

分量(Component)是元组中的一个属性值。在一个关系中,每一个数据都可看成独立的分量。

例如:在上面的"学院"关系中,"沈存放"这个数据描述的是计算机科学学院院长的"姓名"信息,即该院长的名字。

分量是关系的最小单位,一个关系中的全部分量构成了该关系的全部内容。

5. 码

码(Key,又称键)是关系模型中的一个重要概念,有以下几种:

(1) 候选码:如果一个属性或属性集能唯一地标识元组,且不含有多余属性或属性集,那么这个属性或属性集称为关系模式的候选码(Candidate Key)。

例如:在"学院"这个关系中,"学院编号""学院名称"都可以作为候选码。

(2) 主码:在一个关系模式中可以有多个候选码,可从多个候选码中选择一个作为关系的主码。一个关系模式中最多只能有一个主码(Primary Key)。

例如:在"学院"这个关系中,可以定义"学院编号"作为主码。

(3) 外码:如果关系 R 中某个属性或属性集是其他关系 S 的主码,那么该属性或属性集是 R 的外码(Foreign Key)。

例如:已知"学院"关系(见表 2-3)和"系"关系(如表 2-4 所示)。

表 2-4 "系"表

系 编 号	系 名 称	系 主 任	教师人数	班级个数	学院编号
A101	软件工程	李明东	20	8	A
A102	人工智能	赵子强	16	4	A
B201	信息安全	王月明	34	8	B
B202	微电子科学	张小萍	23	8	B
C301	生物信息	刘博文	23	4	C
C302	生命工程	李旭日	22	4	C
E501	应用数学	陈红萧	33	8	E
E502	计算数学	谢东来	23	8	E

其中：在"学院"这个关系中，"学院编号"是主码；在"系"这个关系中，"学院编号"是候选码；从"系"这个关系看，"学院编号"就是外码。

6. 关系模式

关系模式(Schema)是描述关系结构的关系名和属性名的集合。

关系模式的形式化描述为：

R(U,D,DOM,F)

或记为：

R(U),R(A1,A2,…,An)

其中：R 是关系名；U 是属性名的集合；D 是属性所来自的域；DOM 是属性向域的映像集合；F 是属性间数据的依赖关系集合；

如"系"这一关系的关系模式表示为：

系(系编号,系名称,系主任,教师人数,班级个数,学院编号)

关系与实体集的对应关系术语的对照如表 2-5 所示。

表 2-5 关系与实体集的对应关系术语的对照

概 念 模 型	关 系 模 型	概 念 模 型	关 系 模 型
实体集	关系	属性	属性
实体	元组	实体型	关系模式

7. 关系模型特性

(1) 每一列中的分量是同一类型的数据,来自同一个域。

(2) 不同的列可出自同一个域,其中每一列称为一个属性,不同的属性要给予不同的属性名。

（3）列的顺序无所谓。

（4）任意两个元组不能完全相同。

（5）行的顺序无所谓。

（6）分量必须取原子值。

8. 关系模式与关系

关系模式是对关系的描述。关系模式是静态的、稳定的,而关系是动态的、随时间不断变化的,因为关系操作在不断地更新着数据库中的数据。关系是关系模式在某一时刻的状态或内容(关系模式和关系往往统称为关系)。关系模式反映了元组集合的结构、属性构成、属性来自的域、属性与域之间的映像关系、元组语义以及完整性约束条件,属性间的数据依赖关系集合。

2.3.2　关系的操作

数据操作一般用于描述数据的动态特性。关系模型的数据操作是集合操作性质的,即数据操作的对象和操作结果均为若干个元组或属性集合,甚至是若干关系的操作。它包含了单个行的操作,而非关系模型的数据操作则都是单个数据行的操作。

关系模型的数据操作主要有查询、插入、删除和修改等,这些操作都有强有力的理论基础,是由关系代数支持完成的(详见 2.5 节)。

2.3.3　关系的完整性

数据约束用于对数据本身、数据与数据间的约束。为了更真实、完整地描述现实系统,关系模型提供了 3 种关系完整性约束:

- 实体完整性(Entity Integrity);
- 参照完整性(Reference Integrity);
- 用户自定义完整性(User-Defined Integrity)。

以上关系完整性约束实际上是用于对数据本身、数据与数据间的约束。

数据本身的约束是在对某一数据进行插入、删除、更新操作时的约束;数据间的约束是建立关联关系的两个关系的主键和外键的约束,即约束两个关联关系之间有关删除、更新、插入的操作,约束它们实现关联(级联)操作、限制关联(限制)操作,或忽略关联(忽略)操作。

1. 实体完整性

实体完整性(Entity Integrity):若属性 K 是基本关系 R 的主码,则属性 K 不能取空值,且不能重复。

说明:

(1) 实体完整性规则是针对基本关系而言的。

(2) 现实世界中的实体和实体间的联系都是可区分的,即它们具有某种唯一性标识。

(3) 关系模型以主码作为唯一性标识。

(4) 主码不能取空值(注:空值不是 0,也不是空格,而是 NULL)。

(5) 主码取空值,就说明存在某个不可标识的实体,即存在不可区分的实体。

例 2-5 在"新华大学学生信息管理系统"数据库中,若将"学生"关系中"学号"设为主码,则在进行实体完整性约束检验时,要检验"学号"属性对应的属性值是否为 NULL,或属性值是否重复,若违反了关系的实体完整性约束(如图 2-6 所示),则不能对"学号"进行正常操作。

学号	姓名	性别	出生年月	籍贯	班级编号
NULL	江珊珊	女	2000-01-09	内蒙古	A1011901
190102	刘东鹏	男	2001-03-08	北京	A1011901
190115	崔月月	女	2001-03-17	黑龙江	A1011901
190116	白洪涛	男	2002-11-24	上海	A1011901
190117	邓中萍	女	2001-04-09	辽宁	A1011901
190118	周康乐	男	2001-10-11	上海	A1011901
190121	张宏德	男	2001-05-21	辽宁	A1011901
190132	赵迪娟	女	2001-02-04	北京	A1011901
……	……	……	……	……	……

学号不能重复{

图 2-6 实体完整性约束

2. 参照完整性

参照完整性(Reference Integrity):若属性集 K 是关系模式 S 中的主码,K 也是另一个关系模式 R 的外码,那么在 R 的关系中 K 的取值只允许有两种可能——一是空值,二是 S 中某个元组的 K 值。或者说,外码必须是空值,或关系间引用的另一个关系的有效值。

说明:

(1) 参照完整性约束定义外码与主码之间的引用规则。

(2) 当两个关系存在关系间的引用时,要求不能引用不存在的元组。

(3) 目标关系的主码和参照关系的外码必须定义在同一个域上,外码并不一定要与相应的主码同名。

例 2-6 在"新华大学学生信息管理系统"数据库中,"班级"关系与"学生"关系是

"一对多"的关联关系,若将"班级"关系中的"班级编号"设为主键,将"学生"关系中的"班级编号"设为外键,若想使"班级"关系和"学生"两个关联关系满足参照完整性约束,"学生"关系中的"班级编号"必须是"班级"关系"班级编号"的有效值,否则不满足关系参照完整性约束,如图 2-7 所示。

学号	姓名	性别	出生年月	籍贯	班级编号
NULL	江珊珊	女	2000-01-09	内蒙古	A1011901
190102	刘东鹏	男	2001-03-08	北京	A1011901
190115	崔月月	女	2001-03-17	黑龙江	A1011901
190116	白洪涛	男	2002-11-24	上海	A1011901
190117	邓中萍	女	2001-04-09	辽宁	A1011901
190118	周康乐	男	2001-10-11	上海	A1011901
190121	张宏德	男	2001-05-21	辽宁	A1011901
190132	赵迪娟	女	2001-02-04	北京	A1011901
……	……	……	……	……	……

班级编号	班级名称	……
A1011901	1901	……
A1011902	1902	……
A1011903	1903	……
A1011904	1904	……
A1022001	2001	……
A1022002	2002	……
A1022003	2003	……
A1022004	2004	……

无效值

图 2-7　不满足参照完整性约束

3. 用户自定义完整性

用户自定义完整性(User-defined Integrity):针对某一具体关系数据库的约束条件,反映某一具体应用所涉及的数据所必须满足的语义要求,是用户自定义完整性约束,由用户自行定义删除约束、更新约束、插入约束。

例 2-7　用户自定义完整性约束条件。在对"学生"关系进行插入数据操作时,限制姓名属性不能为 NULL,若不满足此限定条件,就违反了自定义完整性约束,如图 2-8 所示。

学号	姓名	性别	出生年月	籍贯	班级编号
190102	NULL	女	2000-01-09	内蒙古	A1011901
190102	刘东鹏	男	2001-03-08	北京	A1011901
190115	崔月月	女	2001-03-17	黑龙江	A1011901
190116	白洪涛	男	2002-11-24	上海	A1011901
190117	邓中萍	女	2001-04-09	辽宁	A1011901
190118	周康乐	男	2001-10-11	上海	12345678
190121	张宏德	男	2001-05-21	辽宁	A1011901
190132	赵迪娟	女	2001-02-04	北京	A1011901
……	……	……	……	……	……

图 2-8　违反用户自定义完整性约束

关系完整性约束是关系设计的一项重要内容。关系的完整性要求关系中的数据及具有关联关系的数据间必须遵循的制约和依存关系,以保证数据的正确性、有效性和相容性。其中实体完整性约束和参照完整性约束是关系模型必须满足的完整性约束条件。

关系数据库管理系统为用户提供了完备的实体完整性自动检查功能,也为用户提供了设置参照完整性约束、用户自定义完整性约束的环境和手段,通过系统自身以及用户定义的约束机制,就能够充分地保证关系的准确性、完整性和相容性。

2.3.4 关系数据库的特性

在一个给定的应用领域中,若干关系及关系之间联系的集合构成一个关系数据库。或者说,关系数据库是由一个或一个以上的彼此关联的"关系"组成的。彼此关联着建立联系的"关系",其中一个关系的某属性或属性集合会被确定为另一个关系的主码,那么该属性或属性集则是关系之间联系的依据。由此可见,关系之间的联系是通过一个关系的主码和另一个关系的外码建立的。

关系是值,关系模式是型,是对关系的描述。关系数据库中也有型和值之分,关系数据库的型称为关系数据库模式,是对关系数据库的描述,是全局关系模式的集合。

在关系数据库中,将一个关系视为一张二维表,又称其为数据表(简称表),这个表包含表结构、关系完整性、表中数据及数据间的联系。一个关系数据库由若干个表(或若干个关系)组成,表又由若干个记录组成,而每一个记录是由若干个以列属性加以分类的数据项组成的。

关系与表的对应关系如表 2-6 所示。

表 2-6 关系与表的对应关系

在关系模型理论中	在关系数据库中	在关系模型理论中	在关系数据库中
关系	表	属性	列
元组	行	关系模式	表结构

关系数据库的主要特点如下:

(1)一个关系数据库是由若干满足关系模型,且彼此关联的关系组成的;

(2)关系数据库要以面向系统的思想组织数据,使数据具有最小的冗余度,支持复杂的数据结构;

(3)关系数据库具有高度的数据和程序的独立性,应用程序与数据的逻辑结构及数据的物理存储方式无关;

(4)关系数据库中数据具有共享性,使数据库中的数据能为多个用户服务;

(5)关系数据库允许多个用户同时访问,同时提供了各种控制功能,保证数据的安全性、完整性和并发性控制。

2-3

2.4 关系规范化

现实系统的数据怎样具体、简明、有效地构成符合关系模型的数据结构,并形成一个关系数据库,是数据库操作的首要问题之一。特别是在进行数据库应用系统开发时,如果用户组织的数据关系不理想,轻则会大大增加编程和维护程序的难度,重则会使数据库应用系统无法实现。一个组织良好的数据结构不仅可以方便地解决应用问题,还可以为解决一些不可预测的问题带来便利,同时可以大大加快编程的速度。

从 20 世纪 70 年代关系数据库的理论被提出之后,许多专家对该理论进行了深入研究,总结了一整套关系数据库设计的理论和方法,其中很重要的就是关系规范化理论。它为针对具体问题如何构造一个适合的数据模式(应该构造几个关系模式,每个关系由哪些属性构成等内容)提供方法。主要涉及的问题包括三个方面:数据依赖、范式和模式分解。具体的内容包括:

(1) 数据依赖研究数据之间的联系;

(2) 范式是关系模式的标准;

(3) 模式分解是模式设计的方法。其中,数据依赖起着核心的作用。

简单地说,若想设计一个性能良好的数据库模式,就要尽量满足关系规范化原则,而规范化设计理论对关系数据库结构的设计起着重要的作用。

2.4.1 冗余与异常

如果一个关系没有经过规范化,可能会出现数据冗余大、数据更新不一致、数据插入异常和删除异常。

例 2-8 若有这样一个"学生信息"关系,如表 2-7 所示。

表 2-7 学生信息

学 号	姓 名	……	班 级 编 号	班 级 名 称	……	系 编 号
190101	江珊珊	……	A1011901	1901	……	A101
190102	刘东鹏	……	A1011901	1901	……	A101
190115	崔月月	……	A1011901	1901	……	A101
190116	白洪涛	……	A1011901	1901	……	A101
190117	邓中萍	……	A1011901	1901	……	A101
190118	周康乐	……	A1011901	1901	……	A101
190121	张宏德	……	A1011901	1901	……	A101

学　　号	姓　　名	……	班级编号	班级名称	……	系　编　号
190132	赵迪娟	……	A1011901	1901	……	A101
200401	罗笑旭	……	A1022004	2000	……	A102
200407	张思奇	……	A1022004	2000	……	A102
200413	杨水涛	……	A1022004	2000	……	A102
200417	李晓薇	……	A1022004	2000	……	A102
200431	韩璐惠	……	A1022004	2000	……	A102

定义其关系模式为：学生(学号,姓名,性别,出生年月,籍贯,班级编号,班级名称,班级人数,班长姓名,专业名称,系编号),则从"学生信息"关系模式中,我们可以发现该关系模式存在的如下问题：大量的数据冗余,浪费大量的存储空间；数据操作异常,即更新异常(Update Anomalies)、插入异常(Insertion Anomalies)和删除异常(Deletion Anomalies)。

(1) 数据冗余。学号、姓名、班级名称和专业名称属性值有大量重复,造成数据的冗余。

(2) 更新异常。出现更新异常,在更新数据时,维护数据完整性的代价大。若更换班级名称,必须修改与该班每位学生有关的每一个元组数据,若漏掉一个元组没有修改,就会造成数据的不一致,出现更新异常。

(3) 插入异常。出现插入异常,要插的数据插入不进去。例如,若一个系刚成立,尚无学生,我们就无法把这个班和系的信息存入数据库。

(4) 删除异常。出现删除异常,使不该删除的数据不得不删除。

例如：某个班的学生毕业了,在删除该班学生信息的同时,把这个班及系的信息也丢掉。若有遗留,就无法找到该学生的对应信息,这样就出现删除异常。

因此,分析结论如下："学生关系"模式不是一个好的模式。

"好"的模式：不会发生插入异常、删除异常、更新异常,数据冗余应尽可能少。

原因：由存在于模式中的某些数据依赖引起的。

对于有问题的关系模式,可通过模式分解的方法使之规范化,尽量减少数据冗余,消除更新、插入、删除异常。解决方法：通过分解关系模式来消除其中不合适的数据依赖。例如：

学生(学号,姓名,性别,出生年月,籍贯,班级编号,班级名称,班级人数,班长姓名,专业名称,系编号)

分解成：

班级(班级编号,班级名称,班级人数,班长姓名,专业名称,系编号)

学生(学号,姓名,性别,出生年月,籍贯,班级编号)

从关系数据库理论的角度看,一个不好的关系模式是由存在于关系模式中的某些函数依赖引起的,解决方法:通过分解关系模式,以消除其中不合适的函数依赖。

2.4.2 函数依赖

函数依赖(Function Dependency)是关系规范化的主要概念,描述了属性之间的一种联系。在同一个关系中,由于不同元组的属性值可能不同,由此可以把关系中属性看成是变量,一个属性与另一个属性在取值上可能存在制约,这种制约就确定了属性间的函数依赖。

1. 函数依赖定义

定义 2.1 设 $R(U)$ 是一个属性集 U 上的关系模式,X 和 Y 是 U 的子集。对于 $R(U)$ 的任意一个可能的关系 r,若有 r 的任意两个元组,在 X 上的属性值相同,则在 Y 上的属性值也一定相同,则称"X 函数确定 Y"或"Y 函数依赖于 X",记作 $X {\rightarrow} Y$。

注意:X 和 Y 都是属性组,如果 $X {\rightarrow} Y$,表示 X 中取值确定时,Y 中的取值唯一确定,即 X 函数确定 Y 或 Y 函数依赖于 X,X 是决定因素,是这个函数依赖的决定属性集。

函数依赖类似于数学中的单值函数,设单值函数 $Y = F(X)$。其中,X 的值决定一个唯一的函数值 Y,当 X 取不同的值时,对应的 Y 值可能不同,也可能相同。两点说明如下:

(1) 函数依赖不是指关系模式 R 的某个或某些元组的约束条件,而是指 R 的所有关系实例均要满足的约束条件,关系的元组增加或者更新,都不能破坏函数依赖。

(2) 函数依赖必须根据语义来确定,而不能单凭某一时刻特定的实际值来确定。

X 和 Y 常见的函数依赖关系如表 2-8 所示。

表 2-8 X 和 Y 常见的函数依赖关系

函 数 依 赖 关 系	表 示 方 式
$X {\rightarrow} Y$ 是非平凡的函数依赖	$X {\rightarrow} Y, Y \nsubseteq X$
$X {\rightarrow} Y$ 是平凡的函数依赖	$X {\rightarrow} Y, Y \subseteq X$
X、Y 相互依赖	$X {\rightarrow} Y, Y {\rightarrow} X (X \longleftrightarrow Y)$
Y 不函数依赖于 X	$X \nrightarrow Y$

2. 完全函数依赖和部分函数依赖定义

定义 2.2 在关系模式 $R(U)$ 中,如果 $X {\rightarrow} Y$,并且对于 X 的任何一个真子集 X',都有 $X' {\rightarrow} Y$,则称 Y 部分函数依赖于 X,记作 $X \stackrel{P}{\longrightarrow} Y$,否则称 Y 完全函数依赖于 X,

记作 $X \xrightarrow{f} Y$。

由定义 2.2 可知,当 X 是单属性时,由于 X 不存在任何真子集,如果 $X \rightarrow Y$,则 $X \xrightarrow{f} Y$。

3. 传递函数依赖定义

定义 2.3 在关系模式 $R(U)$ 中,如果 $X \rightarrow Y, Y \nsubseteq X$,且 $Y \nrightarrow X, Y \rightarrow Z$,则称 Z 传递函数依赖于 X。

2.4.3 规范化原则

关系规范化(Relation Normalization)理论起源于 20 世纪 70 年代,是基于关系型数据库模型总结提出的,经过多名科学家的不断修正,从 1NF、2NF、3NF 的概念,进一步提出了巴斯范式(Boycee Codd Normal Form,BCNF),继 BCNF 后又出现一种规范化理论标准 4NF,直到 5NF 等更高级别的范式理论。

范式理论(Normal Form)是研究如何将一个不十分合理的关系模型转化为一个最佳的数据关系模型的理论,它是围绕范式而建立的。关系数据库中的每一个关系都要满足一定的规范。根据满足规范的条件不同,可以划分为 6 个等级 5 个范式,分别称为第一范式(1NF)、第二范式(2NF)、第三范式(3NF)、修正的第三范式(BCNF)、第四范式(4NF)和第五范式(5NF)。它们是层层递进的子集关系,具体为 5NF⊂4NF⊂BCNF⊂3NF⊂2NF⊂1NF。

关系规范化的前三个范式原则如下:

(1) 第一范式:如果一个关系模式 $R(U)$ 的所有属性都是不可再分的基本数据项,则称 $R(U)$ 为第一范式,即 $R(U) \in 1NF$。

(2) 第二范式:若 $R(U) \in 1NF$,且每一个非主属性完全函数依赖于某个候选键,称 $R(U)$ 为第二范式,即 $R(U) \in 2NF$。

(3) 第三范式:若 $R(U) \in 2NF$,且每一个非主属性不传递函数依赖于 $R(U)$ 的候选键,则称 $R(U)$ 为第三范式,即 $R(U) \in 3NF$。

若关系模式 $R(U) \in 1NF$,对于 $R(U)$ 的任意一个函数依赖 $X \rightarrow Y$,若 $Y \subseteq X$,则 X 必含有候选键,那么称 $R(U)$ 为 BCNF,即 $R(U) \in BCNF$。

2.4.4 模式分解

对关系模式进行分解要遵循"无损连接"和"保持依赖"的原则,使分解后的关系不能破坏原来的函数依赖,保证分解后的所有关系模式中的函数依赖要反映分解前所有的函数依赖。

（1）无损连接：当对关系模式 R 进行分解时，R 元组将分别在相应属性集进行投影而产生新的关系。如果对新关系进行自然连接得到的元组的集合与原关系完全一致，则称无损连接。

（2）保持依赖：当对关系模式 R 进行分解时，R 的函数依赖集也将按相应的模式进行分解，如果分解后的总的函数依赖集与原函数依赖集保持不变，则称为保持函数依赖。

需要特别指出的是，保留适量冗余，达到以空间换时间的目的，也是模式分解的重要原则。在实际的数据库设计过程中，并不是关系规范化的等级越高就越好，对于具体问题还要具体分析。有时为提高查询效率，可保留适当的数据冗余，让关系模式中的属性多些，而不把模式分解得太小，否则为了查询一些数据，常常要做大量的连接运算，把关系模式一再连接，将花费大量时间，或许得不偿失。

（1）消除不合适的数据依赖。

（2）使各关系模式达到某种程度的"分离"。

（3）采用"一事一地"的模式设计原则，让一个关系描述一个概念、一个实体或者实体间的一种联系。若多于一个概念，就把它"分离"出去。

（4）规范化程度越高的关系模式不一定就越好。

在设计数据库模式结构时，必须对现实世界的实际情况和用户应用需求做进一步分析，确定一个合适的、能够反映现实世界的模式，上面的规范化步骤可以在其中任何一步终止。

2.5　关系代数

关系代数是数据库原理的数学基础，也是计算机数据库应用技术的数学基础。

在关系操作中，以关系代数为理论基础的数据操纵语言（Data Manipulation Language，DML）控制关系操作，它是基于关系之上的一组集合的代数运算，每一个运算都是以一个或多个关系作为运算对象，其计算结果仍是一个关系。

关系代数包含集合运算和关系运算。

（1）集合运算包含并、差、交、广义笛卡儿积等运算。集合运算的运算符包括：$\cup$（并）、$-$（差）、$\cap$（交）、$\times$（广义笛卡儿积）。

（2）关系运算包含投影、选择、连接和除运算。关系运算符包括：Π（投影）、σ（选择）、$\bowtie$（连接）、$\div$（除）。

2.5.1 并运算

两个已知关系 R 和 S 的并,将产生一个包含 R、S 中所有不同元组的新关系。记作:$R \cup S$。

换言之,若有 R 和 S 两个关系,将两个关系中的元组并置在一个关系中,消除重复元组,组成新关系,就是 R 和 S 的并。

为了使操作更有意义,关系必须具有并的相容性。也就是说,关系 R 和关系 S 必须要有相同的属性,并且对应属性有相同的域。如:若一个关系中的第 2 个属性取自姓名域,则第二个关系的第 2 个属性也必须取自姓名域。

并操作的示意图如图 2-9 所示。

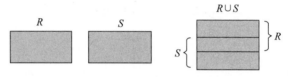

图 2-9 并运算示意图

在实际应用中,并运算可实现插入新元组的操作。

例 2-9 已知关系 R 要插入若干新元组,新元组的集合为 S,插入操作就可以通过 $R \cup S$ 来实现。

已知关系 R 的内容如表 2-9 所示。

已知关系 S 的内容如表 2-10 所示。

新关系 $R \cup S$ 的内容如表 2-11 所示。

表 2-9 R

BH(编号)	DJ(等级)
A	1
A	3
B	5
B	4
C	2

表 2-10 S

BH(编号)	DJ(等级)
C	1
C	2
C	3
C	4
D	4

表 2-11 $R \cup S$

BH(编号)	DJ(等级)
A	1
A	3
B	5
B	4
C	1
C	2
C	3
C	4
D	4

2.5.2　差运算

两个已知关系 R 和 S 的差,是所有属于 R 但不属于 S 的元组组成的新关系。记作:$R-S$。

换言之,若有 R 和 S 两个关系,将在 R 中出现且在 S 中不出现的元组组织成一个新关系,就是 R 和 S 的差。

差运算使用的关系也必须具有并的相容性。差运算是有序的,$R-S$ 不等于 $S-R$。

差运算的示意图如图 2-10 所示。

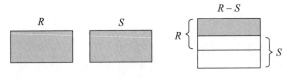

图 2-10　差运算示意图

在实际应用中,差运算可实现删除部分元组的操作,若差运算与并运算联合使用,可实现修改部分元组的操作。

例 2-10　已知关系 R 要删除若干元组,这些元组的集合为 S,删除操作就可以通过 $R-S$ 来实现。

关系 R 的内容如表 2-12 所示。

关系 S 的内容如表 2-13 所示。

新关系 $R-S$ 的内容如表 2-14 所示。

表 2-12　R

BH(编号)	ZY(专业)
1	JSJ
2	DQ
3	CWGC
4	HT
5	RGZN

表 2-13　S

BH(编号)	ZY(专业)
1	JSJ
3	CWGC
4	HT

表 2-14　$R-S$

BH(编号)	ZY(专业)
2	DQ
5	RGZN

2.5.3　交运算

两个已知关系 R 和 S 的交,是由属于 R 而且也属于 S 的元组组成的新关系,记作:$R \cap S$。

换言之,若有 R 和 S 两个关系,将在 R 中出现且在 S 中也出现的元组组织一个新关系,就是 R 和 S 的交。

2-4

交运算使用的关系也必须具有并的相容性。由于 $R \cap S = R - (R - S)$ 或者 $R \cap S = S - (S - R)$，所以 $R \cap S$ 运算是一个组合运算。

交运算的示意图如图 2-11 所示。

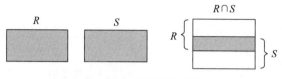

图 2-11　交运算示意图

例 2-11　已知关系 R 和关系 S，若想挑选 R 和 S 的"公共"元组，则可通过 $R \cap S$ 来实现。

关系 R 的内容如表 2-15 所示。

表 2-15　R

BM(编码)	PC(评测)
A1	2.44
A2	4.12
B1	2.78
B2	6.00
C1	2.31
C2	7.45
C3	2.67
C4	9.89
D1	2.50

关系 S 的内容如表 2-16 所示。

表 2-16　S

BM(编码)	PC(评测)
A1	2.44
A2	9.12
B1	2.00
C1	2.31
C4	9.00
D1	2.50

新关系 $R \cap S$ 的内容如表 2-17 所示。

表 2-17　$R \cap S$

BM(编码)	PC(评测)
A1	2.44
C1	2.31
D1	2.50

2.5.4　笛卡儿积运算

两个已知关系 R 和 S 的笛卡儿积,是 R 中每个元组与 S 中每个元组连接组成的新关系。记作: $R \times S$。

换言之,若有含 m 个元组的 R 和含 n 个元组的 S 两个关系, $R \times S$ 元组会组织一个新关系,就是 R 和 S 的笛卡儿积。

例 2-12　已知关系 R 和关系 S,若想由 R、S 两个关系的所有元组连接组成的新关系,可通过 $R \times S$ 来实现。

关系 R 的内容如表 2-18 所示。

关系 S 的内容如表 2-19 所示。

表 2-18　R

BH(编号)
1
2
3
4
5

表 2-19　S

KC(课程)
数据库原理
人工智能
大数据

新关系 $R \times S$ 的内容如表 2-20 所示。

表 2-20　$R \times S$

BH(编号)	KC(课程)
1	数据库原理
1	人工智能
1	大数据
2	数据库原理
2	人工智能
2	大数据
3	数据库原理

续表

BH(编号)	KC(课程)
3	人工智能
3	大数据
4	数据库原理
4	人工智能
4	大数据
5	数据库原理
5	人工智能
5	大数据

2.5.5 投影运算

投影是选择关系 R 中的若干属性组成新的关系,并去掉了重复元组,是对关系的属性进行筛选。记作 $\Pi_A(R) = \{t[A] \mid t \in R\}$。其中,$A$ 为关系 R 的属性列表,各属性间用逗号分隔,属性名也可以用它的序号来代替。

投影运算是一元关系运算,其结果往往比原有关系属性少,或改变原有关系的属性顺序,或更改原有关系的属性名等。投影运算结果不仅取消了原关系中的某些列,而且还可能取消某些元组(避免重复行)。

投影运算的示意图如图 2-12 所示。

例 2-13 已知关系 R,其关系模式是 R(BH, KC, RS, JS),若想由 R 关系组成的新关系,其关系模式是新 R(BH, KC, RS),可通过投影操作来实现,即 $\Pi_{\text{BH,KC,RS}}(R)$。

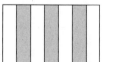

图 2-12　投影运算示意图

R 关系的内容如表 2-21 所示。

表 2-21　R

BH(编号)	KC(课程)	RS(人数)	JS(教室)
10	数据库原理	88	A1000
11	人工智能	99	A1000
12	大数据	100	A1000
21	程序设计	192	B1010
22	数据结构	110	B1010
23	软件工程	150	B1010

新关系 R 的内容如表 2-22 所示。

表 2-22 新 R

BH(编号)	KC(课程)	RS(人数)
10	数据库原理	88
11	人工智能	99
12	大数据	100
21	程序设计	192
22	数据结构	110
23	软件工程	150

2.5.6 选择运算

2-5

选择是根据给定的条件选择关系 R 中的若干元组组成新的关系,是对关系的元组进行筛选。记作 $\sigma_F(R)=\{t\,|\,t\in R \wedge F(t)=\text{'真'}\}$。其中,$F$ 是选择条件,是一个逻辑表达式,它由逻辑运算符($\wedge$、$\vee$、$\neg$)和比较运算符($>$,$>=$,$<=$,$<$,$=$ 和 $\langle\rangle$)组成。

选择运算也是一元关系运算,选择运算结果往往比原有关系元组个数少,它是原关系的一个子集,但关系模式不变。

选择运算示意图如图 2-13 所示。

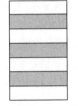

图 2-13 选择运算示意图

例 2-14 已知关系 R,其关系模式是 $R(\text{BH},\text{KC},\text{RS},\text{JS})$,若想由关系 R 组成的新关系,选出满足条件的元组(JS='A1000'),其关系模式不变,可通过选择运算来实现,即 $\sigma_{\text{JS}='\text{A1000}'}(R)$。

已知关系 R 的内容如表 2-21 所示。新关系 R 的内容如表 2-23 所示。

表 2-23 新 R

BH(编号)	KC(课程)	RS(人数)	JS(教室)
10	数据库原理	88	A1000
11	人工智能	99	A1000
12	大数据	100	A1000

2.5.7 连接运算

2-6

连接是根据给定的条件,从两个已知关系 R 和 S 的笛卡儿积中,选取满足连接条件(属性之间)的若干元组组成新的关系。记作:

$$R \underset{A\theta B}{\bowtie} S\{\widehat{t_r t_s}\,|\,t_r\in R \wedge t_s\in S \wedge t_r[A]\theta t_s[B]\}$$

其中,$A\theta B$ 是选择连接条件。

连接是由笛卡儿积导出的,相当于把两个关系 R 和 S 的笛卡儿积做一次选择操作,从笛卡儿积全部元组中选择满足"选择条件"的元组。

连接与笛卡儿积的区别:笛卡儿积是关系 R 和 S 所有元组的组合,连接是只含满足"选择条件"元组的组合。如果连接没有"选择条件",则连接运算变成了笛卡儿积运算。

连接运算的结果往往比两个关系元组、属性总数少,比其中任意一个关系的元组、属性个数多。

连接操作方式分为条件连接、相等连接(条件连接特例)、自然连接、外连接等。

1)条件连接

条件连接是从两个关系的笛卡儿积中选取属性间满足一定条件的元组。

2)相等连接

从关系 R 与 S 的笛卡儿积中选取满足等值条件的元组。

3)自然连接

自然连接也是等值连接,从两个关系的笛卡儿积中,选取公共属性满足等值条件的元组,但新关系不包含重复的属性。

4)外连接

外连接是在连接条件的某一边添加一个符号"＊",其连接结果是为符号所在边添加一个全部由"空值"组成的行。

外连接分为左外连接和右外连接。

(1)左外连接(公式),连接条件中的符号在条件表达式的左边,它先将 R 中的所有元组都保留在新关系中,包括公共属性不满足等值条件的元组,新关系中与 S 相对应的非公共属性的值均为空。

(2)右外连接(公式),连接条件中的符号在条件表达式的右边,它先将 S 中的所有元组都保留在新关系中,包括公共属性不满足等值条件的元组,新关系中与 R 相对应的非公共属性的值均为空。

例 2-15 已知关系 R 和关系 S,其关系模式是 $R(\mathrm{BH},\mathrm{KC})$、$S(\mathrm{BH},\mathrm{RS})$,若想由两个 BH 相等的条件组成的新关系,新关系模式是 $RS(\mathrm{BH},\mathrm{KC},\mathrm{RS})$,可通过选择和连接操作来实现。即 $R \underset{\mathrm{BH}.R=\mathrm{BH}.S}{\bowtie} S$。关系 R 的内容如表 2-24 所示。

表 2-24 R

BH(编号)	KC(课程)	BH(编号)	KC(课程)
10	数据库原理	21	程序设计
11	人工智能	22	数据结构
12	大数据	23	软件工程

关系 S 的内容如表 2-25 所示。

表 2-25 *S*

BH（编号）	RS（人数）	BH（编号）	RS（人数）
10	88	21	192
11	99	22	110
12	100	23	150

新关系 $R \underset{\text{BH.}R=\text{BH.}S}{\bowtie} S$ 的内容如表 2-26 所示。

表 2-26 *RS*

BH（编号）	KC（课程）	RS（人数）
10	数据库原理	88
11	人工智能	99
12	大数据	100
21	程序设计	192
22	数据结构	110
23	软件工程	150

2.5.8 除运算

2-7

设有关系 $R(X,Y)$ 和 $S(Y)$，其中 X、Y 可以是单个属性或属性集，$R \div S$ 的结果组成的新关系为 T。

$R \div S$ 运算规则：如果在 $\Pi(R)$ 中能找到某一行 u，使得这一行和 S 的笛卡儿积在 R 中，则 T 中有 u。

除法运算示意图，如图 2-14 所示。

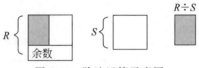

图 2-14 除法运算示意图

例 2-16 已知关系 R（如表 2-27 所示）和关系 S（如表 2-28 所示），计算 $R \div S$（如表 2-29 所示）。

表 2-27 *R*

YJR（收件人）	YB（邮编）
A1	130012
A1	130011
A1	100022
A2	130021

续表

YJR(收件人)	YB(邮编)
A2	100008
A2	100011
A3	130021
A3	100008
A4	100002

表 2-28 *S*

YJR(收件人)
A2
A3

表 2-29 *R÷S*

YB(邮编)
130021
100008

知识点树

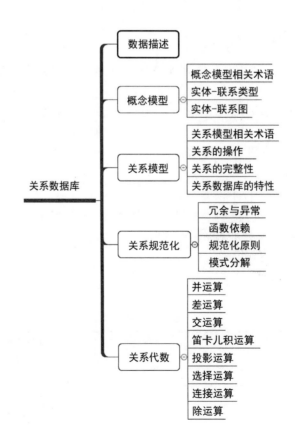

思考题

(1) 关系模型的主要特点是什么？

(2) 关系模型有哪些完整性约束？

(3) 试述什么是函数依赖。

(4) 试述 3NF 规范原则。

(5) 试述并、交、差和笛卡儿积的定义。

(6) 并、交、差和笛卡儿积中哪个运算是一元运算？

(7) 试述投影、选择、连接和除的定义。

(8) 简述投影运算含义。

(9) 简述选择运算含义。

(10) 简述连接运算的各种类型。

第 3 章

数据库设计和建模

数据库设计是进行数据库应用系统开发的重要环节,它是一种非常专业化的工作,如同服装设计、建筑设计、舞美设计等在各自领域有专门的意义一样。

3.1 数据库生命周期

3-1

数据库的应用有着严格的阶段划分,也称为生命周期。一个完整的数据库生命周期中涵盖了数据库设计、数据库实施(测试、生成、部署、维护、监视和备份)和数据库应用系统开发等一系列活动。本节介绍与数据库设计的生命周期相关的内容。

1. 什么是数据库设计

数据库设计是根据用户需求以及具体的数据对象的特征,选择相应的数据库管理系统,来设计某一具体的数据库应用系统的数据库模型。它是设计适宜用户使用的数据库组织结构和系统构造的过程。主要任务是通过对现实系统中的数据进行抽象,得到符合现实系统需求,又能被数据库管理系统(DBMS)支持的数据模型。

数据库设计是"三分理论,七分设计",设计者必须灵活地运用数据库理论,根据实际情况决定创建什么样的数据库,以及数据库中包含什么信息、数据表之间如何联系等。设计者必须在深刻地体会数据库原理本质的基础上,善于从管理对象抽象出有用的信息,并建立数学模型,这种能力不只是靠专门的知识和技艺本身,更依赖于对知识的综合利用。

数据库设计决定了数据库应用系统的底层设计的好坏,制约着整个数据库应用系统的成败,在实际工作中,人们常常因为数据库设计的不够完善导致系统需求的改变,严重的情况下甚至会导致应用系统开发无法进行,以至于要重新进行数据库设计。

2. 数据库设计方法与步骤

按照规范化设计方法,可将数据库设计归纳为如下 6 个阶段:
(1)需求分析;

（2）概念结构设计；

（3）逻辑结构设计；

（4）物理结构设计；

（5）数据库实施；

（6）数据库运行和维护。

这 6 个阶段构成了一个完整的数据库设计生命周期。在数据库设计生命周期中，各阶段的任务目标和设计工作过程不尽相同。要设计出一个完善而高效的数据库模型，须认真做好每一个阶段的工作。以下分别介绍前 4 个阶段。

3.2　需求分析

3-2

需求分析阶段是数据库设计的基础，是数据库设计的最初阶段。这一阶段要收集大量的支持系统目标实现的各类基础数据、用户需求信息和信息处理需求，并加以分析归类和初步规划，确定设计思路。需求分析做得好与坏，决定了后续设计的质量和速度，制约着数据库应用系统设计的全过程。需求分析阶段是数据库设计的第一步，也是其他设计阶段的依据，是最困难、最耗费时间的阶段。

3.2.1　需求分析阶段的目标及任务

需求分析阶段要通过详细调查，深入了解需要解决的问题，了解用户对象所给数据的性质及其存在状态和使用情况，了解数据的流程、流向、流量等，并要仔细地分析用户在数据处理上的目标任务，以及在数据格式、数据处理、数据库安全性、可靠性以及数据的完整性方面的需求。

1. 需求分析阶段的目标

需求分析阶段的目标是对数据库应用系统所要处理的对象进行全面了解，大量收集支持系统目标实现的各类基础数据，调查用户对数据库信息的需求、对基础数据进行加工处理的需求、对数据库安全性和完整性的要求，按一定规范要求写出设计者和用户都能理解的需求分析说明书。

需求分析说明书通常包括：

• 分析用户活动过程与状态，产生业务流程图；

• 确定系统范围，产生系统范围图；

• 分析用户活动涉及的数据集。

2．需求分析阶段的工作任务

需求分析阶段的工作任务是利用数据库设计理论和方法，对现实世界服务对象的现行系统进行详细调查，收集支持系统目标的基础数据及数据处理需求，撰写需求分析报告。

其具体工作任务如下：

（1）调查数据库应用系统所涉及的用户各部门的组成情况、各部门职责、各部门业务及其流程，确定系统功能范围，明确哪些业务活动的工作可由计算机完成，哪些由人工来做。

（2）了解用户对数据库应用系统的各种要求，包括信息要求、处理要求、安全性和完整性要求，如各个部门输入和使用什么数据，如何加工处理这些数据，处理后的数据的输出内容、格式及发布的对象等。

（3）深入分析用户的各种需求，并用数据流图描述整个系统的数据流向以及对数据进行处理的过程，描述数据与处理之间的联系，也可用数据字典描述数据流图中涉及的各数据项、数据结构、数据流、数据存储和处理过程。

3.2.2 需求分析阶段的工作过程

需求分析阶段的工作过程中，数据库设计者要对用户进行需求调查。在进行调查时，最好深入用户的工作场所进行详细了解，与用户交流，明确用户需求并确定系统服务边界，最终形成需求分析报告。

需求分析阶段工作过程，如图 3-1 所示。

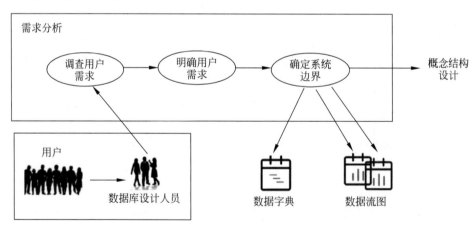

图 3-1　需求分析阶段工作过程

例 3-1　进行"新华大学学生信息管理系统"的需求分析。

"新华大学学生信息管理系统"主要用于教务人员对学校学生成绩信息的数字化

管理。以学生信息、教师信息、课程信息和学习行为的数据为例,简述系统的业务需求和系统功能如下:

(1) 系统业务需求如图 3-2 所示。

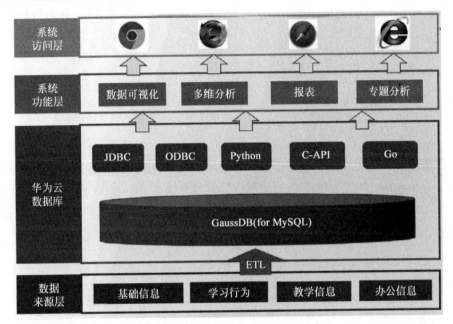

图 3-2　系统业务需求

(2)"新华大学学生信息管理系统"功能框图如图 3-3 所示。

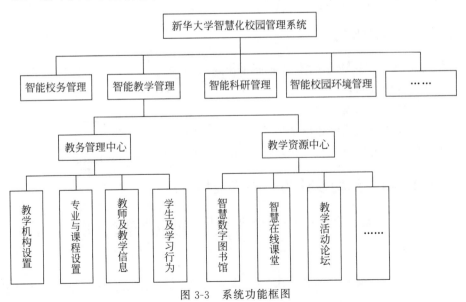

图 3-3　系统功能框图

（3）支撑业务功能实现的数据集有如下内容：

① 基础信息管理：包括学校、系、班级信息管理、学生信息、教师信息和课程数据管理等功能模块数据支撑。

② 教务信息管理：包括课程教学管理、学生学习行为管理，以及数据分析等功能模块数据支撑。

3-3

3.3 概念结构设计

数据库概念结构设计阶段主要设计数据库的整体概念结构，也就是把需求分析结果抽象为反映用户需求信息和信息处理需求的概念模型。

概念模型独立于特定的数据库管理系统，也独立于数据库逻辑模型，还独立于计算机和存储介质上的数据库物理模型。

3.3.1 概念结构设计的目标及任务

1. 概念结构设计目标

概念结构设计目标是在需求分析的基础上，进行分析、归纳、抽象，形成一个符合数据对象实际、用户需求及工作要求的、独立于具体 DBMS 和计算机硬件结构的整体概念结构，即提出概念模型。

2. 概念结构设计任务

概念结构设计的具体工作任务流程如下：

① 进行数据抽象；

② 设计局部概念模式，得到局部 E-R 图；

③ 将局部概念模式综合成全局概念模式，得到全局 E-R 图；

④ 评价全局概念模式与优化，得到优化的全局 E-R 图。

3.3.2 概念结构设计的一般策略和方法

概念结构设计是有策略和方法可循的，以下介绍为一般性的总结。

1. 策略

（1）自顶向下：先定义全局 E-R 模式框架，然后逐步细化，即先从抽象级别高且普遍性强的实体集开始设计,然后逐步进行细化、具体化与特殊化处理。

(2) 自底向上:首先定义各局部应用的概念结构,然后将它们集成起来,得到全局概念结构。先从具体的实体开始,然后逐步进行抽象化,经过普遍化与一般化,最后形成一个较高层次的抽象实体集。

(3) 由内向外:首先定义最重要的核心概念结构,然后向外扩充,以滚雪球的方式逐步生成其他概念结构,直至生成总体概念结构。即先从最基本与最明显的实体集着手,逐步扩展至非基本、不明显的其他实体集。

(4) 混合策略:将"自顶向下"和"自底向上"相结合,用"自顶向下"策略设计一个全局概念结构的框架,同时以它为骨架集成用"自底向上"策略设计各局部概念结构。

2. 方法

(1) 集中式设计法:根据用户需求由一个统一的机构或人员一次性设计出数据库的全局 E-R 模式。其特点是容易保证 E-R 模式的统一性与一致性,但它仅适用于小型或并不复杂的数据库设计问题,而在设计大型的或语义关联复杂的数据库时并不适用。

(2) 分散-集成设计法:设计过程分解成两步,首先,根据某种原则将一个企业或部门的用户需求分解成若干部分,并对每个部分设计局部 E-R 模式;然后将各个局部 E-R 模式进行集成,并消除集成过程中可能会出现的冲突,最终形成一个全局 E-R 模式。其特点是设计过程比较复杂,但能较好地反映用户需求,对于解决大型和复杂的数据库设计问题比较有效。

3.3.3　概念结构设计阶段工作过程

概念结构设计阶段工作过程,是先设计局部概念结构,再整合全局概念结构。

1. 局部概念结构设计

(1) 确定概念结构的范围:将用户需求划分成若干个部分,其划分方法有两种:①根据企业的组织机构对其进行自然划分,并逐一设计其概念结构。②根据数据库提供的服务种类进行划分,使得每一种服务所使用的数据明显地不同于其他种类,并将每一类服务设计成局部概念结构。

(2) 定义实体型:每一局部的概念结构包括哪些实体型,要从选定的局部范围中的用户需求出发进行选定,即逐一确定每一个实体型的属性及其属性名和主码。

设计的内容包括:

① 区分实体与属性。

② 给实体集与属性命名。其原则是清晰明了、便于记忆,并尽可能采用用户熟悉

的名字,减少冲突,方便使用。

③ 确定实体标识,即确定实体集的主码。在列出实体集的所有候选码的基础上,选择一个作为主码。

④ 非空值原则:保证主码中的属性不出现空值。

(3) 定义联系:判断实体集之间是否存在联系,并定义实体集之间联系的类型。

① 确定实体集之间是否存在联系,而且同时确定联系类型。

② 定义联系的方法。

③ 为实体集之间的联系命名:联系的命名应反映联系的语义性质,通常采用动词命名。

④ 确定每个联系的存在属性,并为其命名。

2. 合并局部概念结构设计

合并局部 E-R 模式为全局 E-R 模式的过程包括区分公共实体型、合并局部概念结构设计和消除冲突 3 步。

① 区分公共实体型:一般根据实体型名称和主码来认定公共实体型。

② 合并局部概念结构设计:首先,将具有公共实体型的局部概念结构设计进行合并,然后加入独立的局部概念结构设计,这样即可获得全局概念结构设计。

③ 消除冲突:消除合并过程中局部概念结构设计之间出现的不一致描述。

两个局部 E-R 模式之间可能出现的冲突类型如下:

① 命名冲突:主要指同名异义和异名同义两种冲突,包括属性名、实体型名、联系名之间的冲突。同名异义,即不同意义的对象具有相同的名字(编号);异名同义,即同一意义的对象具有不同的名字。

② 结构冲突:同一对象在不同的局部概念结构设计中的抽象不一致,同一实体在不同的局部 E-R 模式中的属性组成不同。

3. 优化全局概念结构

全局 E-R 模式的优化标准:能全面、准确地反映用户需求,且具有实体型的个数尽可能少;实体型所含属性个数尽可能少;实体型之间联系无冗余等。

(1) 全局概念结构的优化方法:首先将实体型进行合并,将两个有联系的实体型合并为一个实体型;然后消除属性的冗余,即消除合并为全局 E-R 模式后产生的冗余属性;最后消除联系的冗余,也就是消除全局模式中存在的冗余联系。

(2) 全局概念结构的优化原则:在存储空间、访问效率和维护代价之间进行权衡,对实体型进行恰当的合并,适当消去部分冗余属性和冗余联系。

概念结构设计阶段工作过程,如图 3-4 所示。

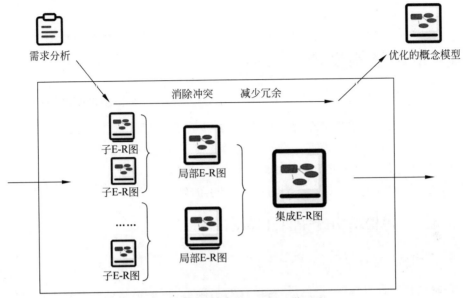

图 3-4　概念结构设计阶段工作过程

例 3-2　"新华大学学生信息管理系统"的全局概念结构设计。

根据需求设计的"新华大学学生信息管理系统"全局概念结构,如图 3-5 所示。

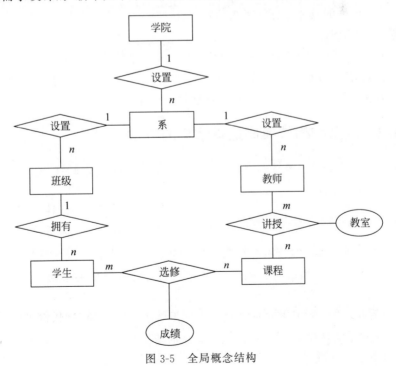

图 3-5　全局概念结构

3-4

3.4 逻辑结构设计

数据库逻辑结构设计是在概念模型的基础上进行的,是把概念模型转换成某个数据库管理系统支持的数据模型。设计者需要详细了解前一个阶段数据库设计的全过程,重点是概念设计中的 E-R 模型的设计方法,研究确定逻辑结构设计中,E-R 模型向关系模型转换的方法,还要考虑物理设计中索引的建立。

3.4.1 逻辑结构设计的目标及任务

1. 逻辑结构设计目标

逻辑结构设计目标是在概念结构设计的基础上,在一定原则的指导下,将概念结构转换为与某具体 DBMS 支持的数据模型相符合的、经过优化的逻辑结构。

2. 逻辑结构设计工作任务

逻辑结构设计的具体工作任务包括:
① 选定 DBMS;
② 将概念模型转换 DBMS 支持的数据模型(全局关系模式);
③ 利用规范化原则优化(良好全局关系模式);
④ 实现数据模型完整性(关系的完整性相关约束)。

3.4.2 概念结构转换成逻辑结构的方法

将概念模型转换成逻辑结构时通常采用"二步式",一是按转换规则直接转换,二是进行关系模式的优化。

1. 概念模型转换成逻辑结构的原则

(1) 实体型的转换:对于概念结构中的每个实体型,设计一个关系模式与之对应,使该关系模式包含实体型的所有属性。通常用下画线来表示关系模式的主码所包含的属性。

(2) 联系的转换:联系的转换方法是由联系的类型决定的,具体方法如下:

① 1:1 联系的转换:先将两个实体型分别转换为两个对应的关系模式,再将联系的属性和其中一个实体型对应关系模式的主码属性加入到另一个关系模式中。

② 1：n 联系的转换：先将两个实体型分别转换为两个对应的关系模式，再将联系的属性和 1 端对应关系模式的主码属性加入到 n 端对应的关系模式中。

③ m：n 联系的转换：先将两个实体型分别转换为两个对应的关系模式，再将联系转换为一个对应的关系模式，其属性由联系的属性和前面两个关系模式的主码属性构成。

2．关系模式的优化

优化关系模式的方法如下：

（1）确定数据依赖：按需求分析阶段所得到的语义，分别写出每个关系模式内部各属性之间的数据依赖以及不同关系模式属性之间的数据依赖。

（2）消除冗余的联系：对于各个关系模式之间的数据依赖进行极小化处理，消除冗余的联系。

（3）确定所属范式：根据数据依赖的理论对关系模式逐一进行分析，确定各关系模式分别属于第几范式。注意，并不是规范化程度越高的关系就越好，一般说来，第三范式就足够了。

（4）确定数据处理是否合适：根据需求分析阶段得到数据处理的要求，分析关系模式是否合适。若不合适，对其进行合并或分解。

3.4.3　逻辑结构设计阶段工作过程

逻辑结构设计阶段工作过程较为简单，它的设计结果完全依赖于"概念结构"。首先要选定 DBMS，然后将概念结构转换为 DBMS 支持的数据模型，最后利用规范化原则优化数据模型。

逻辑结构设计阶段工作过程，如图 3-6 所示。

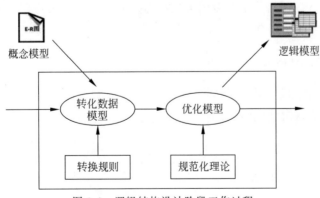

图 3-6　逻辑结构设计阶段工作过程

例 **3-3** "新华大学学生信息管理系统"应用系统的逻辑结构设计。

根据"新华大学学生信息管理系统"全局概念结构,我们将"新华大学学生信息管理系统"逻辑结构设计如下:

学院(学院编号,学院名称,院长,电话,地址)

系(系编号,系名称,系主任,电话,班级个数,学院编号)

班级(班级编号,班级名称,班级人数,班长姓名,专业名称,系编号)

学生(学号,姓名,性别,出生年月,籍贯,班级编号)

教师(教师编号,姓名,性别,职称,系编号)

课程(课程编号,课程名称,学时,学分,学期)

学生成绩(学号,课程编号,成绩)

教师授课(教师编号,课程编号,教室编号)

3-5

3.5 物理结构设计

数据库物理结构设计阶段针对一个给定的数据库逻辑模型,选择最适合的应用环境。换句话说,就是能够在应用环境中的物理设备上,由全局逻辑模型产生一个能在特定 DBMS 上实现的关系数据库模式。

3.5.1 物理结构设计的目标及任务

1. 物理结构设计阶段目标

物理结构设计阶段目标是为逻辑数据结构选取一个最适合应用环境的物理结构,包括存储结构和存取方法等。

2. 物理结构设计阶段工作任务

物理结构设计阶段的具体工作任务包括以下 6 部分。

(1) 存储记录结构设计(表的结构);

(2) 确定数据存放位置;

(3) 存取方法的设计(触发器与存储过程);

(4) 完整性和安全性考虑;

(5) 对物理结构进行评价;

(6) 程序设计(前台代码的设计)。

3.5.2 物理结构设计时的注意事项

（1）确定数据的存储结构：设计关系、索引等数据库文件的物理存储结构，需注意存取时间、空间效率和维护代价间的平衡；

（2）选择合适的存取路径：确定哪些关系模式建立索引，索引关键字是什么等；

（3）确定数据的存放位置：确定数据存放在一个磁盘上还是多个磁盘上；

（4）确定存取分布：许多 DBMS 都提供了一些存储分配参数供设计者使用（如缓冲区的大小和个数、块的长度、块因子的大小等）。

3.5.3 物理结构设计阶段工作过程

物理结构设计阶段首先要设计存储记录的表结构，然后确定数据存放位置和存取方法，同时也要设计数据的完整性和安全性。

物理结构设计阶段工作过程，如图 3-7 所示。

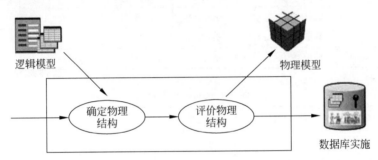

图 3-7　物理结构设计阶段工作过程

例 3-4　"新华大学学生信息管理系统"应用系统的物理结构设计。

"新华大学学生信息管理系统"数据中心的表结构设计如表 3-1～表 3-8 所示。

表 3-1　School 表结构

字　段　名	字　段　别　名	字　段　类　型	字　段　长　度	索　引	备　注
School_id	学院编号	char	1	有（无重复）	主键
School_name	学院名称	char	10	—	—
School_dean	院长姓名	char	6	—	—
School_tel	电话	char	13	—	—
School_addr	地址	char	10	—	—

表 3-2　Department 表结构

字 段 名	字 段 别 名	字 段 类 型	字 段 长 度	索　引	备　注
Department_id	系编号	char	4	有(无重复)	主键
Department_name	系名称	char	14	—	—
Department_dean	系主任	char	6	—	—
Teacher_num	教师人数	smallint	默认值	—	—
Class_num	班级个数	smallint	默认值	—	—
School_id	学院编号	char	1	—	外键

表 3-3　Class 表结构

字 段 名	字 段 别 名	字 段 类 型	字 段 长 度	索　引	备　注
Class_id	班级编号	char	8	有(无重复)	主键
Class_name	班级名称	char	4	—	—
Student_num	班级人数	smallint	默认值	—	—
Monitor	班长姓名	char	6	—	—
Major	专业	char	10	—	—
Department_id	系编号	char	4	—	外键

表 3-4　Student 表结构

字 段 名	字 段 别 名	字 段 类 型	字 段 长 度	索　引	备　注
Student_id	学号	char	6	有(无重复)	主键
Student_name	姓名	char	6	—	—
Gender	性别	char	2	—	—
Birth	出生年月	datetime	默认值	—	—
Birthplace	籍贯	char	50	—	—
Class_id	班级编号	char	8	—	外键

表 3-5　Teacher 表结构

字 段 名	字 段 别 名	字 段 类 型	字 段 长 度	索　引	备　注
Teacher_id	教师编号	char	7	有(无重复)	主键
Teacher_name	姓名	char	6	—	—
Gender	性别	char	2	—	—
Title	职称	char	8	—	—
Department_id	系编号	char	4	—	外键

表 3-6　Course 表结构

字　段　名	字 段 别 名	字 段 类 型	字 段 长 度	索　　引	备　　注
Course_id	课程编号	char	5	有（无重复）	主键
Course_name	课程名称	char	12	—	外键
Period	学时	smallint	默认值	—	—
Credit	学分	smallint	默认值	—	—
Term	学期	smallint	1	—	—

表 3-7　Score 表结构

字　段　名	字 段 别 名	字 段 类 型	字 段 长 度	索　　引	备　　注
Student_id	学号	char	6	有（无重复）	联合主键
Course_id	课程编号	char	5	有（无重复）	联合主键
Score	成绩	smallint	默认值	—	—

表 3-8　Assignment 表结构

字　段　名	字 段 别 名	字 段 类 型	字 段 长 度	索　　引	备　　注
Teacher_id	教师编号	char	7	有（无重复）	联合主键
Course_id	课程编号	char	5	有（无重复）	联合主键
Classroom_id	教室编号	char	5	—	—

知识点树

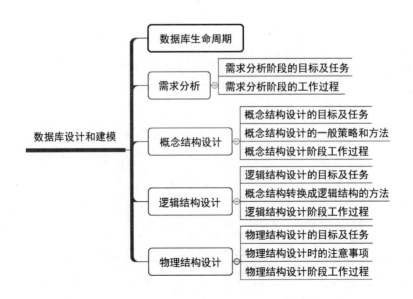

思考题

(1) 简述数据库设计的步骤。

(2) 需求分析阶段主要工作是什么？

(3) 简述数据库概念结构设计方法。

(4) 简述数据库逻辑结构设计方法。

(5) 简述数据库物理结构设计方法。

(6) 数据库实施阶段的主要工作是什么？

(7) 数据库对象有哪些？

(8) 解释概念结构、逻辑结构和物理结构三者之间的关系。

中篇 技术详解

　　GaussDB(for MySQL)数据库管理系统提供了 SQL 语句查询编程环境。本篇围绕 SQL 语句学习数据库创建和维护的技术操作知识,讲解数据库实施过程中有关数据库、数据表和视图,以及触发器与存储过程等数据库对象的操作。本篇讲授的所有内容都是基于 GaussDB(for MySQL)系统环境实现的。

　　本篇共有 7 章内容,其中:

　　第 4 章　数据库预备知识。学习数据类型、运算符和函数等相关内容。

　　第 5 章　SQL。学习 SQL 的特点及功能、SQL 数据定义和数据操纵语句使用方法。

　　第 6 章　数据库。学习集中式数据库、分布式数据库和云数据库的特征,以及不同种类的数据库存储引擎、数据库创建与维护的基本方法等。

　　第 7 章　文件组织与索引。学习数据库文件组织的相关知识,深入讲解索引、索引类型,以及索引创建、索引维护的操作方法。

　　第 8 章　表与视图。学习表的创建、表中数据的操纵,以及什么是视图、视图的特性、视图创建和维护视图方法,使用视图插入数据、更新数据和删除数据的操作方法。

　　第 9 章　数据查询。学习 Select 语句,讲解进行集函数查询、简单查询、多表查询、嵌套查询和子查询的操作方法。

　　第 10 章　数据库完整性。学习完整性约束及检验规则,什么是触发器,触发器的特性及功能,什么是存储过程,存储过程的作用,存储过程创建、调用和维护操作方法。

## 第 4 章

数据库预备知识

学习使用 GaussDB(for MySQL)之前需要有一些数据库的基础知识的准备。本章结合 GaussDB(for MySQL)数据库技术的学习和使用,介绍数据类型和运算符的运算规则,以及实用函数的含义及使用方法等数据库技术必备知识。

4.1 数据类型

4-1

GaussDB(for MySQL)主要支持数值类型、文本类型和日期时间类型这三大类数据类型。其中的数值类型包括非整数型和整数型。另外,各种长度的文本类型,以及日期时间类型等,都是数据库常用的数据类型。

4.1.1 数值类型

数值类型是描述定量数据的数据类型,是最常用的数据类型之一。GaussDB(for MySQL)支持所有标准 SQL 中的数值类型数据,包括整数型数值类型和浮点型数值类型。

1. 整数型数据

整数型数据的存储需求如表 4-1 所示。

表 4-1 整数型数据的存储需求

类 型 名 称	说　　　明	存 储 需 求
INT(INTEGER)	普通大小的整数	4 字节
SMALLINT	小的整数	2 字节
TINYINT	很小的整数	1 字节
MEDIUMINT	中等大小的整数	3 字节
BIGINT	大整数	8 字节

从表 4-1 可以看到,不同类型整数存储所需的字节数是不同的,占用字节数最小的是 TINYINT 类型,占用字节最大的是 BIGINT 类型。相应地,占用字节越多的类型所能表示的数值范围越大。

其他类型的整数型数据的取值范围如表 4-2 所示。

表 4-2 不同整数型数据的取值范围

数 据 类 型	有 符 号	无 符 号
INT(INTEGER)	−2147483648～2147483647	0～4294967295
SMALLINT	32768～32767	0～65535
TINYINT	−128～127	0～255
MEDIUMINT	−8388608～8388607	0～16777215

2. 非整数类型数据

非整数类型数据包括浮点数、定点数两种。浮点类型和定点类型都可以用(M,N)来表示,其中 M 称为精度,表示总共的位数;N 称为标度,表示小数的位数。

非整数类型数据的取值范围如表 4-3 所示。

表 4-3 非整数类型数据的取值范围

非整数类型	字节数	负数的取值范围	非负数的取值范围
FLOAT	4	−4.402823466E+38～ −1.175494351E−38	0 和 1.175494351E−38～ 4.402823466E+38
DOUBLE	8	−1.7976931348623157E+308～ −2.2250738585072014E−308	0 和 2.2250738585072014E−308～ 1.7976931348623157E+308
DECIMAL(M,N)	$M+2$	同 DOUBLE 型	同 DOUBLE 型

从表 4-3 可以看到,定点数的存储空间是根据其精度决定的。例如:

FLOAT(9,2)的含义:数据是 FLOAT 类型,数据长度为 9,小数点后保留 2 位;

DECIMAL(10,2)的含义:数据是定点数的标准格式,数据长度为 10,小数点后保留 2 位。

4.1.2 文本类型

文本类型用来存储字符数据,还可以存储图片和声音的二进制数据。使用字符串可以进行区分或者不区分大小写的比较,还可以进行正规表达式的匹配查找。

1. 定长字符串数据

定长字符串 CHAR(M)是固定长度字符串,在定义类型时,需要定义字符串长度。

长度小于 M 的字符串在保存时,在右侧填充空格以达到指定的长度。M 表示列的长度,范围是 $0\sim255$ 个字符。

例如,CHAR(9)定义了一个固定长度的字符串列,这列名下的数据的字符个数最大为 9。当检索到 CHAR 值时,尾部的空格将被删除。

2. 变长字符串数据

变长字符串 VARCHAR(M)是长度可变的字符串,M 表示最大列的长度,M 的范围是 $0\sim65535$。而实际占用的空间为字符串的实际长度加 1。

例如,VARCHAR(60)定义了一个最大长度为 60 的字符串,如果插入的字符串只有 10 个字符,则实际存储的字符串为 10 个字符和一个字符串结束字符。

VARCHAR 在值保存和检索时,尾部的空格仍保留。

3. 文本类型数据

文本字符串(TEXT)保存非二进制字符串,如文章内容、评论等。

当保存或查询 TEXT 列的值时,不删除尾部空格。

TEXT 类型数据分为如下 4 种,不同的 TEXT 类型数据长度也不同,如表 4-4 所示。

表 4-4　TEXT 类型数据长度

类 型 名 称	长　度
TINYTEXT	$255(2^8-1)$
TEXT	$255(2^8-1)$
MEDIUMTEXT	$16777215(2^{24}-1)$
LONGTEXT	4294967295 或 $4GB(2^{32}-1)$

4. 枚举类型数据

枚举字符串(ENUM)是一个字符串对象,其值是在创建表定义列时枚举确定的一列值。

枚举字符串定义语法格式如下:

语句格式:

<字段名> ENUM('值 1', '值 1', …, '值 n')

功能:字段名指将要定义的字段,值 n 指枚举列表中第 n 个值。

几点说明如下:

(1) ENUM 类型的字段在取值时,只能在指定的枚举列表中获取,而且一次只能获取一个。如果创建的成员中有空格,尾部的空格将自动删除。

（2）ENUM 值在内部用整数表示，每个枚举值均有一个索引值，列表值所允许的成员值从 1 开始编号，最多可以枚举 65535 个元素。

（3）ENUM 值依照列索引顺序排列，空字符串排在非空字符串之前，NULL 值排在其他所有枚举值前。

（4）ENUM 列总有一个默认值 NULL。

5. SET 类型数据

SET 是一个字符串的对象，可以有零个或多个值，SET 列值为表创建时规定的一列值。

SET 类型数据定义语法格式如下：

语句格式：

SET('值 1', '值 2', …, '值 n')

功能：指定包括多个 SET 成员的 SET 列值，各成员之间要用逗号隔开，SET 成员最多可以有 64 个。

两点说明如下：

（1）SET 类型与 ENUM 类型相同的是，二者的值在内部都用整数表示，列表中每个值都有一个索引编号。当创建表时，其值的尾部空格将自动删除。

（2）SET 类型与 ENUM 类型不同的是，ENUM 类型的字段只能从定义的列值中选择一个值，而 SET 类型的列可从定义的列值中选择多个字符的联合。

6. 二进制形式文本数据

二进制数据类型常用于存储图像数据、有格式的文本数据（如 Word 文件、Excel 文件）、程序文件等。二进制形式的文本数据类型及长度如表 4-5 所示。

表 4-5　二进制形式的文本数据类型及长度

类 型 名 称	说　　　明	数 据 长 度
BIT(M)	位字段类型	M 字节
BINARY(M)	固定长度二进制字符串	M 字节
VARBINARY(M)	可变长度二进制字符串	$M+1$ 字节
TINYBLOB(M)	非常小的 BLOB	最大长度为 $255(2^8-1)$字节
BLOB(M)	小 BLOB	最大长度为 $65535(2^{16}-1)$字节
MEDIUMBLOB(M)	中等大小的 BLOB	最大长度为 $16777215(2^{24}-1)$字节
LONGBLOB(M)	非常大的 BLOB	最大长度为 4294967295 或 $4G(2^{32}-1)$字节

4.1.3 日期与时间类型

日期与时间类型有多种。每种类型都有合法的取值范围,当指定不合法的值时,系统将"零"值插入数据库中。

日期与时间类型数据的取值范围及长度如表 4-6 所示。

表 4-6 日期与时间类型数据的取值范围及长度

类 型 名 称	取 值 范 围	长 度
YEAR	1901～2155	1 字节
TIME	−838:59:59～838:59:59	3 字节
DATE	1000-01-01～9999-12-31	3 字节
DATETIME	1000-01-01 00:00:00～9999-12-31 23:59:59	8 字节
TIMESTAMP	1970-01-01 00:00:01 UTC～2038-01-19 03:14:07 UTC	4 字节

4.2 运算符

4-2

常用的运算符有算术运算符、比较运算符和逻辑运算符。

4.2.1 算术运算符

算术运算符是 SQL 中最基本的运算符,GaussDB(for MySQL)支持的算术运算符包括加、减、乘、除和取余运算。

GaussDB(for MySQL)支持的算术运算符及其使用方法,如表 4-7 所示。

表 4-7 算术运算符列表

运 算 符	说 明	示 例	结 果
+	加法运算	SELECT 3+6	9
−	减法运算	SELECT 7−3	4
*	乘法运算	SELECT 2 * 9	18
/	除法运算,返回商	SELECT 18/3	6
%,MOD	取余运算,返回余数	SELECT 15 % 8	7

4.2.2　比较运算符

比较运算符用来确定两事物间的关系是否成立,比较运算符的值只能是 0 或 1。当比较运算符的结果为真时,结果值都为 1;比较运算符的结果为假时,结果值都为 0。GaussDB(for MySQL)比较运算符及其使用方法,如表 4-8 所示。

表 4-8　比较运算符列表

运　算　符	说　明	示　例	结果
=	等于	SELECT 5=9	0
<=>	安全的等于	SELECT 9<=>1	0
<> 或者 !=	不等于	SELECT 0<>1	1
<=	小于或等于	SELECT 2<=7	1
>=	大于或等于	SELECT 9>=5	1
>	大于	SELECT 7>2	1
IS NULL	判断一个值是否为空	SELECT 5>1	1
IS NOT NULL	判断一个值是否不为空	SELECT 'GaussDB' NOT NULL	0
BETWEEN AND	判断一个值是否落在两个值之间	SELECT 6 BETWEEN 1 AND 9	1

4.2.3　逻辑运算符

逻辑运算符又称为布尔运算符,用来确定表达式的真和假。
GaussDB(for MySQL)支持的逻辑运算符及其使用方法,如表 4-9 所示。

表 4-9　逻辑运算符列表

运　算　符	说　明	示　例	结果
NOT 或者 !	逻辑非	SELECT　NOT 1	0
AND 或者 &&	逻辑与	SELECT　5 AND 3+2	1
OR 或者 ||	逻辑或	SELECT　1 OR 0	1
XOR	逻辑异或	SELECT　1 XOR 3>2	0

4-3

4.3　函数

这里所说的函数是指数据库提供的内部函数,这些函数可以帮助用户更便捷地处理表中的数据。

当调用函数时,输入相关的参数值便可得到对应的计算结果,输出值称为返回值。

函数大多用来对数据表中的数据进行相应的加工处理,得到用户所需的数据。利用这些函数,开发人员可简单快捷地对数据库进行操作。

GaussDB(for MySQL)函数包括字符串函数、数学函数、日期函数和其他函数(如条件判断函数、系统信息函数和加密函数等)。

4.3.1　字符串函数

字符串函数主要用于处理字符串,其中包括字符串连接函数、字符串比较函数、将字符串的字母都变成小写或大写字母的函数及获取子串的函数等。

字符串函数及其使用方法如表 4-10 所示。

表 4-10　字符串函数列表

函 数 名 称	说　　　明
LENGTH	功能:计算字符串长度函数,返回字符串的字节长度
	命令:SELECT LENGTH('GaussDB(for MySQL)'),LENGTH('数据库')
	值:23,9(一个汉字占 3 字节)
CONCAT	功能:合并字符串函数,返回结果为连接参数产生的字符串
	命令:SELECT CONCAT('GaussDB(for MySQL)','-用户')
	值:GaussDB(for MySQL)-用户
TRIM	功能:去掉字符串中的空格
	命令:SELECT TRIM('　GaussDB(for MySQL)　')
	值:GaussDB(for MySQL)
LOWER	功能:将字符串中的字母转换为小写
	命令:SELECT LOWER('GaussDB(for MySQL)')
	值:gaussdb(for mysql)
UPPER	功能:将字符串中的字母转换为大写
	命令:SELECT UPPER('sql')
	值:SQL
LEFT	功能:从左侧截取字符串,返回字符串左边的指定数目的字符
	命令:SELECT LEFT('GaussDB(for MySQL)',5)
	值:Gauss
RIGHT	功能:从右侧截取字符串,返回字符串右边的指定数目的字符
	命令:SELECT RIGHT('GaussDB(for MySQL)',11)
	值:(for MySQL)
REPLACE	功能:字符串替换函数,返回替换后的新字符串
	命令:SELECT REPLACE('GaussDB(for MySQL)', 'My','No')
	值:GaussDB(for NoSQL)

函 数 名 称	说　　明
SUBSTRING	功能：截取字符串，返回从指定位置开始的指定长度的字符串
	命令：SELECT SUBSTRING('GaussDB(for MySQL)',9,9)
	值：for MySQL
REVERSE	功能：字符串反转（逆序）函数，返回与原始字符串顺序相反的字符串
	命令：SELECT REVERSE('GaussDB(for MySQL)')
	值：)LQSyM rof(BDssuaG

4.3.2　数学函数

数学函数主要用于处理与数学计算相关的问题。这类函数包括绝对值函数、正弦函数、余弦函数和获得随机数的函数等。

数学函数及其使用方法如表 4-11 所示。

表 4-11　数学函数列表

函 数 名 称	说　　明
ABS	功能：求绝对值
	命令：SELECT ABS(−2020);
	值：2020
SQRT	功能：求二次方根
	命令：SELECT SQRT(1024);
	值：32
MOD	功能：求余数
	命令：SELECT MOD(2020,1024);
	值：996
CEIL 和 CEILING	功能：两个函数功能相同，都是返回不小于参数的最小整数即向上取整
	命令：SELECT CEIL(2020.1415926);
	值：2021
FLOOR	功能：向下取整，返回值转化为 BIGINT 类型
	命令：SELECT FLOOR(2020.1415926);
	值：2020
RAND	功能：生成 0~1 的随机数，传入整数参数时，用来产生重复序列
	命令：SELECT RAND();
	值：0.485127463
ROUND	功能：对所传参数进行四舍五入
	命令：SELECT ROUND(3306.1415926);
	值：3306

续表

函 数 名 称	说　　明
SIGN	功能：返回参数的符号
	命令：SELECT SIGN(－2020)；
	值：－1
POW 和 POWER	功能：两个函数的功能相同，都是所传参数的次方的结果值
	命令：SELECT POWER(15,4)；
	值：50625
SIN	功能：求正弦值
	命令：SELECT SIN(2020)；
	值：0.04406198834392301
ASIN	功能：求反正弦值，与函数 SIN 互为反函数
	命令：SELECT ASIN(－0.2020)；
	值：－0.20339958909743094
COS	功能：求余弦值
	命令：SELECT COS(－2020)；
	值：－0.9990287989758754
ACOS	功能：求反余弦值，与函数 COS 互为反函数
	命令：SELECT ACOS(－0.2020)；
	值：1.7741959158923275
TAN	功能：求正切值
	命令：SELECT TAN(2020)；
	值：－0.04410482299318282
ATAN	功能：求反正切值，与函数 TAN 互为反函数
	命令：SELECT ATAN(0.2020)；
	值：0.1993178950444383
COT	功能：求余切值
	命令：SELECT COT(－2020)；
	值：22.673257302371844

4.3.3　日期函数

　　日期函数主要用于处理日期和时间数据。其中包括获取当前系统时间的函数、获取当前日期的函数、返回年份的函数和返回日期的函数等。

　　日期函数及其使用方法如表 4-12 所示。

表 4-12 日期函数列表

函 数 名 称	说 明
CURDATE 和 CURRENT_DATE	功能：两个函数的功能相同，返回当前系统的日期值
	命令：SELECT CURRENT_DATE()；
	值：2020-10-25
CURTIME 和 CURRENT_TIME	功能：两个函数的功能相同，返回当前系统的时间值
	命令：SELECT CURRENT_TIME()；
	值：10:00:01
NOW 和 SYSDATE	功能：两个函数的功能相同，返回当前系统的日期和时间值
	命令：SELECT SYSDATE()；
	值：2020-10-25 10:00:01
UNIX_TIMESTAMP	功能：获取 UNIX 时间戳函数，返回一个以 UNIX 时间戳为基础的无符号整数
	命令：SELECT UNIX_TIMESTAMP()；
	值：1603631233
FROM_UNIXTIME	功能：将 UNIX 时间戳转换为时间格式，与 UNIX_TIMESTAMP 互为反函数
	命令：SELECT FROM_UNIXTIME(1603631233)；
	值：2020-10-25 21:07:13
MONTH	功能：获取指定日期中的月份
	命令：SELECT MONTH('2020-10-01 12:34:56')；
	值：10
MONTHNAME	功能：获取指定日期中月份的英文名称
	命令：SELECT MONTHNAME('2020-10-01 12:34:56')；
	值：October
DAYNAME	功能：获取指定日期对应的星期几的英文名称
	命令：SELECT DAYNAME('2020-10-01 12:34:56')；
	值：Thursday
DAYOFWEEK	功能：获取指定日期对应的一周的索引位置值
	命令：SELECT DAYOFWEEK('2020-10-01 12:34:56')；
	值：5
WEEK	功能：获取指定日期是一年中的第几周，返回值的范围为 0～52 或 1～53
	命令：SELECT WEEK('2020-10-01 12:34:56')；
	值：39
DAYOFYEAR	功能：获取指定日期是一年中的第几天，返回值范围是 1～366
	命令：SELECT DAYOFYEAR('2020-10-01 12:34:56')；
	值：275

续表

函 数 名 称	说　　　明
DAYOFMONTH	功能：获取指定日期是一个月中是第几天，返回值范围是 1～31
	命令：SELECT DAYOFMONTH('2020-10-01 12:34:56');
	值：1
YEAR	功能：获取年份，返回值范围是 1970～2069
	命令：SELECT YEAR('2020-10-01 12:34:56');
	值：2020
TIME_TO_SEC	功能：将时间参数转换为秒数
	命令：SELECT TIME_TO_SEC('2020-10-01 12:34:56');
	值：45296
SEC_TO_TIME	功能：将秒数转换为时间，与 TIME_TO_SEC 互为反函数
	命令：SELECT SEC_TO_TIME(45296);
	值：12:34:56
DATE_ADD 和 ADDDATE	功能：两个函数功能相同，都是向日期添加指定的天数
	命令：SELECT ADDDATE('2020-10-01 12:34:56',20);
	值：2020-10-21 12:34:56
DATE_SUB 和 SUBDATE	功能：两个函数功能相同，都是从日期减去指定的天数
	命令：SELECT SUBDATE('2020-10-21 12:34:56',20);
	值：2020-10-01 12:34:56
ADDTIME	功能：时间加法运算，在原始时间上添加指定的时间
	命令：SELECT ADDTIME('2020-10-01 12:34:56',3306);
	值：2020-10-01 13:08:02
SUBTIME	功能：时间减法运算，在原始时间上减去指定的时间
	命令：SELECT SUBTIME('2020-10-01 13:08:02',3306);
	值：2020-10-01 12:34:56
DATEDIFF	功能：获取两个日期之间天数，返回参数 1 减去参数 2 的值
	命令：SELECT DATEDIFF('2020-10-01','2020-10-31');
	值：−30
WEEKDAY	功能：获取指定日期在一周内的对应的工作日索引
	命令：SELECT WEEKDAY('2020-10-01');
	值：4

4.3.4　其他函数

其他函数主要包括条件判断函数、系统信息函数、加密函数、格式化函数和锁函数等，有关这些函数的详细讲解将在后面的具体应用场景介绍，这里只列出这些函数的功能及示例。

1. 聚合函数

聚合函数的作用是进行统计分析。聚合函数及其使用方法如表 4-13 所示。

表 4-13　聚合函数列表

函 数 名 称	说　　明
MAX	功能：查询指定列的最大值
	命令示例：SELECT MAX(Age)FROM Students;
MIN	功能：查询指定列的最小值
	命令示例：SELECT MIN(Age)FROM Students;
COUNT	统计查询结果的行数
	命令示例：SELECT COUNT(ID)FROM Students;
SUM	求和,返回指定列的总和
	命令示例：SELECTSUM(优秀人数)FROM Students;
AVG	求平均值,返回指定列数据的平均值
	命令示例：SELECT AVG(Score)FROM Students;

2. 条件判断函数

条件判断函数的主要作用是在 SQL 语句中控制条件选择。条件判断函数及其使用方法如表 4-14 所示。

表 4-14　条件判断函数列表

函 数 名 称	说　　明
IF	功能：判断,流程控制
	命令示例：SELECT IF(1>0,'Yes','No')
IFNULL	功能：判断是否为空
	示例：SELECT IFNULL(null,' GaussDB(for MySQL) is so easy')
CASE	功能：搜索语句
	示例：SELECT CASE 　WHEN 1 > 0 　THEN '1 > 0' 　WHEN 2 > 0 　THEN '2 > 0' 　ELSE '3 > 0' 　END

3．系统信息函数

系统信息函数的作用是获取 GaussDB(for MySQL)数据库的系统信息。系统信息函数及其使用方法如表 4-15 所示。

表 4-15　系统信息函数列表

函　数　名　称	说　　　明
USER( ) 或 SESSION_USER( ) 或 SYSTEM_USER( ) 或 CURRENT_USER()	功能：返回当前用户
	示例：SELECT USER(),SESSION_USER(),SYSTEM_USER(),CURRENT_USER()
DATABASE()	功能：返回当前数据库名
	示例：SELECT DATABASE()
VERSION()	功能：返回数据库的版本号
	示例：SELECT VERSION()

4．加密函数

加密函数的作用是对 GaussDB(for MySQL)数据库加密，加密函数及其使用方法如表 4-16 所示。

表 4-16　加密函数列表

函　数　名　称	说　　　明
COMPRESS() UNCOMPRESS()	功能：调用 COMPRESS 对字符串进行加密，UNCOMPRESS 进行解密，普通加密算法
	示例：SELECT COMPRESS(' GaussDB(for MySQL)','easy')；
ENCODE() DECODE()	功能：调用 ENCODE 对字符串进行加密，DECODE 进行解密，普通加密算法
	示例：SELECT ENCODE(' GaussDB(for MySQL)','easy')；
DES_ENCRYPT() DES_DECRYPT()	功能：支持 DES 加密算法，调用 DES_ENCRYPT 对字符串进行加密，DES_DECRYPT 进行解密
	示例：SELECT DES_ENCRYPT(' GaussDB(for MySQL)','easy')；
AES_ENCRYPT() AES_DECRYPT()	功能：支持 AES 加密算法，调用 AES_ENCRYPT 对字符串进行加密，调用 AES_DECRYPT 进行解密，返回一个二进制串
	示例：SELECT AES_ENCRYPT(' GaussDB(for MySQL)','easy')；
ASYMMETRIC_ENCRYPT() ASYMMETRIC_DECRYPT()	功能：签名加密和解密，调用 ASYMMETRIC_ENCRYPT()对字符串进行加密，调用 ASYMMETRIC_DECRYPT()进行解密
	示例：SELECT ASYMMETRIC_ENCRYPT(' GaussDB(for MySQL)','easy')；

函 数 名 称	说　　明
STATEMENT_DIGEST() STATEMENT_DIGEST_ TEXT()	功能：使用 Hash 算法和反向解析，调用 STATEMENT_DIGEST() 对字符串进行加密，调用 STATEMENT_DIGEST_TEXT() 进行解密
	示例：SELECT STATEMENT_DIGEST('GaussDB(for MySQL)', 'easy');
MD5()	功能：调用 MD5 签名算法对字符串进行加密
	示例：SELECT MD5('GaussDB(for MySQL)');
SHA()、SHA1()、SHA2()	功能：调用 SHA 加密算法对字符串进行加密处理
	示例：SELECT SHA('GaussDB(for MySQL)');
PASSWORD()	功能：用来加密存储在 user 表中 password 列的 GaussDB(for MySQL)密码
	示例：SELECT PASSWORD('GaussDB(for MySQL)');

5. 格式化函数

格式化函数的作用是对 GaussDB(for MySQL) 数据库进行数据格式化。格式化函数及其使用方法如表 4-17 所示。

表 4-17　格式化函数列表

函 数 名 称	说　　明
DATE_FORMAT(date,fmt)	功能：依照字符串 fmt 格式化日期 date 值
	示例：SELECT DATE_FORMAT(NOW(),'%W,%D %M %Y %r');
FORMAT(x,y)	功能：把 x 格式化为以逗号隔开的数字序列，y 是结果的小数位数
	示例：SELECT FORMAT(3306.1415926,2);
TIME_FORMAT(time,fmt)	功能：依照字符串 fmt 格式化时间 TIME 值
	示例：SELECT TIME_FORMAT(NOW(),'%h:%i %p');
INET_ATON(ip)	功能：返回 IP 地址的数字表示值
	示例：SELECT INET_ATON('124.124.124.123');
INET_NTOA(num)	功能：返回数字所代表的 IP 地址
	示例：SELECT INET_NTOA(2071690107);

6. 锁函数

锁函数的作用是对 GaussDB(for MySQL) 数据库数据进行加锁。锁函数及其使用方法如表 4-18 所示。

表 4-18　锁函数列表

函 数 名 称	说　明
GET_LOCK(str,timeout)	功能：得到一个锁，锁名为 str，持续时间为 timeout
	示例：SELECT GET_LOCK('LOCK',10)；
RELEASE_LOCK(str)	功能：解开锁名为 str 的锁
	示例：SELECT RELEASE_LOCK('LOCK')；
IS_FREE_LOCK(str)	功能：检查名为 str 的锁是否可以使用
	示例：SELECT IS_FREE_LOCK('LOCK')；
IS_USED_LOCK(str)	功能：检查锁名为 str 的锁是否正在使用
	示例：SELECT IS_USED_LOCK('LOCK')；

知识点树

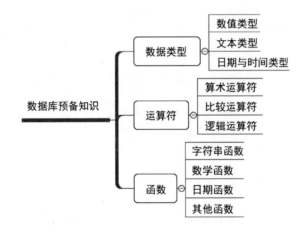

思考题

（1）有几种常用数据类型？

（2）有几种常用函数？

（3）简述日期型数据和日期时间型数据的区别。

（4）简述日期函数的作用。

（5）简述逻辑运算和比较运算结果的异同。

## 第 5 章

SQL

SQL 是使用数据库时最常用的语言。它似乎充满了魔力,因其用途广泛而令使用者在"数据的海洋"中有一种"通行无阻"的感受。利用 SQL,人们可以进行数据库的定义,进行数据库数据的操纵,还可以对数据库中的数据进行查询,更可以利用 SQL 不断挖掘、发现数据的价值,从最基本的数据操纵中,将平常的"数据"转变为对未来有指导意义的"洞见"信息,彰显数据的魅力。

本章介绍 SQL 的特征,以及通用的语法结构。

5-1

5.1 SQL 概述

SQL 作为一种融数据库查询和程序设计功能于一体的语言,在实践中成为用于存取数据以及查询、更新和管理控制关系数据库系统的专门语言。从最早的版本发展至今,有许多数据库产品都支持 SQL,它已经很明显地确立了作为标准关系数据库语言的地位。

5.1.1 SQL 的特点

SQL(Structured Query Language)是一种结构化查询语言,同时也是高级的非过程化编程语言。除了数据查询,SQL 还具有很多其他功能,如定义数据结构,维护数据库中的数据,以及定义安全性约束等。它具有如下特点。

1. 语言功能的一体化

SQL 集数据操纵、数据定义和数据控制功能于一体,语言风格统一,可以独立完成数据库生命周期的全部活动。其中:数据操纵语言(DML)用于对数据库中的数据进行插入、删除、修改等数据维护操作和进行查询、统计、分组、排序等数据处理操作;数据定义语言(DDL)用于定义关系数据库模式(外模式和内模式);数据控制语言(DCL)用于实现对基本表和视图的授权,以及实现对完整性规则的描述、事务控制等操作。

2．非过程化

SQL 是一种高度非过程化的语言。在采用 SQL 进行数据操作时，只要提出"做什么"，无须指明"怎么做"，其他工作由系统完成。因为用户无须了解存取路径的结构，存取路径的选择，以及相应操作语句的操作过程，所以大大减轻了用户负担，并有利于提高数据独立性。

3．采用面向集合的操作方式

SQL 采用面向集合的操作方式，用户只要使用一条操作命令，其操作对象和操作结果都可以是行的集合。无论是查询操作，还是插入、删除、更新操作的对象，都可实现面向行集合的操作方式。

4．一种语法结构和两种使用方式

SQL 具有一种语法结构和两种使用方式。既是自含式语言，又是嵌入式语言。①自含式 SQL：能够独立地进行联机交互，用户只需在终端键盘上直接输入 SQL 命令就可以对数据库进行操作；②嵌入式 SQL：能够嵌入高级语言的程序中，用来实现对数据库的操作。由于在自含式 SQL 和嵌入式 SQL 不同的使用方式中，SQL 的语法结构基本上一致，因此为程序员设计应用程序提供了很大的方便。

5．语言结构简洁

尽管 SQL 功能极强，且有两种使用方式，但由于设计构思巧妙，语言结构简洁明了，完成数据操纵、数据定义和数据控制功能只用 9 个动词，易学、易用。
- 数据操纵：Select，Insert，Update，Delete；
- 数据定义：Create，Alter，Drop；
- 数据控制：Grant，Revoke。

6．支持三级模式结构

SQL 支持关系数据库三级模式结构。其中：视图和部分基本表对应的是外模式，全体表结构对应的是模式，数据库的存储文件和它们的索引文件构成关系数据库的内模式。

5.1.2　SQL 的功能

SQL 具有丰富的功能，按功能分类，可将其分为如下几类。
（1）数据定义：用来定义关系数据库的模式、外模式和内模式，以实现对基本表、视图以及索引文件的定义,也可以实现模式的修改和删除等操作。

(2) 数据操纵:提供了数据查询和数据维护两类功能。

- 数据查询:实现对数据库中的数据查询、统计、分组、排序等操作;
- 数据维护:实现数据的插入、删除、更新等数据维护等操作。

(3) 数据控制:数据控制包括对基本表和视图的授权,完整性规则定义和更新的描述,以及事务控制等。

(4) 系统存储过程:系统存储过程是 DBMS 专门创建的存储过程,用于用户方便地从系统表中查询信息,或者完成与更新数据库表相关的管理任务,或其他系统管理任务。

5.2　数据定义

数据定义的 SQL 语句(详见表 5-1)不仅可以实现数据库的模式定义,也可实现对基本表、视图以及索引文件的定义,以及对定义的基本表、视图以及索引文件进行修改和删除。

表 5-1　数据定义的 SQL 语句

对　　象	创　　建	删　　除	修　　改
数据库	CREATE DATABASE	DROP DATABASE	
表	CREATE TABLE	DROP TABLE	ALTER TABLE
视图	CREATE VIEW	DROP VIEW	ALTER VIEW
索引	CREATE INDEX	DROP INDEX	

5.2.1　定义数据库

SQL 定义数据库的语句。

语句格式:

```
CREATE DATABASE < database_name >
```

功能:创建一个新数据库。

说明:< database_name >是所要定义的数据库的名字。

例 5-1　创建一个新数据库,命名为 MY_database。

SQL 命令如下:

```
CREATE DATABASE MY_database
```

在 GaussDB(for MySQL)管理控制平台中,执行 SQL 命令,操作结果如图 5-1
所示。

图 5-1　创建数据库(MY_database)

5.2.2　定义及维护数据库表

定义数据库表是数据库操作中最基本的操作。一个数据库是由多个数据库表构
成的,当我们定义了数据库所有的表的结构之后,事实上就完成了数据库结构的定义。

1. SQL 定义表的语句

语句格式:

```
CREATE TABLE < table_name >
    ([< column1_name, data_type, column_Length >] [default] not null|null
    [,< column2_name > type [[default] not null|null]…
    [,UNIQUE(column_name [,column_name1]…)]
    [,PRIMARY KEY(column_name [,column_name]…)]
    [,FOREIGN KEY (column_name [,column_name]…)
    REFERENCES < Reference_ table_name >(column_name [,column_name]…)]
    [,CHECK (condition)] )
```

功能:创建一个数据库表。

几点说明:

(1) < table_name >:所要定义的数据库表的名字;

(2) < column_name,data_type,column_Length >:组成该表的各个属性(字段)
的名称、类型和长度。有关数据类型及长度详见 4.1 节;

(3) not null|null:涉及相应属性字段的完整性约束条件;

(4) 在表级约束有如下 6 种约束:

① DEFAULT：默认值约束；

② UNIQUE：唯一性约束；

③ PRIMARY KEY：主键约束；

④ FOREIGN KEY：外键约束；

⑤ REFERENCES：参照完整性约束；

⑥ CHECK：检查约束。

例 5-2　设计一个数据库表，其结构定义如表 5-2 所示。

表 5-2　School 表结构

字　段　名	字段别名	字段类型	字段长度(字节)	索　　引	备　　注
School_id	学院编号	char	1	有(无重复)	主键
School_name	学院名称	char	10	—	—
School_dean	院长姓名	char	6	—	—
School_tel	电话	char	13	—	—
School_addr	地址	char	10	—	—

在已有的数据库(MY_database)中，创建一个数据库表(MY_school)。

SQL 命令如下：

```
CREATE TABLE MY_database.MY_school (
    `School_id` CHAR(1) NOT NULL COMMENT '学院编号',
    `School_name` CHAR(10) NULL COMMENT '学院名称',
    `School_dean` CHAR(6) NULL COMMENT '院长姓名',
    `School_tel` CHAR(13) NULL COMMENT '电话',
    `School_addr` CHAR(10) NULL COMMENT '地址',
    PRIMARY KEY (`School_id`)
)   ENGINE = InnoDB
    DEFAULT CHARACTER SET = utf8mb4
    COLLATE = utf8mb4_general_ci
    COMMENT = '学院表';
```

在 GaussDB(for MySQL)管理控制平台中，执行 SQL 命令，操作结果如图 5-2 所示。

2. SQL 修改表结构的语句

语句格式为：

```
ALTER TABLE < table_name >
    [ ADD < column_name > < type > [ REFERENCES < Reference_table_name >(column_name
[,column_name]…)] ] ]
    [ DROP REFERENCES < Reference_table_name >]
```

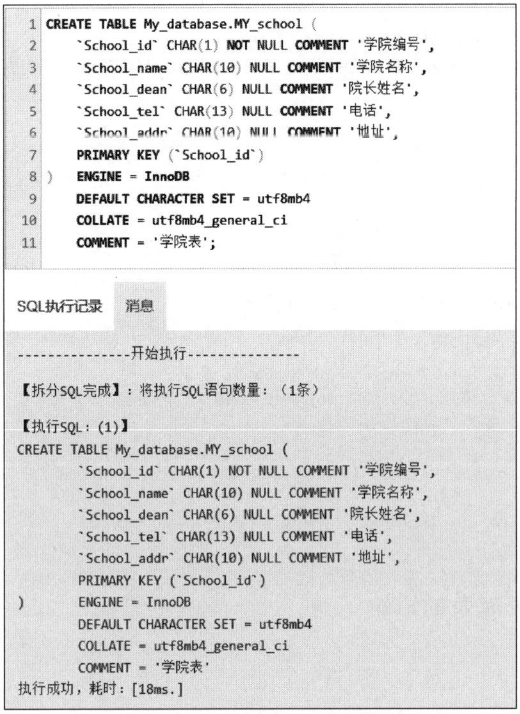

```
1  CREATE TABLE My_database.MY_school (
2     `School_id` CHAR(1) NOT NULL COMMENT '学院编号',
3     `School_name` CHAR(10) NULL COMMENT '学院名称',
4     `School_dean` CHAR(6) NULL COMMENT '院长姓名',
5     `School_tel` CHAR(13) NULL COMMENT '电话',
6     `School_addr` CHAR(10) NULL COMMENT '地址',
7     PRIMARY KEY (`School_id`)
8  ) ENGINE = InnoDB
9     DEFAULT CHARACTER SET = utf8mb4
10    COLLATE = utf8mb4_general_ci
11    COMMENT = '学院表';
```

SQL执行记录　消息

---------------开始执行---------------

【拆分SQL完成】：将执行SQL语句数量：（1条）

【执行SQL：(1)】
```
CREATE TABLE My_database.MY_school (
      `School_id` CHAR(1) NOT NULL COMMENT '学院编号',
      `School_name` CHAR(10) NULL COMMENT '学院名称',
      `School_dean` CHAR(6) NULL COMMENT '院长姓名',
      `School_tel` CHAR(13) NULL COMMENT '电话',
      `School_addr` CHAR(10) NULL COMMENT '地址',
      PRIMARY KEY (`School_id`)
)     ENGINE = InnoDB
      DEFAULT CHARACTER SET = utf8mb4
      COLLATE = utf8mb4_general_ci
      COMMENT = '学院表'
```
执行成功，耗时：[18ms.]

图 5-2　创建学院表（MY_school）

[MODIFY COLUMN < column_name > < type > [REFERENCES < Reference_table_name >(column_name [,column_name]…)]]]

功能：修改表结构。

几点说明：

(1) < table_name >：要修改的数据库表；

(2) ADD 子句：增加新字段,以及新的完整性约束条件；

(3) DROP 子句：删除指定的字段及完整性约束条件；

(4) MODIFY 子句：修改指定字段,以及完整性约束条件。

例 5-3　已知 School 表的结构定义见表 5-2,请增加一个新的字段（字段名为 School_brief,字段类型为 char(50)）。

SQL 命令如下：

```
ALTER TABLE MY_database.MY_school
ADD school_brief CHAR(50) NULL COMMENT '学校简介';
```

在 GaussDB(for MySQL)管理控制平台中,执行 SQL 命令,操作结果如图 5-3 所示。

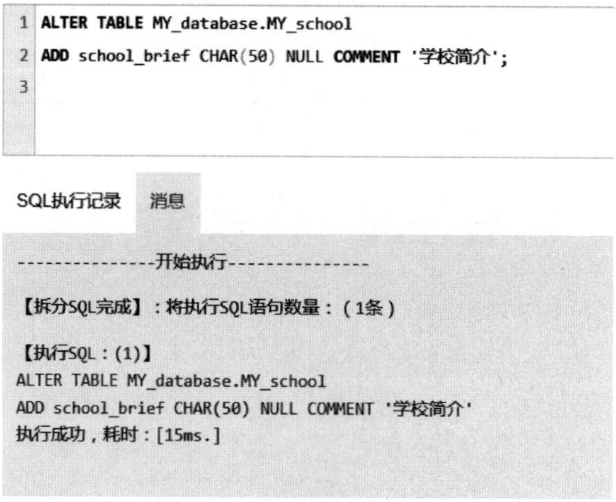

图 5-3　修改表(MY_school)的结构

3. SQL 删除数据库表的语句

语句格式：

```
DROP TABLE [IF EXISTS] < database_name1 >,< database_name2 >, < database_name3 > …
```

功能：删除数据库表。

两点说明：

(1) < database_name1 >,< database_name2 >, < database_name3 > …表示要删除的表的名称，DROP TABLE 可以同时删除多个表，只要将表名依次写在后面，表名之间用逗号隔开即可。

(2) IF EXISTS 用于在删除表之前判断该表是否存在。如果不加 IF EXISTS，当数据库表不存在时将提示错误，中断 SQL 语句的执行；加上 IF EXISTS 后，当数据库表不存在时，SQL 语句可以顺利执行，但是会发出警告(warning)。

例 5-4　删除表(MY_school)，SQL 语句如下：

```
DROP TABLE MY_database.MY_school;
```

在 GaussDB(for MySQL)管理控制平台中，执行 SQL 命令，操作结果如图 5-4 所示。

5.2.3　定义视图

SQL 定义视图的语句格式如下：

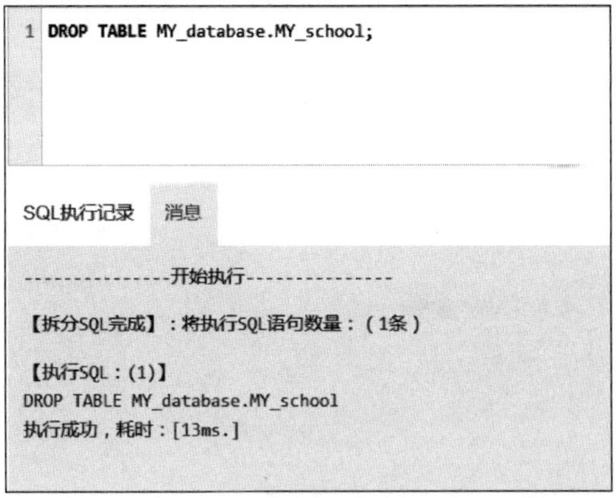

图 5-4　删除表（MY_school）

```
CREATE VIEW view_name AS
    SELECT column_name(s)
    FROM table_name
    WHERE condition
```

功能：创建视图。

两点说明：

（1）view_name：指定视图的名称。该名称在数据库中必须是唯一的，不能与其他数据库表或视图重名；

（2）SELECT …FROM …WHERE …：指定创建视图的 SELECT 语句，可用于查询多个数据库表或源视图。

例 5-5　已知表（My_school），创建单表视图（v_school）。

SQL 语句如下：

```
CREATE VIEW v_school
AS
SELECT school_id, school_name FROM MY_database. MY_school
```

在 GaussDB(for MySQL)管理控制平台中，执行 SQL 命令，操作结果如图 5-5 所示。

5.2.4　定义触发器

SQL 定义触发器的语句格式如下：

```
CREATE < Trigger_name > < BEFORE ∣ AFTER >
< INSERT ∣ UPDATE ∣ DELETE >
ON < table_name > FOR EACH Row < Trigger body >
```

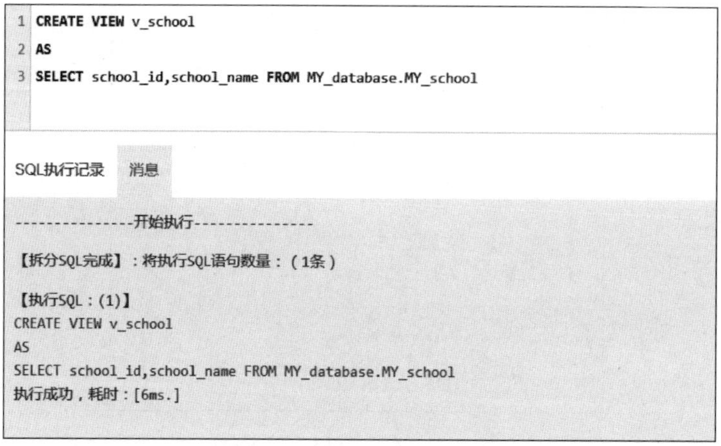

图 5-5 创建视图（v_school）

功能：创建触发器。

几点说明：

（1）< Trigger_name >：指定要创建的触发器名称；

（2）< BEFORE ｜ AFTER >：触发器是在动作之前触发还是之后触发；

（3）< INSERT ｜ UPDATE ｜ DELETE >：要进行什么操作；

（4）EACH Row < Trigger body >：触发器触发检验的条件。

例 5-6 已知表（MY_class）和表（MY_student），创建 INSERT 触发器（tri_studentInsert），当向表（MY_student）插入学生数据时，则更新表（MY_class）的班级人数（student_num）字段。

SQL 语句如下：

```
DELIMITER $
CREATE trigger tri_studentInsert
AFTER INSERT
on MY_student for each row
begin
declare c int;
set c = (select count( * ) from MY_student where class_id = new.class_id);
update MY_class set student_sum = c + 1 where class_id = new.class_id;
end $
DELIMITER ;
```

在 GaussDB（for MySQL）管理控制平台中，执行 SQL 命令，操作结果如图 5-6 所示。

```
1  DELIMITER $
2  CREATE trigger tri_studentInsert
3  AFTER INSERT
4  on MY_student for each row
5  begin
6  declare c int;
7  set c = (select count(*) from MY_student where class_id=new.class_id);
8  update MY_class set student_sum = c+1 where class_id = new.class_id;
9  end$
10 DELIMITER ;
```

SQL执行记录　消息

----------------开始执行----------------

【拆分SQL完成】：将执行SQL语句数量：（1条）

【执行SQL：(1)】
CREATE trigger tri_studentInsert
AFTER INSERT
on MY_student for each row
begin
declare c int;
set c = (select count(*) from MY_student where class_id=new.class_id);
update MY_class set student_sum = c+1 where class_id = new.class_id;
end
执行成功，耗时：[9ms.]

图 5-6　创建 INSERT 触发器（tri_studentInsert）

5.3　数据操纵

5-2

数据操纵命令用于对表中的数据进行插入、删除、更新和查询等。数据操纵的 SQL 命令如表 5-3 所示。

5.3.1　数据库表的数据插入

SQL 数据库表数据插入的语句格式如下：

INSERT
INTO < table_name >　(< column1_name >
[,< column2_name >…])
VALUES (< value1 > [,< value2 >]　…)

功能：插入单个记录。

表 5-3　数据操纵的 SQL 命令

数据操纵	命　　令
插入	INSERT
更新	UPDATE
删除	DELETE

两点说明：

(1) INTO：指定要插入数据的表名及字段,字段的顺序可与表定义中的顺序不一致。没有指定字段则表示要插入的是一条完整的记录,且字段属性与表定义中的顺序一致；指定部分字段表示插入的记录在其余字段上取空值。

(2) VALUES：提供的值必须与 INTO 子句匹配(值的个数及类型)。

例 5-7　已知表(MY_school)的结构如表 5-4 所示,请插入学院"媒体与设计"的信息。

表 5-4　MY_school 表结构

学 院 编 号	学 院 名 称	院 长 姓 名	电　话	地　址
A	计算机科学	沈存放	010-86782098	A-JSJ
B	电子信息与电气工程	张延俊	010-85764325	B-DZXDQG
C	生命科学	于博远	010-86907865	C-SMKJ
D	化学化工	杨晓宾	010-86878228	D-HXHG
E	数学科学	赵石磊	010-81243989	E-SXKX
F	物理与天文	曹朝阳	001-80758493	F-WLTW
H	媒体与设计	王佳佳	010-81794522	H-MTSJ

SQL 语句如下：

```
INSERT INTO MY_school(School_id,School_name,School_dean,School_tel,School_addr)
VALUES('H','媒体与设计','王佳佳','010－81794522','H－MTSJ');
```

在 GaussDB(for MySQL)管理控制平台中,执行 SQL 命令,操作结果如图 5-7 所示。

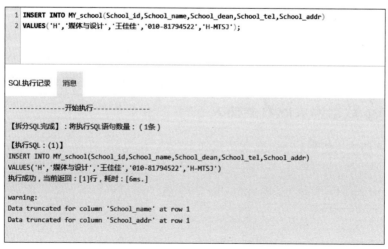

图 5-7　表(MY_school)的数据插入

5.3.2　数据库表的数据修改

SQL 数据库表数据修改的语句格式如下：

```
UPDATE < table_name >
SET < column_name1 > = < new_value 1 >
    [,< column_name2 > = < new_value 2 >]…
[WHERE column_name = some_value]
```

功能：更新指定表中满足 WHERE 子句条件字段的对应的数据。

几点说明：

（1）SET：指定修改方式、要修改的字段、修改后的取值；

（2）WHERE：指定要修改的字段，若默认表示要修改表中的所有字段；

（3）DBMS 在执行修改语句时，会检查修改操作是否破坏表中已定义的完整性规则。

例 5-8　已知表（MY_school），修改"媒体与设计"学院的院长姓名改为"刘国栋"。

SQL 语句如下：

```
UPDATE MY_school SET School_dean = '刘国栋' WHERE School_id = 'H';
```

在 GaussDB（for MySQL）管理控制平台中，执行 SQL 命令，操作结果如图 5-8 所示。

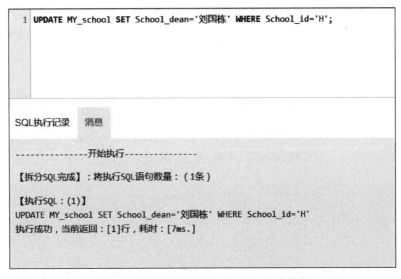

图 5-8　修改数据库表（MY_school）中数据

5.3.3　数据库表的数据删除

SQL 数据库表数据删除语句的格式如下：

DELETE FROM < table_name >
[WHERE < condition >]

功能：删除指定表中满足 WHERE 子句条件的记录。

两点说明：

(1) WHERE：指定要删除的记录应满足的条件，若默认表示要删除表中的所有记录；

(2) DBMS 在执行删除语句时会检查所删除记录是否破坏表中已定义的完整性规则。

例 5-9　已知表(MY_school)，删除"媒体与设计"学院这条数据。

SQL 语句如下：

DELETE FROM MY_school
WHERE School_id = 'H';

在 GaussDB(for MySQL)管理控制平台中，执行 SQL 命令，操作结果如图 5-9 所示。

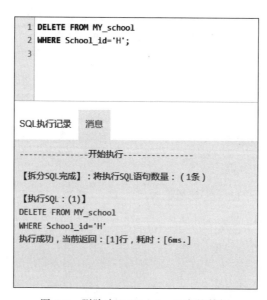

图 5-9　删除表(MY_school)中的数据

知识点树

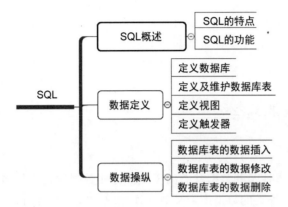

思考题

（1）简述 SQL 的特点。

（2）简述 SQL 的功能。

（3）试述 SQL 语句能完成哪些操作。

（4）试述 SQL 有几类。

（5）试述 SQL 能定义哪些数据库对象。

## 第 6 章

数据库

数据库是数据库系统的核心,它存储数据的方式决定了数据库应用系统开发的工作方式和方法,以及数据库设计工作的方式和方法。

6.1　数据库的种类

客观事物的丰富性及其数据状态的千变万化使数据库种类繁多,分类角度和方法的不同,形成了不同种类的数据库。从数据库组织方式的角度可以将数据库分为网状数据库、关系数据库、对象数据库等;从数据库管理系统对数据库进行管理的模式角度还可以将数据库分为集中式数据库、分布式数据库和云数据库。

6.1.1　集中式数据库

在 20 世纪 70 年代以前,数据库系统大多是集中式的,一般以主机-终端体系结构形式出现,其体系结构如图 6-1 所示。

从图 6-1 可以看出,操作系统、数据库管理系统与数据库紧密耦合,组成单一的数据库系统。进行数据库设计、数据库创建,以及数据库应用系统开发时,用户使用的是一个"单一"的数据库模式,操作系统和数据库管理处理器一般直接或集中管理数据库。

6.1.2　分布式数据库

随着网络技术的进步,特别是移动互联网的兴起,数据量呈爆炸式增长,数据存储和管理的规模越来越庞

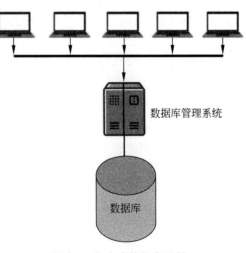

图 6-1　集中式数据库示例

大,致使采用单机数据库的方式处理数据越来越难以满足用户需求。而解决问题的一个直接方法就是增加机器的数量,把数据库同时部署在多台机器上,于是便出现了分布式文件管理的技术,分布式数据库就这样应运而生了。数据库系统由"紧密耦合"变成"松散耦合"的组合方式。分布式数据库系统将数据库资源存放在不同的"站点",这些"站点"不共享物理部件,运行在每个"站点"的数据库系统拥有实质上的相互独立特性。每个站点都可以参与到事务的执行中,对数据的访问可以位于一个站点上,也可以位于几个站点上。

分布式数据库系统和集中式数据库系统的主要差别就在于数据存放在多个地方,多点"分布"给数据库设计和存储带来了便利,但也给事务处理和查询带来了一些困难。

分布式数据库系统分为同构分布式数据库系统和异构分布式数据库系统。

(1) 在同构分布式数据库(Homogeneous Distributed Database)系统中,所有站点都使用相同的数据库管理系统软件,它们彼此了解,合作处理用户的请求。在这样的系统中,本地站点放弃了部分自治性,修改了模式或数据库管理系统软件赋予的权力。为了使多事务处理能在多个站点间进行,数据库管理系统软件还必须和其他站点合作,以交换与事务处理相关的信息。

(2) 在异构分布式数据库(Heterogeneous Distributed Database)系统中,不同的站点可以使用不同的模式和不同的数据库管理系统软件。站点之间可能彼此并不了解,在合作处理事务的过程中,它们仅可提供有限的功能。模式的差异经常是查询处理中的主要问题,而软件的差异成为处理访问多站点事务的一个障碍。

本书基于 GaussDB(for MySQL)的背景,更关注同构分布式数据库系统,其体系结构如图 6-2 所示。

分布式数据库存储通常有如下存储方式:

(1) 复制:将关系 r 复制几个相同的副本,并把每个副本存放在不同的站点上,复制的替代方式是指存储关系 r 的一个备份。

如果关系 r 被复制,则关系 r 的拷贝会存放在两个或多个站点上,在最极端的情况下采用全复制,这种拷贝会存放在系统的每个站点上。

(2) 分片:把关系 r 划分为若干片,并把每个片存储在不同的站点上。

如果关系 r 是分片的,那么 r 将划分为多个分片($r_1, r_2, r_3, \cdots, r_n$),这些分片包含足够的信息,使得能够重构原来的关系 r。

分片进行数据存储时有两个不同的方案——水平分片和垂直分片。水平分片通过将关系 r 的每个元组分给一个或多个分片来划分关系;垂直分片通过对关系 r 的属性进行分离来划分关系。

(3) 分片和复制可以组合使用,对于一个关系可以划分几个片,并且每个片可以有几个副本。

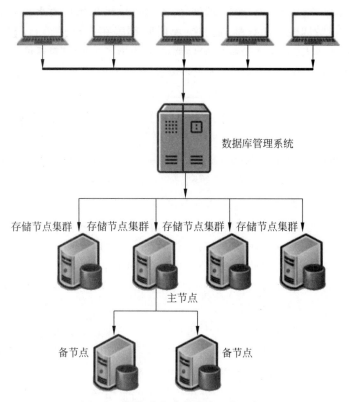

图 6-2 同构分布式数据库系统示例

分布式数据库也存在一些问题,例如,众多节点之间的通信会花费大量时间;数据的安全性和保密性在众多节点之间会受到威胁;在集中式系统中能够有效存取数据的技术,在分布式系统的复杂的存取结构中可能不再适用;分布式的数据划分、负载均衡、分布式事务处理和分布式执行技术都需要新的突破。

6.1.3 云数据库

云计算(Cloud Computing)的迅猛发展使得数据库在"云端"部署和虚拟化成为可能。云数据库即部署和虚拟在云计算环境下,通过计算机网络提供数据管理服务的数据库。因为云数据库可以共享基础架构,极大地增强了数据库的存储能力,消除了人员、硬件、软件的重复配置。

作为基础软件之一,数据库经过了几十年的发展,市场格局极为固定。但随着云计算技术不断走向成熟,以及云计算所带来的使用模式与理念不断深入人心,云数据库近年来迅速崛起,给整个数据库市场带来了巨大的颠覆。

云数据库是部署在"云端"(一个虚拟计算环境)的数据库系统,将传统的数据库系统配置在"云"上。客户可以与云计算供应商达成协议,以获得具有特定功能和特定数据存储的特定数量的机器,机器数量和存储能量都可以根据需要来增加和缩减。除了提供计算服务,很多供应商还可以提供其他服务,例如能够通过使用 Web 服务应用编程接口来访问其他服务。不同于传统数据库,云数据库通过计算存储分离、存储在线扩容、计算弹性伸缩来提升数据库的可用性和可靠性。

　　云计算供应商通常运用规模较大的计算机集群,使其能够容易地按需分配资源,为众多供应商同时提供云服务。它可以达到从数百万到数亿存储和检索数据的能力,同时为成千上万乃至亿万用户提供更为复杂的数据服务,具有极强的可用性和可扩展性。基于云的数据库同时具备同构和异构系统的特点,虽然数据被某个组织拥有,成为某个统一的分布式数据库的一部分,底层的计算机会被另一个组织服务供应商拥有和管理。在这种情况下,即便计算机用户之间的位置距离很远,也可以通过因特网访问实现所需的数据处理,云数据库如图 6-3 所示。

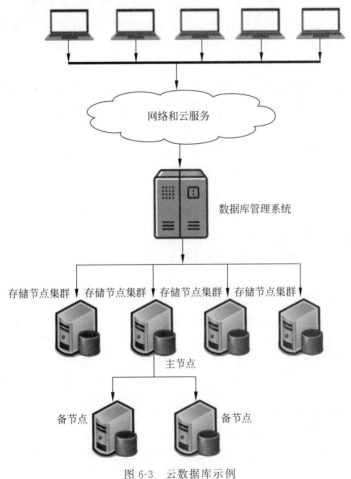

图 6-3　云数据库示例

在"云"上直接部署传统数据库的主要优点包括易于实现、无须更改、与现有软件完全兼容等。然而，这种方法也有缺点。对于传统数据库，数据库的大小受本地存储大小的限制。使用云存储可以增加数据库的容量，但是存储成本、网络负载和数据库更新的成本仍然很高，与副本数量成正比（因为每个数据库副本都需要维护自己的数据库）。每添加一个新的读取副本（read replica）就需要复制整个数据库，这个过程"开销"很大，不仅耗时，而且与数据库的容量大小呈正比，这极大地限制了系统的可伸缩性。传统数据库系统与数据库大小相关的操作（如备份）会限制数据库大小，但云数据库则因为容量过大，会造成数据库备份的时间过长。

为了解决上述种种矛盾和限制，云数据库系统将数据库系统分为计算层和存储层，让每一层都承担部分数据库功能就可以解决这些问题。计算节点只将日志记录而不是完整的页面发给存储层，存储层知道如何用日志记录来更新和生成页面。

这种方法首先在数据库 Aurora 中提出。由于不必刷新完整页面，这减少了网络负载和计算层的负载。Aurora 是一个具有高性能、高可靠性的数据库。Aurora 本身作为云基础设施的组成部分而存在，同时又构建在 Amazon 自身基础设施之上。Aurora 以自己的方式展示了一个"聪明"设计所取得的巨大成果。在处理事务的速度上，Aurora 宣称"是其他数据库的 36 倍"。

Socrate 复用已有组件快速构建云上数据库，SQL Server 已有能力被大量启用，这形成了全新的云端关系型数据库，实现了存储计算分离、快速可弹、存储（冷热）分层与横向扩展性，内存、SSD 等多级存储系统在成本与性能之间取得平衡。日志模块独立化，数据库逻辑中的 redo 日志是源泉，所有内容由 redo 重建，logService 处于中心地位。云数据库将部分计算推至存储层，如 page 恢复。

GaussDB(for MySQL) 是部署在"华为云"上的一款数据库管理系统软件。它通过计算机网络进行数据库操纵以及数据库事务管理，支持数据库应用系统开发，吸收了将数据库的计算与存储分离的设计理念，实现了更高的可用性、更低的存储成本和更好的性能。相比之下，它没有中间层，不需要缓存，可以从存储层中快速得到数据。

6-2

6.2　存储引擎

数据库存储引擎是数据库底层软件组件。它所具备的多种特性都有一个共同的功能作用，就是最大限度地保障数据库的操作安全和性能优化。数据库的存储引擎决定了表在计算机中的存储方式，不同的存储引擎提供不同的存储机制、索引技巧、锁定水平等功能。

　　数据库操作是对数据库中的数据进行的一系列操作,包括读取数据、写数据、更新或修改数据、删除数据等。数据库存储引擎保证了这些数据处理的顺利进行,同时也提供了各种特定的技术支撑。

　　随着互联网、移动互联网的发展,数据量剧增,业务场景多样化,仅一套固定不变的存储引擎不可能满足所有应用场景的诉求。因此,现在的 DBMS 需要设计支持多种存储引擎,根据业务场景来选择合适的存储模型。目前许多 DBMS 都支持多种不同的存储引擎。

　　GaussDB(for MySQL)支持 InnoDB、MyISAM、MEMORY、Archive、MERGE、EXAMPLE、CSV、BLACKHOLE、FEDERATE 共 9 种存储引擎。一方面,保证存储的数据具有原子性、一致性、隔离性和持久性;另一方面,能够提高并发读写速度,提高数据库管理系统的性能。如今,由于现代材料与制造技术的巨大进步,更可以充分发挥硬件的性能,解决数据的高效存储和检索能力的瓶颈问题,实现优化"事务功能、锁定、备份和恢复"等功能目标。以下主要介绍常用的 4 种存储引擎。

6.2.1　InnoDB 存储引擎

　　InnoDB 为表提供了事务处理、回滚、崩溃修复能力和多版本并发控制的事务安全;支持外键引用完整性约束;支持提交、回滚和紧急恢复功能来保护数据,还支持行级锁定。它将数据存储在集群索引中,从而减少了基于主键的查询的 I/O。

　　InnoDB 存储引擎性能如表 6-1 所示。

表 6-1　InnoDB 存储引擎性能

功　　能	InnoDB	功　　能	InnoDB
存储限制	64TB	支持哈希索引	No
支持事务	Yes	支持数据缓存	Yes
支持全文索引	No	支持外键	Yes
支持数索引	Yes		

6.2.2　MyISAM 存储引擎

　　MyISAM 存储引擎管理非事务性表,提供高速存储和检索,支持全文搜索。支持 3 种不同的存储格式,包括静态型、动态型和压缩型。其中,静态型是 MyISAM 的默认存储格式,它的字段是固定长度的;动态型包含变长字段,记录的长度不是固定的。MyISAM 的优势在于占用空间小,处理速度快;缺点是不支持事务的完整性和并发性。

MyISAM 存储引擎性能如表 6-2 所示。

表 6-2　MyISAM 存储引擎性能

功　　能	MyISAM	功　　能	MyISAM
存储限制	256TB	支持哈希索引	No
支持事务	No	支持数据缓存	No
支持全文索引	Yes	支持外键	No
支持数索引	Yes		

6.2.3　MEMORY 存储引擎

MEMORY 是一类特殊的存储引擎,提供内存中的表,可以比在磁盘上存储数据更快地实现访问。它用于快速查找引用其他相同的数据,使用存储在内存中的内容来创建表,且数据全部放在内存中。这些特性与前面的两个存储引擎很不同。

每个基于 MEMORY 存储引擎的表实际对应于一个磁盘文件。该文件的文件名与表名相同,该文件中只存储表的结构;MEMORY 默认使用哈希索引,速度比使用 B^+ 树索引更快。如果你想使用 B^+ 树索引,可以在创建索引时指定。

注意,MEMORY 存储引擎很少被用到,因为它把数据存到内存中,如果内存出现异常,就会影响数据质量。如果重启或者关机,所有数据都会消失。

MEMORY 存储引擎性能如表 6-3 所示:

表 6-3　MEMORY 存储引擎性能

功　　能	MEMORY	功　　能	MEMORY
存储限制	RAM	支持哈希索引	Yes
支持事务	No	支持数据缓存	N/A
支持全文索引	No	支持外键	No
支持数索引	Yes		

6.2.4　Archive 存储引擎

Archive 存储引擎只支持 INSERT 和 SELECT 操作;用于存储大量数据,不支持索引,使用 ZLIB 算法可将数据行压缩后存储。Archive 存储引擎非常适合存储归档数据,例如日志信息。但它本身并不是事务安全的存储引擎,它的设计目标是提供高速的插入和压缩功能。

Archive 存储引擎性能如表 6-4 所示。

表 6-4　Archive 存储引擎性能

功　能	Archive	功　能	Archive
存储限制	None	支持哈希索引	No
支持事务	No	支持数据缓存	No
支持全文索引	No	支持外键	No
支持数索引	No		

6.3　数据库创建与维护

数据库操作的首要任务是创建数据库,通常是一次性完成的;然后是数据库维护的工作,而数据库维护的操作则是经常性的工作。

在数据库管理系统中,并不是所有的数据库用户都能够创建数据库,只有系统管理员能够创建数据库。对于数据库创建和维护的操作而言,前期的数据库设计工作一定要确认无误,要设计好数据库的模式,即设计好数据库中所有表的结构以及表间的关联。

以下以"新华大学学生信息管理系统"数据库设计结果为例,介绍在 GaussDB(for MySQL)中创建数据库的一般方法。

6.3.1　创建数据库

创建数据库的过程,主要包括定义数据库的名称、大小、所有者和存储数据库的文件。

6-3

创建数据库的方法很多,不同数据库管理系统软件操作有差异,GaussDB(for MySQL)中常用的方法有使用 SQL 语句创建和使用"新建数据库"视图工具创建。

1. 使用 SQL 语句创建数据库

创建数据库 SQL 语句如下。

语句格式:

```
CREATE DATABASE [IF NOT EXISTS] <database_name>
[[DEFAULT] CHARACTER SET <character_set_name>]
[[DEFAULT] COLLATE <collate_name>]
```

功能：创建数据库。

几点说明：

（1）IF NOT EXISTS：在创建数据库之前进行判断，只有该数据库目前尚不存在时才能执行操作。此选项可以避免数据库已经存在而重复创建的错误。

（2）[DEFAULT] CHARACTER SET：指定数据库的字符集。指定字符集的目的是避免在数据库中存储的数据出现乱码。如果在创建数据库时不指定字符集，就会使用系统的默认字符集。

（3）[DEFAULT] COLLATE：指定字符集的默认校对规则。

（4）< database_name >：创建数据库的名称。

（5）< character_set_name >：字符集种类。

（6）< collate_name >：字符集的校对规则。

例 6-1 使用 SQL 语句创建数据库（xinhua_gaussdb）。

（1）输入如下命令：

```
CREATE DATABASE IF NOT EXISTS xinhua_gaussdb;
```

（2）在 GaussDB(for MySQL)管理控制平台中，执行 SQL 命令，完成 xinhua_gaussdb 空数据库的创建，如图 6-4 所示。

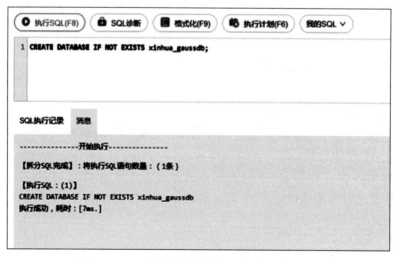

图 6-4　SQL 语句创建数据库（xinhua_gaussdb）

2．使用管理控制平台创建数据库

例 6-2 使用前端工具创建数据库（xinhua_gaussdb）。

（1）在"云数据库 GaussDB-数据管理服务-控制台"窗口中，单击"新建数据库"按钮,进入"新建数据库"窗口,如图 6-5 所示。

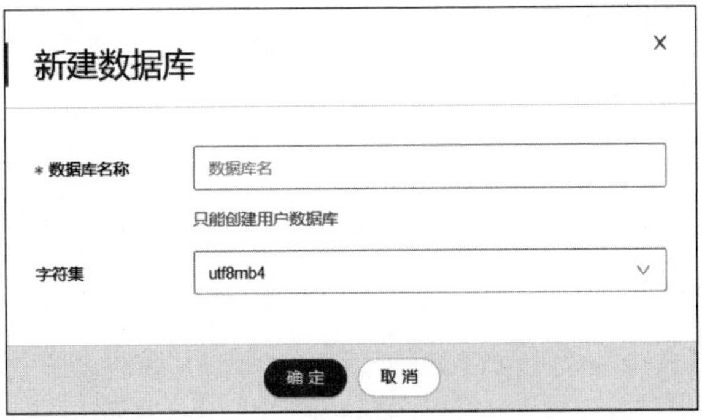

图 6-5　"新建数据库"窗口

(2) 在"新建数据库"窗口中,输入创建数据库的名称(xinhua_gaussdb),单击"确定"按钮,即完成 xinhua_gaussdb 的创建。

6.3.2　维护数据库

数据库一旦创建完成,在使用数据库的同时,需要维护数据库的正常运行。 通过以下数据库操作可以了解数据库的相关信息,也可以更改数据库的一些属性。

6-4

1. 打开数据库

在 GaussDB(for MySQL)中,使用数据库之前,需要先打开要操作的数据库。

在命令行打开数据库命令,语句格式如下:

USE database_name

功能:打开数据库。

例 6-3　打开数据库(xinhua_gaussdb)。

(1) 输入如下命令:

USE xinhua_gaussdb;

(2) 在 GaussDB(for MySQL)管理控制平台中,执行 SQL 命令,完成打开 xinhua_gaussdb 数据库的操作,如图 6-6 所示。

2. 查看数据库信息

在命令行查看数据库列表,语句格式为:

SHOW DATABASES [LIKE 'database_name']

图 6-6　打开数据库

功能：查看数据库。

两点说明：

（1）LIKE 从句是可选项，用于匹配指定的数据库名称；

（2）LIKE 从句可以部分匹配，也可以完全匹配。

例 6-4　查看数据库列表。

（1）输入如下命令：

```
SHOW DATABASES LIKE 'xinhua % ';
```

（2）在 GaussDB(for MySQL)管理控制平台中，执行 SQL 命令，完成打开 xinhua_gaussdb 数据库的操作，如图 6-7 所示。

3. 修改数据库

在数据库使用过程中，有时用户会觉得原有的数据库设置不能满足需求，需要对数据库进行修改；有时也会因原先创建数据库时考虑不周而需要对数据库进行修改。

在 GaussDB(for MySQL)中，可以使用 ALTER DATABASE 来修改已经创建或者存在的数据库的相关参数。

修改数据库 SQL 语句，语句格式为：

```
ALTER DATABASE database_name {
[ DEFAULT ] CHARACTER SET character_set_name |
[ DEFAULT ] COLLATE collate_name}
```

图 6-7 查看数据库列表

功能：修改数据库。

几点说明：

（1）ALTER DATABASE 用于更改数据库的全局特性；

（2）使用 ALTER DATABASE 需要获得数据库 ALTER 权限；

（3）数据库名称可以忽略，此时语句对应于默认数据库；

（4）CHARACTER SET 子句用于更改默认的数据库字符集。

例 6-5 修改数据库信息。

（1）输入如下命令：

```
ALTER DATABASE xinhua_gaussdb CHARACTER SET UTF8MB4;
```

（2）在 GaussDB(for MySQL)管理控制平台中，执行 SQL 命令，完成对 xinhua_gaussdb 数据库的参数设置，如图 6-8 所示。

4. 删除数据库

若数据库有损坏，或数据库不再使用，或数据库不能运行，这时需要对这些数据库进行删除操作。

删除数据库 SQL 语句，语句格式为：

```
DROP DATABASE [ IF EXISTS ] database_name
```

功能：删除数据库。

图 6-8　修改数据库信息

例 6-6　删除数据库(xinhua_gaussdba)。

(1) 输入如下命令:

```
DROP DATABASE xinhua_gaussdba;
```

(2) 在 GaussDB(for MySQL)管理控制平台中,执行 SQL 命令,删除 xinhua_gaussdba 数据库,如图 6-9 所示。

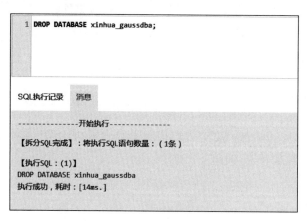

图 6-9　删除数据库

6.3.3　创建数据库模式

对数据库进行创建时可以采用多种方法。如果我们对数据库设计的物理结构有足够的信心,可以先创建一个数据库,然后直接利用 SQL 数据表定义语句创建数据库中的所有表,并定义数据库表中的主、外键。执行 SQL 语句后,不仅完成了数据库表的创建,同时也确定了数据库的全局模式。这样就可以直接将数据库存储结构确定下来,同时也可以检验先前的数据库设计工作的效能与质量。

在对"新华大学学生信息管理系统"进行数据库设计时,我们已经设计出数据库全局结构,该数据库中的每个表的结构如表 3-1～表 3-8 所示。

例 6-7　使用 SQL 语句创建数据库所有表,为表创建候选索引,定义表间的关系。

1. 创建表

(1) 创建 School 表,输入如下命令,并执行。

```sql
CREATE TABLE `xinhua_gaussdb`.`school` (
`School_id` CHAR(10) NOT NULL COMMENT '学院编号',
`School_name` CHAR(4) NULL COMMENT '学院名称',
`School_dean` CHAR(6) NULL COMMENT '院长姓名',
`School_tel` CHAR(13) NULL COMMENT '电话',
`School_addr` CHAR(10) NULL COMMENT '地址',
PRIMARY KEY (`School_id`)
)   ENGINE = InnoDB
    DEFAULT CHARACTER SET = utf8mb4
    COLLATE = utf8mb4_general_ci
    COMMENT = '学院表';
```

(2) 创建 Department 表,输入如下命令,并执行。

```sql
CREATE TABLE `xinhua_gaussdb`.`department` (
`Department_id` CHAR(4) NOT NULL COMMENT '系编号',
`Department_name` CHAR(14) NULL COMMENT '系名称',
`Department_dean` CHAR(6) NULL COMMENT '系主任',
`Teacher_num` SMALLINT UNSIGNED NULL COMMENT '教师人数',
`Class_num` SMALLINT UNSIGNED NULL COMMENT '班级个数',
`School_id` CHAR(1) NULL COMMENT '学院编号',
PRIMARY KEY (`Department_id`)
)   ENGINE = InnoDB
    DEFAULT CHARACTER SET = utf8mb4
    COLLATE = utf8mb4_general_ci
    COMMENT = '系表';
```

(3) 创建 Class 表,输入如下命令,并执行。

```sql
CREATE TABLE `xinhua_gaussdb`.`class` (
    `Class_id` CHAR(8) NOT NULL COMMENT '班级编号',
    `Class_name` CHAR(4) NULL COMMENT '班级名称',
    `Student_num` SMALLINT UNSIGNED NULL COMMENT '班级人数',
    `Monitor` CHAR(6) NULL COMMENT '班长姓名',
```

```
    `Major` CHAR(10) NULL COMMENT '专业',
    `Department_id` CHAR(4) NULL COMMENT '系编号',
    PRIMARY KEY (`Class_id`)
)   ENGINE = InnoDB
    DEFAULT CHARACTER SET = utf8mb4
    COLLATE = utf8mb4_general_ci
    COMMENT = '班级表';
```

（4）创建 Student 表，输入如下命令，并执行。

```
CREATE TABLE `xinhua_gaussdb`.`student` (
    `Student_id` CHAR(6) NOT NULL COMMENT '学号',
    `Student_name` CHAR(6) NULL COMMENT '姓名',
    `Gender` CHAR(2) NULL COMMENT '性别',
    `Birth` DATETIME NULL COMMENT '出生年月',
    `Birthplace` CHAR(50) NULL COMMENT '籍贯',
    `Class_id` CHAR(8) NULL COMMENT '班级编号',
    PRIMARY KEY (`Student_id`)
)   ENGINE = InnoDB
    DEFAULT CHARACTER SET = utf8mb4
    COLLATE = utf8mb4_general_ci
    COMMENT = '学生表';
```

（5）创建 Teacher 表，输入如下命令，并执行。

```
CREATE TABLE `xinhua_gaussdb`.`teacher` (
    `Teacher_id` CHAR(7) NOT NULL COMMENT '教师编号',
    `Teacher_name` CHAR(6) NULL COMMENT '姓名',
    `Gender` CHAR(2) NULL COMMENT '性别',
    `Title` CHAR(8) NULL COMMENT '职称',
    `Department_id` CHAR(6) NULL COMMENT '系编号',
    PRIMARY KEY (`Teacher_id`)
)   ENGINE = InnoDB
    DEFAULT CHARACTER SET = utf8mb4
    COLLATE = utf8mb4_general_ci
    COMMENT = '教师表';
```

（6）创建 Course 表，输入如下命令，并执行。

```
CREATE TABLE `xinhua_gaussdb`.`course` (
    `Course_id` CHAR(5) NOT NULL COMMENT '课程编号',
    `Course_name` CHAR(12) NULL COMMENT '课程名称',
    `Period` SMALLINT UNSIGNED NULL COMMENT '学时',
    `Credit` SMALLINT UNSIGNED NULL COMMENT '学分',
    `Term` SMALLINT(1) UNSIGNED NULL COMMENT '学期',
    PRIMARY KEY (`Course_id`)
```

```
)   ENGINE = InnoDB
    DEFAULT CHARACTER SET = utf8mb4
    COLLATE = utf8mb4_general_ci
    COMMENT = '课程表';
```

（7）创建 Score 表，输入如下命令，并执行。

```
CREATE TABLE `xinhua_gaussdb`.`score` (
    `Student_id` CHAR(6) NOT NULL COMMENT '学号',
    `Course_id` CHAR(5) NOT NULL COMMENT '课程编号',
    `Score` SMALLINT UNSIGNED NULL COMMENT '成绩',
    PRIMARY KEY (`Student_id`, `Course_id`)
)   ENGINE = InnoDB
    DEFAULT CHARACTER SET = utf8mb4
    COLLATE = utf8mb4_general_ci
    COMMENT = '学生成绩表';
```

（8）创建 Assignment 表，输入如下命令，并执行。

```
CREATE TABLE `xinhua_gaussdb`.`assignment` (
    `Teacher_id` CHAR(6) NOT NULL COMMENT '教师编号',
    `Course_id` CHAR(5) NOT NULL COMMENT '课程编号',
    `Classroom_id` CHAR(5) NULL COMMENT '教室编号',
    PRIMARY KEY (`Teacher_id`, `Course_id`)
)   ENGINE = InnoDB
    DEFAULT CHARACTER SET = utf8mb4
    COLLATE = utf8mb4_general_ci
    COMMENT = '教师授课表';
```

（9）在 GaussDB（for MySQL）管理控制平台中，执行 SQL 命令，完成 xinhua_gaussdb 数据库所有表的创建。

2. 创建表的候选索引

（1）创建表（Department）中的 school_id 属性为表（School）的外键。

```
ALTER TABLE department
ADD CONSTRAINT school_id
foreign key(school_id)
REFERENCES school(school_id)
ON DELETE NO ACTION
ON UPDATE NO ACTION
```

（2）创建表（Class）中的 department_id 属性为表（Department）的外键。

```
ALTER TABLE class
ADD CONSTRAINT department_id
```

```
foreign key(department_id)
REFERENCES department(department_id)
ON DELETE NO ACTION
ON UPDATE NO ACTION
```

（3）创建表（Student）中的 class_id 属性为表（Class）的外键。

```
ALTER TABLE student
ADD CONSTRAINT class_id
foreign key(class_id)
REFERENCES class(class_id)
ON DELETE NO ACTION
ON UPDATE NO ACTION
```

（4）创建表（Teacher）中的 department_id 属性为表（Department）的外键。

```
ALTER TABLE teacher
ADD CONSTRAINT t_department_id
foreign key(department_id)
REFERENCES department(department_id)
ON DELETE NO ACTION
ON UPDATE NO ACTION
```

（5）创建表（Score）中的 student_id 属性为表（Student）的外键，course_id 属性为表（Course）的外键。

```
ALTER TABLE score
ADD CONSTRAINT s_student_id
foreign key(student_id)
REFERENCES student(student_id)
ON DELETE NO ACTION
ON UPDATE NO ACTION;
ALTER TABLE score
ADD CONSTRAINT s_course_id
foreign key(course_id)
REFERENCES course(course_id)
ON DELETE NO ACTION
ON UPDATE NO ACTION
```

（6）创建表（Assignment）中的 teacher_id 属性为表（Teacher）的外键，course_id 属性为表（Course）的外键。

```
ALTER TABLE assignment
ADD CONSTRAINT a_teacher_id
foreign key(teacher_id)
REFERENCES teacher(teacher_id)
```

```
ON DELETE NO ACTION
ON UPDATE NO ACTION
ALTER TABLE assignment
ADD CONSTRAINT a_course_id
foreign key(course_id)
REFERENCES course(course_id)
ON DELETE NO ACTION
ON UPDATE NO ACTION
```

3. 查看数据库模式

用 MySQL 的 Workbench 工具,可以看到全局数据库模式,如图 6-10 所示。

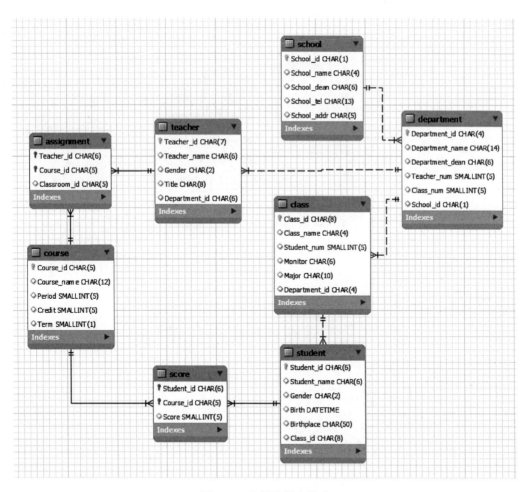

图 6-10　全局数据库模式

从图 6-10 中可以了解到,在数据库(xinhua_gaussdb)中有多少个数据库表,每一个数据库表有多少个字段,以及各表之间的关联关系。

如果将第 3 章数据库设计中概念结构模型图(见图 3-5)与图 6-10 相比较,就会发现两个图非常相似。由此也看出,数据库设计工作若做得足够仔细,数据库创建过程就非常容易。

知识点树

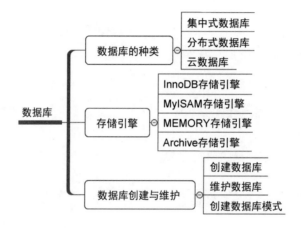

思考题

(1) 简述什么是云数据库。

(2) 试述常用的数据引擎。

(3) 如何创建数据库?

(4) 简述维护数据库的工作内容。

(5) 怎样定义数据库模式?

## 第 7 章

文件组织与索引

在数据库管理系统中,基本的数据抽象就是一个记录(元组)的集合,即表(关系),文件组织支持着对所有数据或表中的记录进行访问。本章将介绍文件组织、索引及索引的类型,以及索引的创建与使用。

7.1 文件组织

文件组织就是当文件存储在磁盘上时,组织文件中的记录使用的方法。

在数据库系统中,对于数据文件的存储和访问是非常频繁的,文件组织的方式和方法制约着数据的存储与访问效率。在一个数据库系统中,有大量的数据存储在外部存储器中,在进行数据处理时,要把这些数据读入内存中再进行处理,不同的 DBMS 读/写方式有些许差异,但大多数情况下采用的方法基本类似。不过每一个文件组织都会为某些操作的效率提高而想尽办法,但同时也消耗其他操作的性能。

一个关系(或数据表)通常存储为一个记录文件。它是 DBMS 中的一个重要抽象,并且可用被访问层的代码进行文件操纵,用户可以创建、删除文件,以及向其中插入或删除记录;文件还可以支持查询操作,查询操作允许我们以一次访问一个记录的方式,在文件的所有记录上遍历。

文件层将文件中的记录存储于一个磁盘页,文件层跟踪分配给每一个文件的所有页,并且因为文件中的记录可能被插入或删除,它还跟踪分配给文件的页的可用空间。

最简单的文件结构是无序文件,文件的数据在文件页中以任意的顺序排列,每一个记录有一个 ID(即 rID),支持所有记录的检索,访问者通过检索指定 rID 的某一特定记录。

这种文件组织方法要求文件管理器必须跟踪分配给文件的所有页面。为了处理数据需要读入内存,为了持久存储,数据需要写入磁盘,这些操作都是缓冲区管理器(属于软件层)来实现的。当文件及访问方法层(常简称为文件层)需要处理某一页时,它请求缓冲区管理器取出该页,同时指定该页的 rID,如果该页不在内存中,缓冲管理器就将它从磁盘中读出。

磁盘上的空间由磁盘空间管理器来管理,当文件层需要额外的空间来保存文件中的新记录时,它请求磁盘空间管理器为该文件分配一个新页,当文件不再需要某个磁盘页时,它也要通过磁盘空间管理器。磁盘空间管理器跟踪文件曾使用页,如果一个页被文件层释放,磁盘空间管理器跟踪这一现象,并在文件层请求新页的时候重新使用已释放的空间。

7.2　什么是索引

在数据库系统中,常用的提高数据检索性能的技术还有索引技术。

数据库中的索引作用非常类似于图书目录。如果我们希望了解这本书中某个特定章节的内容,便会用一个"词"或者"词组"去目录中查找指定的内容;一旦找到对应页码,就可以寻找到我们关心的信息。再如,数据库中的索引和去图书馆借阅图书、使用索引目录的作用一样,只要根据给定一条的检索信息或多条检索信息,就将查找到相应图书所在的位置。

索引是在磁盘上组织数据记录的一种数据结构,它用于优化某类数据检索的操作。索引使得我们能够有效地检索满足所有搜索码字段上的索引条件的那些记录,可以在一个给定的数据记录集合上创建多个索引,每一个索引都有不同的搜索码,支持那些不能被文件组织有效支持的索引操作。

也可以说,索引是在表中的字段基础上建立的一种数据库对象,它由 DBA 或表的拥有者负责创建和撤销,其他用户不能随意创建和撤销索引。创建或撤销索引对表毫无影响;索引由系统自动选择和维护。另外,索引也是创建表与表之间关联关系的基础。

一般情况下,表中记录的顺序是由数据输入的前后顺序决定的,并用记录号予以标识。除非有记录插入或者有记录删除,否则表中的记录顺序总是不变的。如果创建了一个索引(非聚簇索引),便建立一个专门存放索引项的结构,则该结构中保存索引项的逻辑顺序,并且记录指针指向的对应物理记录,将改变其表中记录的逻辑顺序。

若为某个表创建了索引,表的存储便由两部分组成,一部分用来存放表的数据页面;另一部分存放索引页面(聚簇索引没有索引页面)。索引就存放在索引页面上。通常索引页面相对于数据页面来说小得多。当进行数据检索时,系统先搜索索引页面,从中找到所需数据的指针,再直接通过指针从数据页面中读取数据;否则,数据库系统将读取每条记录的所有信息进行匹配。因此,使用索引可以在很大程度上提高数据库的查询速度,还可以有效地提高数据库系统的性能。

如果对一个数据量较为庞大的表进行操作时,所有的数据库程序在检索所需的数据时,将顺序扫描整个数据页面,这样要耗费极大的时间。但是如果事先为此表建立了相关索引,利用索引页面指针指向对应的物理记录,将非常快速地完成操作。

7.3　创建索引的原则

7-2

传统的查询方法是按照表的顺序遍历的,不论查询几条数据,都需要将表的数据从头到尾遍历一遍。创建完索引之后,一般通过 BTREE 算法生成一个索引文件,在查询数据库时,找到索引文件进行遍历,一旦找到相应的键,就可获取对应的数据,查询效率会提高很多。

同时,使用索引是有代价的,索引设计不合理、缺少索引都会对数据库和应用程序的性能造成障碍。

高效的索引对于获得良好的性能非常重要,因此,只有遵循创建索引的有效原则建立索引,方可真正得到"事半功倍"效果。

1．创建索引要由专人完成

(1)索引由 DBA 或表的拥有者负责创建和撤销,其他用户不能随意创建和撤销索引。

(2)索引由系统自动选择,或由用户打开,用户可执行重建索引操作。

2．创建索引取决于表的数据量

(1)基本表中记录的数量越多,记录越长,越有必要创建索引。创建索引后,加快查询速度的效果明显,但也要避免对经常更新的表进行过多的索引,并且索引中的列应尽可能地少。

(2)数据量小的表最好不要使用索引,由于数据较少,查询花费的时间可能比遍历索引的时间还要短,在这种情况下,索引就可能不会产生优化效果。对经常用于查询的字段应该创建索引,但要避免添加不必要的字段。

(3)索引要根据数据查询或处理的要求而创建,对那些查询频度高、实时性要求高的数据一定要建立索引,否则不必考虑创建索引的问题。

3．索引数量要适度

(1)索引文件占用文件目录和存储空间,索引过多会加重系统负担。

（2）索引需要自身维护，当基本表的数据增加、删除或修改时，索引也会进行调整和更新，索引文件要随之变化，以保持与基本表一致。

（3）索引过多会影响数据增、删、改的速度。索引并非越多越好，一个表中如有大量的索引，不仅占用磁盘空间，而且会影响 INSERT、DELETE、UPDATE 等语句的性能。

4. 避免使用索引的情形

（1）包含太多重复值的字段；

（2）查询中很少被引用的字段；

（3）值特别长的字段；

（4）查询返回率很高的字段；

（5）具有很多 NULL 值的字段；

（6）需要经常插、删、改的字段；

（7）记录较少的基本表；

（8）需进行频繁、大批量数据更新的基本表。

7.4 索引类型及创建索引

索引类型根据数据库的功能而决定的，由 DBA 或表的拥有者负责创建和撤销。

7.4.1 普通索引和唯一索引

普通索引是 GaussDB(for MySQL)基本索引类型，允许在定义索引的列中插入重复值和空值。

唯一索引的列值必须唯一，但允许有空值；如果是组合索引，则列值的组合必须唯一。

主索引是一种特殊的唯一索引，一个表只能有一个主索引，而且不允许有空值。

1. 直接创建普通索引

语句格式：

```
CREATE INDEX index_name ON table(column_name)
```

功能：创建一个普通索引。

两点说明：

(1) index_name：索引文件名；

(2) table(column_name)：指定表中创建索引列名。

例 7-1　给表(course)创建一个普通索引。

(1) 输入如下命令：

```
CREATE INDEX ind_course_name ON course(course_name);
```

(2) 在 GaussDB(for MySQL)管理控制平台中，执行 SQL 命令，完成索引(ind_course_name)的创建，如图 7-1 所示。

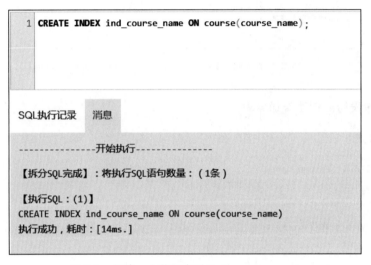

图 7-1　创建一个普通索引(ind_course_name)

2. 修改表结构同时创建普通索引

语句格式：

```
ALTER TABLE table_name ADD INDEX index_name(column_name)
```

功能：修改表结构同时创建普通索引。

例 7-2　修改表(student)的结构，同时创建一个普通索引。

(1) 输入如下命令：

```
ALTER TABLE student ADD INDEX ind_student_name(student_name);
```

(2) 在 GaussDB(for MySQL)管理控制平台中，执行 SQL 命令，完成索引(ind_student_name)的创建，如图 7-2 所示。

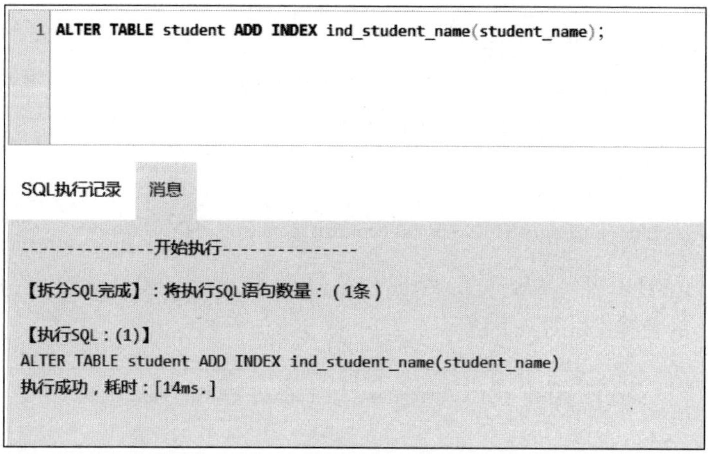

```
1  ALTER TABLE student ADD INDEX ind_student_name(student_name);
```

SQL执行记录   消息

----------------开始执行----------------

【拆分SQL完成】：将执行SQL语句数量：（1条）

【执行SQL：(1)】
ALTER TABLE student ADD INDEX ind_student_name(student_name)
执行成功，耗时：[14ms.]

图 7-2　修改表结构同时创建一个普通索引（ind_student_name）

3. 创建表同时创建普通索引

语句格式：

CREATE TABLE < column_name1 >< type 1 > NOT NULL| NULL, …
< column_name *n* >< type *n* > NOT NULL| NULL,
PRIMARY KEY (column_name), INDEX index_name (column_name)

功能：创建表同时创建普通索引。

几点说明：

（1）type：定义字段的数据类型。其中：字符串类型字段需要指定长度；整型和日期类型字段只需要指定类型，不需要指定长度；双精度数值型类型字段需要指定精度和小数位数。

（2）PRIMARY KEY：指定表中主键的列名。

（3）NOT NULL| NULL 参数设置字段能否取空值。

（4）index_name 指定索引名，该参数可以省略；如果省略则索引名就是字段名。

例 7-3　创建表（my_school）的结构，同时创建一个普通索引。

（1）输入如下命令：

```
CREATE TABLE `xinhua_gaussdb`.`my_school` (
`School_id` CHAR(1) NOT NULL COMMENT '学院编号',
`School_name` CHAR(10) NULL COMMENT '学院名称',
`School_dean` CHAR(6) NULL COMMENT '院长姓名',
`School_tel` CHAR(13) NULL COMMENT '电话',
`School_addr` CHAR(10) NULL COMMENT '地址',
```

```
    PRIMARY KEY (`School_id`),
    INDEX ind_school_name(school_name)
)   ENGINE = InnoDB
    DEFAULT CHARACTER SET = utf8mb4;
```

（2）在 GaussDB(for MySQL)管理控制平台中，执行 SQL 命令，完成索引（ind_school_name）的创建，如图 7-3 所示。

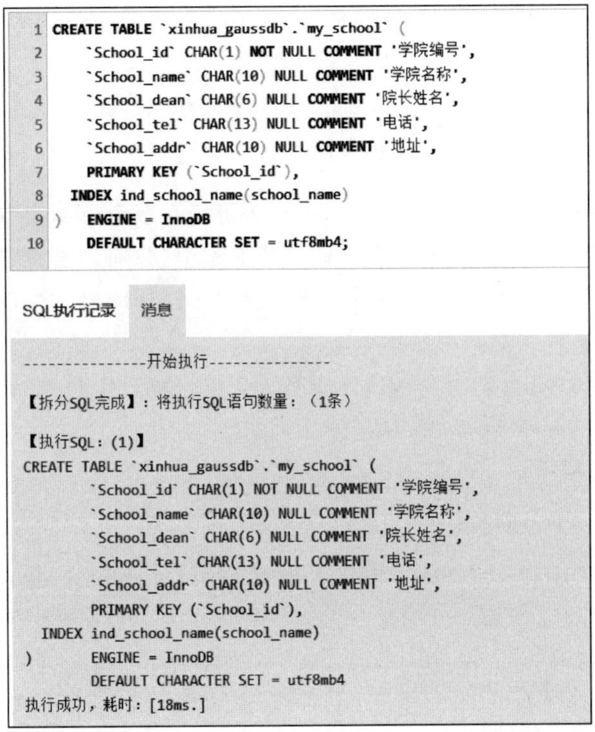

图 7-3　创建表同时创建一个普通索引（ind_school_name）

4. 直接创建唯一索引

语句格式：

```
CREATE UNIQUE INDEX index_name ON table(column_name)
```

功能：创建一个唯一索引。

5. 修改表结构同时创建唯一索引

语句格式：

```
ALTER TABLE table_name ADD UNIQUE index_name ON (column_name)
```

功能：修改表结构同时创建唯一索引。

6. 创建表同时创建主键索引

语句格式：

CREATE TABLE < column_name1 >< type 1 >, …
< column_name n >< type n >,
PRIMARY KEY (column_name), UNIQUE INDEX index_name (column_name)

功能：创建表同时创建主键索引。

7.4.2 单列索引和组合索引

单列索引即一个索引只包含单个列，一个表可以有多个单列索引。

组合索引指以表的多个字段组合共同创建的索引，只有在查询条件中使用了创建索引时的第一个字段相同时，其他索引才会被使用。使用组合索引时，遵循"最左前缀集合"。

单列索引和组合索引创建方式与普通索引和唯一索引相同，这里不再赘述。

例 7-4 给表（class）创建一个组合索引。

（1）输入如下命令：

CREATE INDEX ind_class ON class(class_id,department_id);

（2）在 GaussDB(for MySQL)管理控制平台中，执行 SQL 命令，完成索引(ind_class)的创建，如图 7-4 所示。

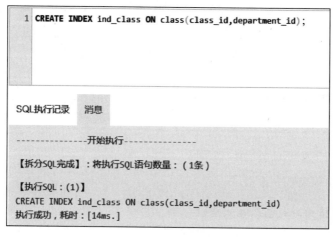

图 7-4 创建一个组合索引(ind_class)

7.4.3　全文索引

全文索引类型为 FULLTEXT 在定义索引的列上支持值的全文查找,允许在这些索引列中插入重复值和空值。它主要用来查找文本中的关键字,而不是直接与索引中的值相比较。

FULLTEXT 索引跟其他索引大不相同,它更像是一个搜索引擎,而不是简单的 where 语句的参数匹配。GaussDB(for MySQL)中只有 MylSAM 存储引擎支持全文索引。

FULLTEXT 索引可以在 CREATE TABLE、ALTER TABLE、CREATE FULLTEXT INDEX 使用,不过目前只有在 char、varchar、text 列上可以创建全文索引。

值得一提的是,在数据量较大时,先将数据录入一个没有全局索引的表中,然后再用 CREATE index 创建 FULLTEXT 索引,要比先为一张表建立 FULLTEXT 然后再将数据写入的速度快很多。

1. 创建表同时创建全文索引

语句格式:

```
CREATE TABLE < column_name1 >< type 1 >, …
< column_name n >< type n >,
PRIMARY KEY (column_name), FULLTEXT INDEX index_name (column_name)
```

功能:创建表同时全文索引。

2. 修改表结构同时创建全文索引

语句格式:

```
ALTER TABLE table_name ADD FULLTEXT INDEX index_name (column_name)
```

功能:修改表结构同时创建全文索引。

3. 直接创建全文索引

语句格式:

```
CREATE FULLTEXT INDEX index_name (column_name) ON table_name
```

功能:创建全文索引。

例 7-5　给表(department)创建一个全文索引。

(1) 输入如下命令:

```
ALTER TABLE department ADD FULLTEXT INDEX ind_department(department_name,department_dean)
```

（2）在 GaussDB(for MySQL)管理控制平台中，执行 SQL 命令，完成索引（ind_department）的创建，如图 7-5 所示。

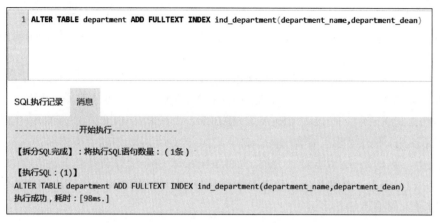

图 7-5　创建一个全文索引（ind_department）

7.4.4　空间索引

空间索引是检索空间数据集合的"目录"。它不同于图书的"目录"，在进行图书内容检索时，"目录"对应的书本内容是不变的，而空间索引是根据空间数据的改变而变化的，包括数据的创建、修改、删除等基本操作都会重新建立新的索引。

空间数据是含有位置、大小、形状以及自身分布特征等多方面信息的数据，因其数据复杂性，我们需要一种索引去提高检索空间数据的效率，减少空间数据操作时间。空间索引是对空间数据类型的字段建立的索引，从索引的数据结构角度可以分为BTREE、Hash、FULLTEXT 和 RTree。

7-3

7.5　维护索引

索引是数据库数据检索的重要技术之一，它是进行数据表定义、建立表间关联不可缺少的技术。以下通过实例介绍有关索引的其他操作。

7.5.1　查看索引

当索引创建完成后，查看索引是进行优化索引的工作之一，查看索引命令如下。

语句格式：

SHOW INDEX FROM [database_name].table_name

功能：查看索引。

例 7-6　查看表（student）索引。

（1）输入如下命令：

SHOW INDEX FROM student

（2）在 GaussDB（for MySQL）管理控制平台中，执行 SQL 命令，完成表（student）中索引的查看，如图 7-6 所示。

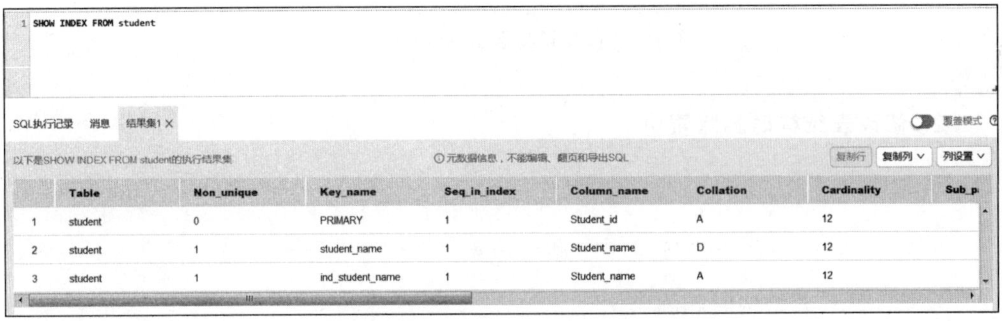

图 7-6　查看索引（student）

7.5.2　删除索引

索引与数据库的对象不同，它可以根据需要随时创建，也可以将不需要的索引进行删除，从而减少资源的占有量，删除索引命令有如下两个。

1. 直接删除索引

语句格式：

DROP INDEX index_name ON table_name

功能：直接删除索引。

例 7-7　直接删除索引表（student）中的索引（student_name）。

（1）输入如下命令：

DROP INDEX student_name ON student

（2）在 GaussDB（for MySQL）管理控制平台中，执行 SQL 命令，完成索引（student_name）的删除，如图 7-7 所示。

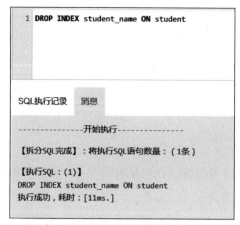

图 7-7　直接删除索引（student_name）

2. 修改表结构时删除索引

语句格式：

ALTER TABLE table_name DROP INDEX index_name

功能：修改表结构时删除索引。

例 7-8　修改表（department）结构，同时删除索引。

（1）输入如下命令：

ALTER TABLE department DROP INDEX ind_department

（2）在 GaussDB（for MySQL）管理控制平台中，执行 SQL 命令，完成索引（ind_department）的删除，如图 7-8 所示。

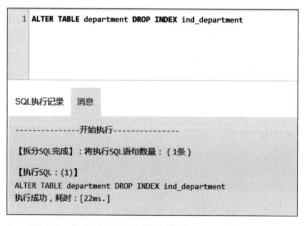

图 7-8　修改表结构时删除索引（ind_department）

知识点树

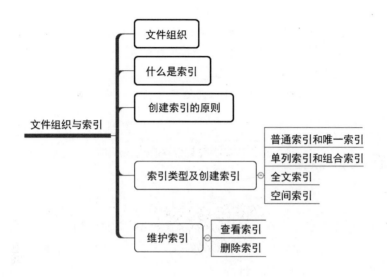

思考题

（1）什么是文件组织？

（2）简述索引的创建原则。

（3）索引有哪些类型？

（4）总结创建索引的几种方式。

（5）删除索引有几种方法？

## 第 8 章

表与视图

数据库表(简称"表")是满足关系模型的一组相关数据的集合,是用"二维表"来架构和表现数据关系的数据库对象之一。视图同样是一种数据库对象,它是表的再生"表"。

本章将结合 GaussDB(for MySQL)数据库管理系统介绍表和视图的有关内容。

8.1 表设计概述

8-1

表(table)是按数据关系存储数据,汇集构成数据库的数据源。

表的创建与使用通常分别在两个不同的操作环境中进行,一个是对表结构进行定义和维护,另一个是对表中数据进行输入维护。

1. 表的构成元素

在实际应用中,如果希望采集学生的信息,并以二维表的形式将其集中存储到数据库中,那么设计表可包括如下内容。

(1) 定义二维表名。设计一张二维表,要给表定义一个名字,用来概括表的内容。

(2) 设计二维表的栏目。首先,要确定表中有几个栏目,表中每列的栏目标题序列称为表头,它标明了某一列诸多事物某一属性对应的数据;然后,根据每一个栏目所含内容的不同,设计栏目标题和属性,由此,决定每一列存放数据的具体内容。

(3) 组织填写表的内容。表中每行的数据是表的具体内容,由每行中具体的数据项组成,某一行标明了某一具体事物的基本内容。表的总体框架一旦设计完成,就可以依照数据的属性将数据填入表中,表 8-1 是学生基本信息的二维表。

表 8-1　学生基本信息的二维表

学　号	姓　名	性　别	出生年月	籍　贯	班级编号
190101	江珊珊	女	2000-01-09	内蒙古	A1011901
190102	刘东鹏	男	2001-03-08	北京	A1011901
190115	崔月月	女	2001-03-17	黑龙江	A1011901

续表

学　　号	姓　　名	性　　别	出 生 年 月	籍　　贯	班 级 编 号
190116	白洪涛	男	2002-11-24	上海	A1011901
190117	邓中萍	女	2001-04-09	辽宁	A1011901
190118	周康乐	男	2001-10-11	上海	A1011901
190121	张宏德	男	2001-05-21	辽宁	A1011901
190132	赵迪娟	女	2001-02-04	北京	A1011901
200401	罗笑旭	男	2002-12-23	四川	A1022004
200407	张思奇	女	2002-09-19	吉林	A1022004
200413	杨水涛	男	2002-01-03	河北	A1022004
200417	李晓薇	女	2002-04-10	上海	A1022004
200431	韩璐惠	女	2001-06-16	河南	A1022004

从上面这张二维表可以看到,表的名字为"学生基本信息",表的栏目有"学号""姓名""班级编号"等,表中数据内容,如"学号"为 190115 的一行,反映的是姓名为"崔月月"的学生个人情况。

2．数据库表

在数据库管理系统中,一张二维表对应一个数据库表,称为表文件,一个数据库可以创建多个表。数据库表(简称"表")是满足关系模型的一组相关数据的集合,是数据库对象之一,是数据库中所有数据库对象的基础数据源。它实际上是二维表在计算机中的一个"映射"。定义表的结构,就是根据二维表的定义来确定表的组织形式,即定义表中的列个数,每一列的列名、列类型、列长度,以及是否以该列建立索引等。

由上可知,一张二维表由表名、表头、表的内容三部分组成,一个表则由表名、表的结构、表的记录三要素构成。

(1) 表的文件名相当于二维表中的表名,它是表的主要标识。用户依靠表名向表存取数据或使用表。

(2) 表的结构相当于二维表的表头,二维表的每一列对应了表中的一个字段,其属性是由字段名、字段类型和字段长度决定的。

如果以表 8-1 的内容创建一个表,它的结构可以按表 8-2 定义。

表 8-2　student 表的结构

字 段 名	字 段 别 名	字 段 类 型	字 段 长 度	索 引	备 注
Student_id	学号	char	6	有(无重复)	主键
Student_name	姓名	char	6	—	—

续表

字　段　名	字段别名	字段类型	字段长度	索　　引	备　　注
Gender	性别	char	2	—	—
Birth	出生年月	datetime	默认值	—	—
Birthplace	籍贯	char	50	—	—
Class_id	班级编号	char	8	—	外键

（3）表的记录是表中不可再分割的基本项，即二维表的内容。

一个表的大小主要取决于它拥有的数据记录的多少。不包含记录的表又称为空表。

8.2　创建表及维护

创建表的过程，实际上是定义表的结构，并确定表的组织形式的过程，即定义表的字段个数、字段名、字段类型、字段长度、建立索引以及完整性定义等。

表结构设计得好与坏，决定了使用效果，表中数据的冗余度、共享性及完整性的高低，直接影响着数据表的"质量"。

8-2

8.2.1　创建表

创建表事实上是对表结构进行定义，即确定关系模式。

在 GaussDB(for MySQL)管理控制平台中，可以利用"表设计视图"创建表，也可以使用 SQL 语句创建表。无论是什么数据库软件环境，都有这两种创建表的操作方法。

1．利用"表设计视图"创建表

在数据库管理系统中，创建表在大多数情况下是通过"表设计视图"可视化环境下完成的，GaussDB(for MySQL)管理控制平台也提供了"表设计视图"，如图 8-1 所示。用户可以根据"表设计视图"进行表结构的定义。

2．利用 SQL 语句创建表

有关 CREATE TABLE 的使用详见 5.2.2 节。

例 8-1　已知表（teacher）结构设计如表 8-3 所示，利用"表设计视图"创建表（teacher）。

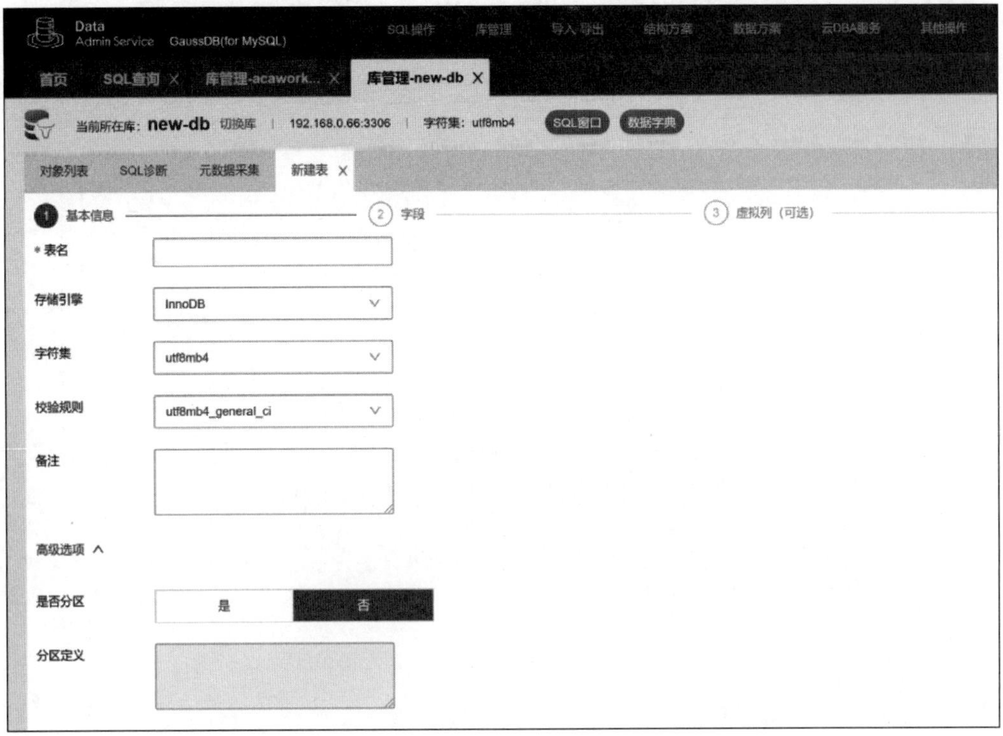

图 8-1　GaussDB(for MySQL)表设计视图

表 8-3　teacher 表结构

字　段　名	字 段 别 名	字 段 类 型	字 段 长 度	索　　　引	备　　　注
Teacher_id	教师编号	char	7	有(无重复)	主键
Teacher_name	姓名	char	6	—	—
Gender	性别	char	2	—	—
Title	职称	char	8	—	—
Department_id	系编号	char	6	—	外键

利用"表设计视图"创建表的操作界面,如图 8-2 所示。

例 8-2　已知表(teacher)结构设计如表 8-3 所示,利用 SQL 创建表(teacher)。

SQL 语句如下:

```
CREATE TABLE `xinhua_gaussdb`.`teacher`(
    `Teacher_id` CHAR(7) NOT NULL COMMENT '教师编号',
    `Teacher_name` CHAR(6) NULL COMMENT '姓名',
    `Gender` CHAR(2) NULL COMMENT '性别',
    `Title` CHAR(8) NULL COMMENT '职称',
```

图 8-2　利用"表设计视图"创建表（teacher）

```
`Department_id` CHAR(6) NULL COMMENT '系编号',
PRIMARY KEY (`Teacher_id`)
) ENGINE = InnoDB
DEFAULT CHARACTER SET = utf8mb4
COLLATE = utf8mb4_general_ci
COMMENT = '教师表';
```

在 GaussDB(for MySQL)管理控制平台中，执行 SQL 命令，操作结果如图 8-3 所示。

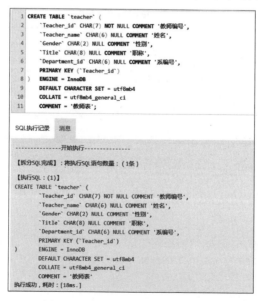

图 8-3　利用 SQL 创建表（teacher）

8.2.2　表结构的维护

在创建表时，常常会因为考虑不周、操作不慎或不适应新的变化，使得表的结构设计得不尽合理，这就需要对表的结构进行修改。另外，若选择使用表向导创建表，一般情况下还需要根据具体要求来修改表结构。修改表结构同样有两种方法。

1. 利用"表设计视图"修改表结构

在 GaussDB(for MySQL)利用"表设计视图"修改表结构，如图 8-4 所示。

图 8-4　GaussDB(for MySQL)修改表结构视图

用户可以根据表需求进行表结构的修改。

2. 利用 SQL 语句修改表结构

有关 ALTER TABLE 的使用详见 5.2.2 节。

例 8-3　将表(teacher)中的"教师简介"字段删除。

在"表设计视图"窗口中，删除"教师简介"字段之后，如图 8-5 所示。

图 8-5　"表设计视图"删除表（teacher）中的字段

8.2.3　表的键及约束

设置表中的键和约束的方法有以下几种：

（1）主键约束（PRIMARY KEY）：在 GaussDB(for MySQL)管理控制平台中，为了快速查找表中的某条信息，可以通过设置主键来实现。主键约束是通过 PRIMARY KEY 定义的，它可以唯一地标识表中的记录，这就类似于通过身份证可以标识人的身份。

（2）外键约束（FOREIGN KEY）：外键是用来实现参照完整性的，不同的外键约束方式可以使不同的两张表紧密地结合起来，特别是修改或删除的级联操作将使得日常维护更轻松。外键主要用来保证数据的完整性和一致性。

（3）非空约束（NOT NULL）：非空约束指的是字段的值不能为 NULL。在 GaussDB(for MySQL)管理控制平台中，非空约束是通过 NOT NULL 定义的。

（4）唯一约束（UNIQUE）：唯一约束用于保证数据表中字段的唯一性，类似于主键，即表中字段值不能重复出现。唯一约束是通过 UNIQUE 定义的。

（5）默认约束（DEFAULT）：默认约束用于给数据表中的字段指定默认值，即当在表中插入一条新记录时，如果没有给这个字段赋值，那么，数据库系统会自动为这个字段插入默认值。默认值是通过 DEFAULT 关键字定义的。

（6）自增约束（AUTO_INCREMENT）：若想为数据表中插入的新记录自动生成唯一的 ID，可以使用 AUTO_INCREMENT 约束来实现。AUTO_INCREMENT 约束的字段可以是任何整数类型。默认情况下，该字段的值是从 1 开始自增的。

例 8-4　利用"表设计视图"为表(teacher)创建唯一索引。

在"表设计视图"窗口中,以 Teacher_name 字段创建索引如图 8-6 所示。

图 8-6　为表(teacher)创建唯一索引

8.3　表中数据的操纵

创建表以及表结构的维护是有关表中字段(列)的操作,向表中输入数据、修改和删除表中的数据则是有关表中记录(行)的操作。

8.3.1　插入数据

插入数据就是向表中添加数据,可以使用"表视图"和 SQL 语句来完成。

在 GaussDB(for MySQL)管理控制平台中,可以利用"表视图"向表中添加数据,也可以使用 SQL 语句向表中添加数据,无论是什么数据库软件环境,都有这两种向表中添加数据的操作方法。

1. 利用"表视图"给表添加数据

在 GaussDB(for MySQL)管理控制平台中,利用"表视图"输入数据,如图 8-7 所示。

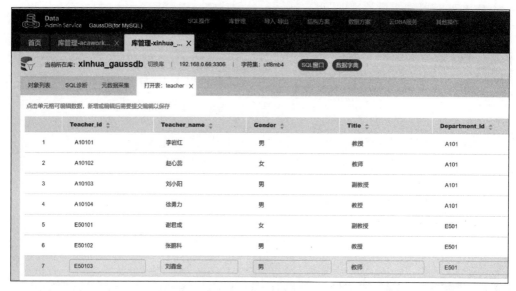

图 8-7　向表输入数据

2. 利用 SQL 插入数据

有关 INSERT…INTO 的使用详见 5.3.1 节。

例 8-5　向表(teacher)中插入数据。

在"表视图"窗口中,向表插入数据,如图 8-8 所示。

图 8-8　向表(teacher)插入数据

8.3.2　修改数据

当表创建完成并添加完数据后,表中的数据和结构已基本确定,可以在"表视图"窗口显示、修改表结构,同样可以使用"表视图"和 SQL 语句对表中的数据进行修改。

1. 利用"表视图"修改表中的数据

在 GaussDB(for MySQL)管理控制平台中,利用"表视图"修改数据,如图 8-9 所示。

	Teacher_id	Teacher_name	Gender	Title	Department_id
1	A10101	李岩红	男	教授	A101
2	A10102	赵心蕊	女	教师	A101
3	A10103	刘小阳	男	副教授	A101
4	A10104	徐勇力	男	教授	A101
5	E50101	谢君成	女	副教授	E501
6	E50102	张鹏科	男	教授	E501
7	E50103	刘鑫金	男	教师	E501

图 8-9　修改表中的数据

2. 利用 SQL 修改数据

有关 UPDATE …SET 的使用详见 5.3.2 节。

例 8-6　修改表(course)中的数据。

在"表视图"窗口中,选择要修改的数据项,修改其内容,完成修改表中的数据的操作,如图 8-10 所示。

8.3.3　删除数据

表中的数据有时会随着时间的推移而失效;或有时因操作不当使数据出现错误;还有时因数据来源不准确,造成表中的数据不正确……这些有误的数据通常应当从表

8-3

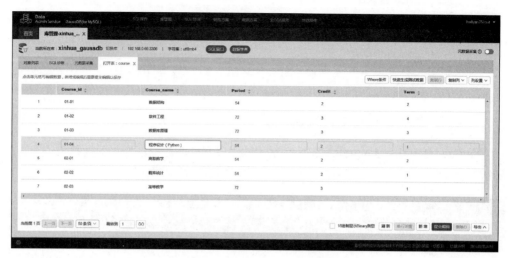

图 8-10　修改表(course)中数据

中删除。

删除表中的数据,可以使用"表视图"和 SQL 语句来完成。

1. 利用"表视图"删除表中的数据

在 GaussDB(for MySQL)管理控制平台中,利用"表视图",删除数据,如图 8-11 所示。

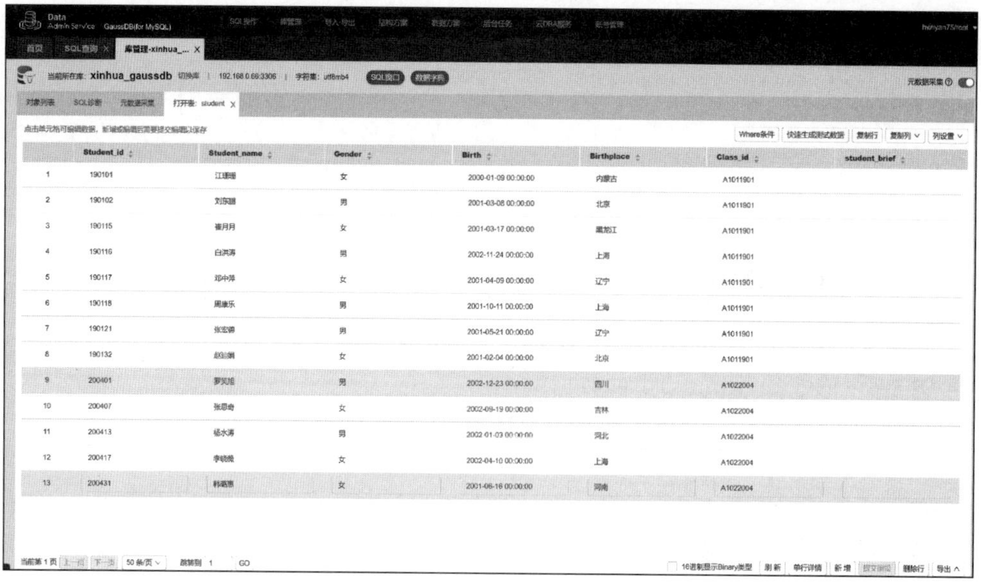

图 8-11　删除表中数据

2. 利用 SQL 删除数据

有关 DELETE FROM 的使用详见 5.3.3 节。

例 8-7 删除表(department)中的数据。

在"表视图"窗口中,选择要删除的行,单击"删除行"按钮,完成删除表中的数据的操作,如图 8-12 所示。

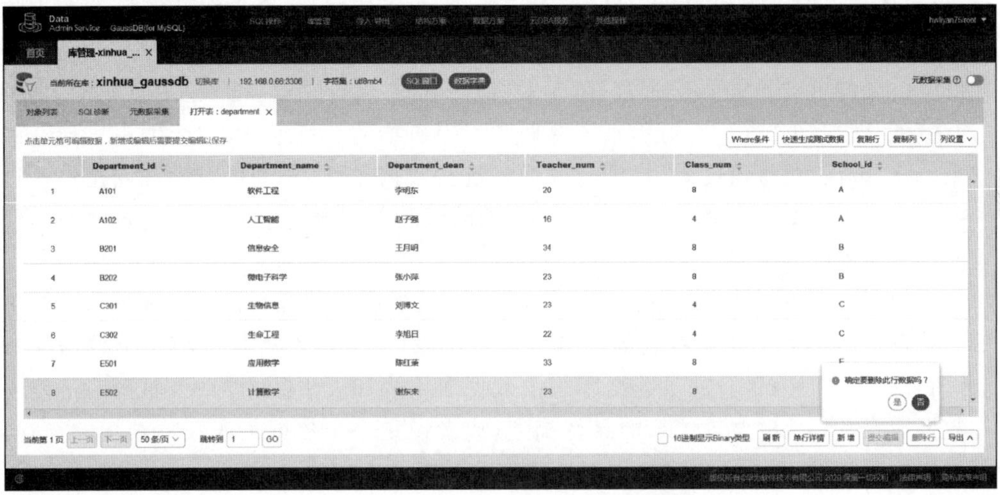

图 8-12 删除表(department)中的数据

8.4 视图概述

8-4

视图是数据库理论与技术的一个特殊的重要概念,它是一个功能强大的数据库对象,利用视图可以实现对数据库中数据的浏览、筛选、排序、检索、统计和更新等操作,可以为其他数据库对象提供数据来源,可以从若干个表或中视图提取更多、更有用的综合信息,可以更高效地对数据库中的数据进行加工处理。

8.4.1 什么是视图

视图(View)是一种数据库对象,是从若干个表或视图中按照某个查询的规定抽取的数据组成的"表"。与表不同的是,视图中的数据还存储在原来的数据源中,因此可以把视图看作只是逻辑上存在的表,是一个"虚表"。

视图不能单独存在,它依赖于某一数据库,以及其中某一个表或视图,依赖于数据库中多个表或多个视图而存在。视图可以是一个数据表的一部分,也可以是多个基表的联合组成的新的数据集合。

当对通过视图看到的数据进行修改时,相应的表的数据也会发生变化。同样地,若作为数据源的表和视图中的数据发生变化,这种变化也会自动反映到视图中。

视图概念的核心是可以进行数据集的重组。在原有的数据源基础上可进行多样性组合,体现了"加法"和"减法"思维。从"加法"思维角度看,将两个相关联的数据集进行合并运算或连接运算,其结果将获得一个更大的新的数据集;对于"并"而言,是"纵向"的延伸,往"长里长";而连接,却是"横向"的扩展,往"宽里扩"。在实践中,所谓"加法"就是"加"的"方法",可用来解释两种以上事物的有机组合,会产生 $1+1>2$ 的效果。从"减法"思维角度看,将已有数据集进行数据过滤,强调针对性和安全性。这为我们提供了观察事物的另一个视角。有的时候把标准降低一点,把负担减少一点,也许会有想不到的结果。

在数据库理论和技术的意义上,视图概念在数据库表的意义被升华和抽象。为了数据处理的便利和对数据库表的充分利用,所以有了数据库表与视图两个数据库对象,两者的定义是有区分的。数据库表由数据表结构和表中数据构成,而视图是建立在数据库表基础上的逻辑关系的具体描述,或者说是一个数据集的关系结构的描述,但使用视图时,视图会从创建视图时所依赖的基础表中读取数据。由此,从表象上看,使用视图与使用表没有什么区别。

8.4.2　视图的特性

视图是更加理念化的、类似于数据库表的"抽象表",是形象化的存在,又是人们观念中的存在,一旦创建就有物理存储的"痕迹"。

视图有如下特性:

(1)视图具有表的外观,可像表一样对其进行存取,但不占据数据存取的物理存储空间。视图并不真正存在,数据库中只是保存视图的定义,因此不会出现数据冗余。

(2)视图是数据库管理系统提供给用户以多种角度观察数据库中数据的重要机制,可以重新组织数据集。在三层数据库体系结构中,视图是外模式,它从一个或几个表(或视图)中派生出来,它依赖于表,不能独立存在。

(3)若表中的数据发生变化,视图中的数据也随之改变。

(4)视图可以隐蔽数据结构的复杂性,使用户只专注于与自己有关的数据,从而可以简化用户的操作,提高操作的灵活性和方便性。

(5)视图使多个用户能以多种角度看待同一数据集,也可使多个用户以同种角度看待不同的数据集。

（6）视图对机密数据提供安全保障，在设计数据库应用系统时，对不同的用户定义不同的视图，使机密数据不出现在不应看到这些数据的用户的视图上，自动提供了对机密数据的安全保护。

（7）视图为数据库重构提供一定的逻辑独立性，如果只是通过视图来存取数据库中的数据，数据库管理员可以有选择地改变构成视图的基本表，而不用考虑那些通过视图引用数据的应用程序的改动。

（8）视图可以定制不同用户对数据的访问权限。

（9）视图的操作与表的操作基本相同，包括浏览、查询、删除、更新、增加新字段，以及定义基于该视图的新视图等。

8.5　创建视图

创建及维护视图与创建表和维护表的操作基本相同。创建视图要指定相关数据库，指定视图中数据来源的表，定义视图的名称以及视图中记录、字段的限制。如果视图中某一字段是函数、数学表达式、常量，或者来自多个表的字段名相同，则还须为字段定义名称以及视图与表的关系。

8.5.1　创建单表视图

创建单表视图可以使用"视图设计器"及 SQL 语句两种方式。

1. 利用"视图设计器"创建视图

在 GaussDB（for MySQL）管理控制平台中，利用"视图设计器"创建视图，如图 8-13 所示。

2. 利用 SQL 语句创建视图

有关 CREATE VIEW 的使用详见 5.2.3 节。

例 8-8　创建单表视图（v_school）。

在"视图设计器"窗口中，选择创建视图的表，按需要定义视图，如图 8-14 所示。

8.5.2　创建多表视图

创建多表视图和创建单表视图操作方法相同，也可使用"视图设计器"及 SQL 语

图 8-13　创建视图

图 8-14　创建单表视图(v_school)

句两种方式完成。

例 8-9　创建表(student)、表(course)、表(score)的多表视图。

在"视图设计器"窗口中,选择创建视图的表,按需要定义视图,如图 8-15 所示。

8.5.3　维护视图

这里只介绍用 SQL 语句维护视图的命令。

图 8-15　创建多表视图

1. SQL 修改视图的语句

语句格式：

ALTER VIEW < view_name > AS < SELECT … >

功能：修改视图。

两点说明：

（1）< view_name >：指定视图的名称。该名称在数据库中必须是唯一的，不能与其他表或视图同名。

（2）<SELECT…>：指定创建视图的 SELECT 语句，可用于查询多个基础表或源视图。

例 8-10　已知视图（v_school），给该视图增加一个新的字段，新增加的字段名为school_addr。

SQL 语句如下：

```
ALTER VIEW v_school
AS
SELECT school_id, school_name, school_addr FROM xinhua_gaussdb. school;
```

在 GaussDB(for MySQL)管理控制平台中，执行 SQL 命令，操作结果如图 8-16 所示。

2. SQL 删除视图的语句

语句格式：

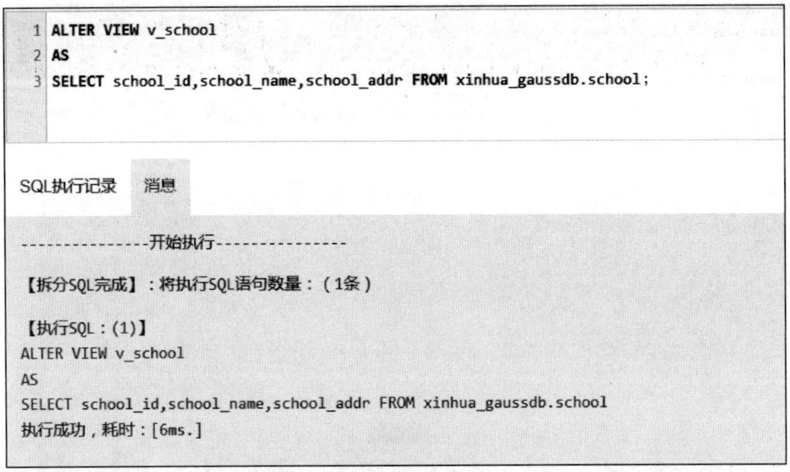

图 8-16　修改视图

DROP VIEW < view_name1 > [,< view_name2 >,< view_name3 >…]

功能：删除视图。

两点说明：

（1）删除视图要由具有删除权限的用户来进行操作；

（2）DROP VIEW 语句可以一次删除多个视图。

例 8-11　已知视图（v_school）和视图（v_department），将两个视图一同删除。

SQL 语句如下：

DROP VIEW v_school,v_department;

在 GaussDB(for MySQL)管理控制平台中，执行 SQL 命令，操作结果如图 8-17 所示。

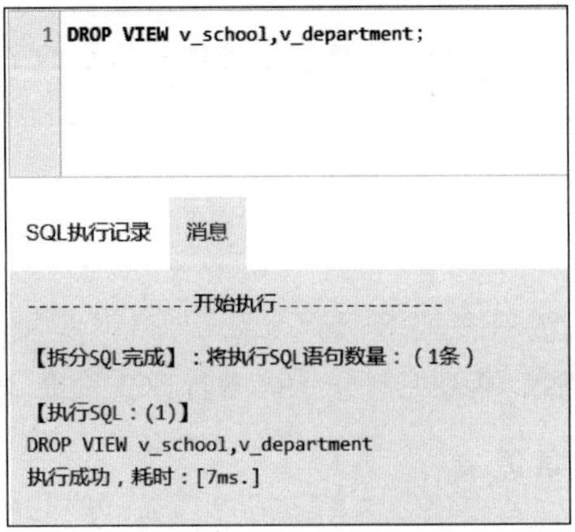

图 8-17　删除多个视图

8.6　使用视图

8-5

视图的使用方法和表的使用方法基本相同,同样有插入、更新、删除和查询等操作。但是毕竟不是表,所以在进行插入、更新、删除和查询的操作时有一定的限制。

使用视图注意事项:

(1) 使用视图修改表中的数据时,可修改一个表中的数据,若视图是由多个表作为基础数据源创建的,也可修改多个表中的数据;

(2) 不能修改那些通过计算得到的字段;

(3) 如果在创建视图时指定了 WITH CHECK OPTION 选项,那么在使用视图修改数据库信息时,必须保证修改后的数据满足视图定义的范围;

(4) 执行 UPDATE、DELETE 命令时,所更新与删除的数据必须包含在视图的结果集中;

(5) 可以直接利用 SQL 中 DELETE 语句删除视图中的行,必须指定视图中定义过的字段,进行删除行操作;

(6) 使用 UPDATE 命令更改视图数据,与插入要求类似。

8.6.1　使用视图插入数据

利用视图插入数据,可以更方便、快捷地完成大量数据插入,SQL 利用视图插入数据的命令如下。

语句格式:

```
INSERT
INTO < view_name > (< column1_name >[,< column2_name >…])
VALUES (< value1 > [,< value2 >…])
```

功能:使用视图插入数据。

两点说明:

(1) INTO 子句:指定要插入数据的视图名及字段,字段的顺序可与表定义中的顺序不一致,没有指定字段则表示要插入的是一条完整的记录,且字段属性与表定义中的顺序一致,指定部分字段表示插入的记录在其余字段上取空值。

(2) VALUES 子句:提供的值的个数及类型必须与 INTO 子句匹配。

例 8-12　向已知视图(v_department)插入数据。

SQL 语句如下:

```
INSERT INTO `xinhua_gaussdb`.`v_department` (`Department_id`,
`Department_name`,`Department_dean`,`Teacher_num`,`Class_num`,`School_id`) VALUES
('A103','网络工程','李明东',20,8,'A')
```

在 GaussDB(for MySQL)管理控制平台中,执行 SQL 命令,操作结果如图 8-18 所示。

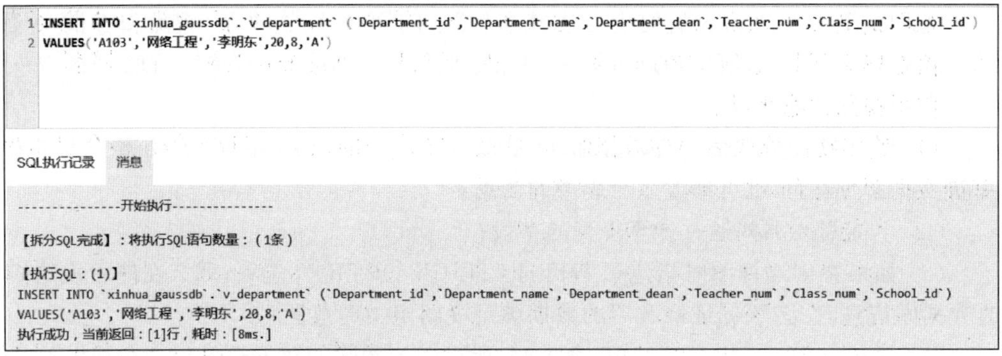

图 8-18　使用视图插入数据

8.6.2　使用视图更新数据

虽然视图是一个"虚表",但是可以利用视图更新数据表中的数据,因为视图可以从表中抽取部分数据,也就可以对表中部分数据进行更新。这样,在更新数据时就可以保证表中其他数据不会被破坏,由此可以提高数据维护的安全性。

通过 SQL,依赖视图,更新基本数据源表中的数据。

语句格式:

UPDATE < view_name >
SET < column_name1 > = < new_value 1 >
　　[,< column_name2 > = < new_value 2 >]…
[WHERE column_name = some_value]

功能:更新指定视图中满足 WHERE 子句条件记录的对应数据。

几点说明:

(1) SET 子句:指定修改方式、要修改的字段、修改后取值;

(2) WHERE 子句:指定要修改的记录,默认表示要修改视图中的所有记录;

(3) DBMS 在执行修改语句时,会检查修改操作是否破坏视图中已定义的完整性规则。

例 8-13　已知视图(v_department),更新表(Department)中的数据。

SQL 语句如下:

UPDATE \`xinhua_gaussdb\`.\`v_department\` SET Department_dean = '张朝阳' WHERE Department_id = 'A103'

在 GaussDB(for MySQL)管理控制平台中,执行 SQL 命令,操作结果如图 8-19
所示。

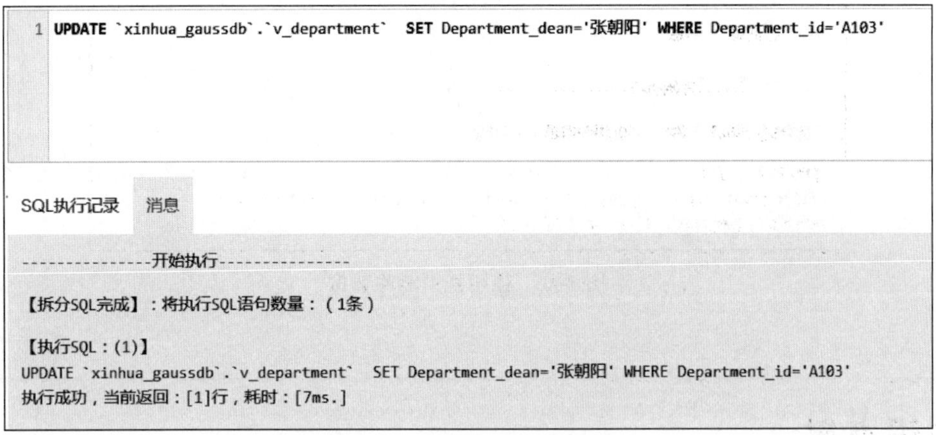

图 8-19　使用视图更新数据

8.6.3　使用视图删除数据

通过视图"浏览"窗口,依赖视图,删除基本数据源表中的数据。
语句格式:

```
DELETE FROM < view_name >
[WHERE < condition >]
```

功能:删除指定视图中满足 WHERE 子句条件的记录。
两点说明:

(1) WHERE 子句:指定要删除的记录应满足的条件,默认表示要删除表中的所
有记录;

(2) DBMS 在执行删除语句时会检查所删除记录是否破坏表原来定义的完整性
规则。

例 8-14　通过已知视图(v_department)删除表(Department)中的数据行。
SQL 语句如下:

DELETE FROM \`xinhua_gaussdb\`.\`v_department\` WHERE Department_id = 'A103'

在 GaussDB(for MySQL)管理控制平台中,执行 SQL 命令,操作结果如图 8-20
所示。

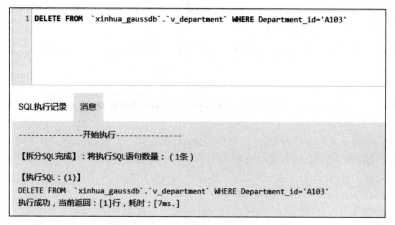

图 8-20　使用视图删除数据

知识点树

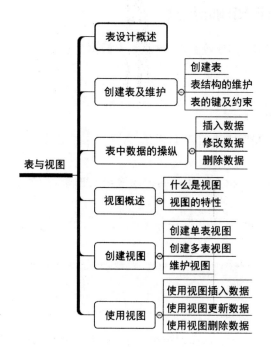

思考题

(1) 试述数据库表的特征。

(2) 简述如何定义数据库表。

(3) 简述维护数据库表都有哪些操作。

(4) 试述什么是视图。

(5) 试述视图的特性。

(6) 简述视图作用。

(7) 试述视图与数据库表的异同。

(8) 试述使用视图对数据文件表进行维护的益处。

第 9 章

数据查询

　　信息社会中的数据是有价值的。一是数据本身具有存在价值,需要人们去"挖掘"。二是数据与数据之间的关系具有价值,需要人们去发现,乃至去"重组"数据关系,升华数据的重组价值。收集信息固然重要,再造或重组后的数据往往比原有的数据价值更大。而挖掘数据价值的首要步骤就是进行数据查询。本章基于 GaussDB (for MySQL)管理系统,介绍 SQL 中的 SELECT 语句以及数据查询方法。

9-1

9.1　SELECT 语句

　　SELECT 语句是按指定的条件在一个数据库中进行查询操作而广泛应用的语句。语句格式:

```
SELECT
{[All] |[DISTINCT] | < column1 >,< column2 >, … ,< column n > }
FROM < table_name 1 >, … , < table_name n >
[WHERE < expression >]
[ORDER BY < column_name > [ASC] |[DESC]]
[ORDER BY < column_name >]
[HAVING < expression > [{< operator > < expression >} … ]]]
[LIMIT[< offset >,] < row count >]
```

　　功能:从指定的基本表或视图中,选择满足条件的行数据,并对它们进行分组、统计、排序和投影,形成查询结果集。

　　几点说明:

　　(1) All:查询结果是表的全部记录;

　　(2) DISTINCT:查询结果是不包含重复行的记录集;

　　(3) FROM < table_name >:查询的数据来源;

　　(4) WHERE < expression >:查询结果是表中满足< expression >的记录集;

　　(5) ORDER BY < column_name >:查询结果是表按< column_name >分组的记录集;

（6）HAVING < expression >：将指定表满足< expression >，并且按< column_name >进行计算的结果组成的记录集；

（7）[LIMIT[< offset >,] < row count >]：被用于强制 SELECT 语句返回指定的记录数；

（8）ASC：查询结果按某一列值升序排列；

（9）DESC：查询结果按某一列值降序排列。

9.2 集函数查询

9-2

MySQL 常用的集函数及功能，如表 9-1 所示。

表 9-1 MySQL 常用的集函数及功能

函 数 名 称	功　　　能
COUNT([DISTINCT|ALL] ＊)	计数（统计元组个数、计算一列中值的个数）
COUNT([DISTINCT|ALL]<列名>)	
MIN([DISTINCT|ALL]<列名>)	求最小值（求一列值中的最小值 ）
MAX([DISTINCT|ALL]<列名>)	求最大值（求一列值中的最大值）
AVG([DISTINCT|ALL]<列名>)	计算平均值（计算数值型列值的平均值）
SUM([DISTINCT|ALL]<列名>)	计算总和（计算数值型列值的总和）

例 9-1 根据数据库表（department）中的信息，统计学校有多少个系。

已知数据库表（department）的信息，如图 9-1 所示。

系编号	系名称	系主任	教师数	班级个数	学院编号
A101	软件工程	李明东	20	8	A
A102	人工智能	赵子强	16	4	A
B201	信息安全	王月明	34	8	B
B202	微电子科学	张小萍	23	8	B
C301	生物信息	刘博文	23	4	C
C302	生命工程	李旭日	22	4	C
E501	应用数学	陈红萧	33	8	E
E502	计算数学	谢东来	23	8	E

图 9-1 表（department）中的数据

（1）输入如下命令：

```
SELECT COUNT( * ) AS 系数
FROM department;
```

（2）在 GaussDB(for MySQL)管理控制平台中，执行 SQL 命令，运行结果如图 9-2 所示。

图 9-2　统计学校有多少个系

例 9-2　根据数据库表(department)中的信息，查找人数最多的系的教师数。

已知数据库表(department)的信息如图 9-1 所示。

（1）输入如下命令：

```
SELECT MAX(Teacher_num) AS 教师数
FROM department
```

（2）在 GaussDB(for MySQL)管理控制平台中，执行 SQL 命令，运行结果如图 9-3 所示。

图 9-3　查找教师最多系的教师数

例 9-3　根据数据库表(class)中的信息，统计全体学生数。

已知数据库表(class)的信息，如图 9-4 所示。

班级编号	班级名称	班级人数	班长姓名	专业名称	系编号
A1011901	1901	32	江珊珊	软件工程	A101
A1011902	1902	33	赵红蕾	软件工程	Al01
A1011903	1903	32	刘西畅	软件工程	Al01
A1011904	1904	37	李薇薇	软件工程	A101
A1022001	2001	36	王猛仔	信息安全	A102
A1022002	2002	35	许海洋	信息安全	A102
A1022003	2003	38	何盼女	信息安全	A102
A1022004	2004	32	韩璐惠	信息安全	A102

图 9-4 表(class)中的数据

（1）输入如下命令：

SELECT SUM(student_num) AS 全体学生数
FROM class

（2）在 GaussDB(for MySQL)管理控制平台中，执行 SQL 命令，运行结果如图 9-5 所示。

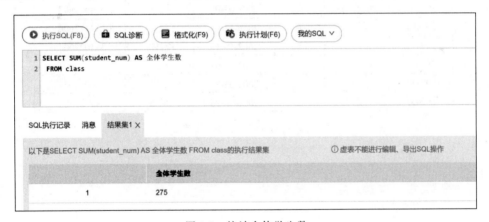

图 9-5 统计全体学生数

9.3 简单查询

简单查询是指数据来源是一个表或一个视图的查询操作，它是最简单的查询操作，如选择某表中的某些行或某表中的某些列等。

9.3.1 所有列查询

使用 SELECT 语句如下：

```
SELECT [All] |[DISTINCT]
FROM < table_name >
```

例 9-4 根据数据库表（student）中的信息，查看全体学生信息。

已知数据库表（student）的信息，如图 9-6 所示。

学号	姓名	性别	出生年月	籍贯	班级编号
190101	江珊珊	女	2000-01-09	内蒙古	A1011901
190102	刘东鹏	男	2001-03-08	北京	A1011901
190115	崔月月	女	2001-03-17	黑龙江	A1011901
190116	白洪涛	男	2002-11-24	上海	A1011901
190117	邓中萍	女	2001-04-09	辽宁	A1011901
190118	周康乐	男	2001-10-11	上海	A1011901
190121	张宏德	男	2001-05-21	辽宁	A1011901
190132	赵迪娟	女	2001-02-04	北京	A1011901
200401	罗笑旭	男	2002-12-23	四川	A1022004
200407	张思奇	女	2002-09-19	吉林	A1022004
200413	杨水涛	男	2002-01-03	河北	A1022004
200417	李晓薇	女	2002-04-10	上海	A1022004
200431	韩璐惠	女	2001-06-16	河南	A1022004

图 9-6 表（student）中的数据

（1）输入如下命令：

```
SELECT *
FROM student
```

（2）在 GaussDB(for MySQL)管理控制平台中，执行 SQL 命令，运行结果如图 9-7 所示。

9.3.2 指定列查询

使用 SELECT 语句如下：

```
SELECT {[DISTINCT] | < column1 >,< column2 >… }
FROM < table_name >
```

例 9-5 根据数据库表（student）中的信息，查看全体学生部分信息（学号、姓名、籍贯）。

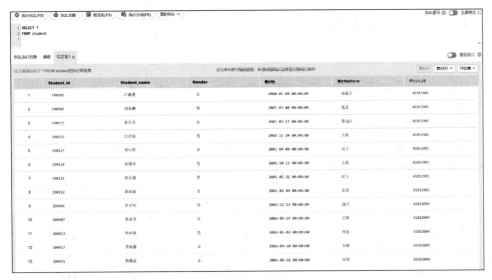

图 9-7　查看全体学生信息

已知数据库表(student)的信息,如图 9-6 所示。

(1) 输入如下命令:

SELECT student_id,student_name,birthplace

FROM student

(2) 在 GaussDB(for MySQL)管理控制平台中,执行 SQL 命令,运行结果如图 9-8 所示。

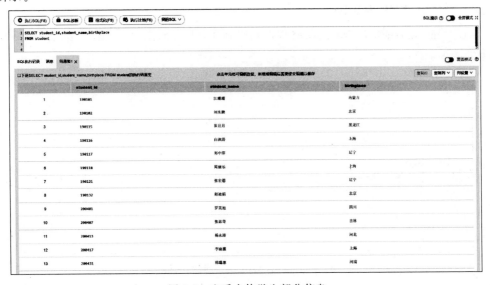

图 9-8　查看全体学生部分信息

9.3.3　指定行查询

使用 SELECT 语句如下：

```
SELECT [All] │[DISTINCT]
FROM < table_name >
WHERE < expression >
```

例 9-6　根据数据库表（class）中的信息，查看 A101 系各班级的信息。

已知数据库表（class）的信息，如图 9-9 所示。

班级编号	班级名称	班级人数	班长姓名	专业名称	系编号
A1011901	1901	32	江珊珊	软件工程	A101
A1011902	1902	33	赵红雷	软件工程	A101
A1011903	1903	32	刘西畅	软件工程	A101
A1011904	1904	37	李薇薇	软件工程	A101
A1022001	2001	36	王猛仔	信息安全	A102
A1022002	2002	35	许海洋	信息安全	A102
A1022003	2003	38	何盼女	信息安全	A102
A1022004	2004	32	韩璐惠	信息安全	A102

图 9-9　表（class）中的数据

（1）输入如下命令：

```
SELECT  *
FROM class WHERE department_id = 'A101'
```

（2）在 GaussDB（for MySQL）管理控制平台中，执行 SQL 命令，运行结果如图 9-10 所示。

图 9-10　查看 A101 系各班级的信息

9.3.4　指定行、列查询

使用 SELECT 语句如下:

SELECT {[DISTINCT] ｜< column1 >,< column2 > … }
FROM < table_name >
WHERE < expression >

例 9-7　根据数据库表(class)中的信息,查看 A101 系各班级的部分信息(班级名称,班级人数)。

已知数据库表(class)的信息如图 9-9 所示。

(1)输入如下命令:

SELECT class_name,student_num

FROM class WHERE department_id = 'A101'

(2)在 GaussDB(for MySQL)管理控制平台中,执行 SQL 命令,运行结果如图 9-11 所示。

图 9-11　查看 A101 系各班级的部分信息

9.3.5　分组查询

使用 SELECT 语句如下:

SELECT
{[All] ｜[DISTINCT] ｜< column1 >,< column2 >, … ,< column n > }
FROM < table_name 1 >, … < table_name n >
[WHERE < expression >]
[ORDER BY < column_name > [ASC] ｜[DESC]]

例 9-8 根据数据库表(student)中的信息,查看男女学生人数。

已知数据库表(student)的信息如图 9-6 所示。

(1) 输入如下命令:

```
SELECT Gender, COUNT( * ) AS 人数
FROM student
GROUP BY Gender
```

(2) 在 GaussDB(for MySQL)管理控制平台中,执行 SQL 命令,运行结果如图 9-12 所示。

图 9-12 查看男女学生人数

9.3.6 条件分组查询

使用 SELECT 语句如下:

```
SELECT
{[All] |[DISTINCT] | < column1 >,< column2 >, … ,< column n > }
FROM < table_name 1 >, … , < table_name n >
[WHERE < expression >
[ORDER BY < column_name >
[HAVING < expression > [{< operator > < expression >} … ]]]
```

例 9-9 根据数据库表(student)中的信息,查看 A1011901 班学生籍贯。

已知数据库表(student)的信息,如图 9-6 所示。

(1) 输入如下命令:

```
SELECT birthplace,class_id FROM student
GROUP BY birthplace
HAVING class_id = 'A1011901'
```

(2) 在 GaussDB(for MySQL)管理控制平台中,执行 SQL 命令,运行结果如图 9-13 所示。

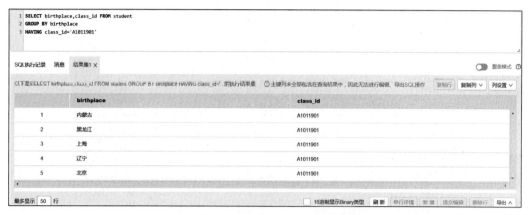

图 9-13　查看 A1011901 班学生的籍贯

9.4　多表查询

把多个表的信息集中在一起，就要用到"连接"操作。SQL 的连接操作通过关联表间条件是否匹配而产生查询结果。

9.4.1　两表列查询

使用 SELECT 语句如下：

SELECT {[All] |[DISTINCT] | < column1 >,< column2 >, …,< column n > }
FROM < table_name 1 >, < table_name 2 >
[WHERE < expression >]

例 9-10　根据数据库表（student）和表（class）的信息，查看各班级的学生部分信息（班级名称，学号，姓名，性别和出生日期）。

已知数据库表（student）和表（class）的信息如图 9-14 所示。

（1）输入如下命令：

SELECT class_name,student_id,student_name,gender,birth
FROM class,student
WHERE class.class_id = student.class_id

（2）在 GaussDB（for MySQL）管理控制平台中，执行 SQL 命令，运行结果如图 9-15 所示。

学号	姓名	性别	出生年月	籍贯	班级编号
190101	江珊珊	女	2000-01-09	内蒙古	A1011901
190102	刘东鹏	男	2001-03-08	北京	A1011901
190115	崔月月	女	2001-03-17	黑龙江	A1011901
190116	白洪涛	男	2002-11-24	上海	A1011901
190117	邓中萍	女	2001-04-09	辽宁	A1011901
190118	周康乐	男	2001-10-11	上海	A1011901
190121	张宏德	男	2001-05-21	辽宁	A1011901
190132	赵迪娟	女	2001-02-04	北京	A1011901
200401	罗笑旭	男	2002-12-23	四川	A1022004
200407	张思奇	女	2002-09-19	吉林	A1022004
200413	杨水涛	男	2002-01-03	河北	A1022004
200417	李晓薇	女	2002-04-10	上海	A1022004
200431	韩璐惠	女	2001-06-16	河南	A1022004

班级编号	班级名称	班级人数	班长姓名	专业名称	系编号
A1011901	1901	32	江珊珊	软件工程	A101
A1011902	1902	33	赵红蕾	软件工程	A101
A1011903	1903	32	刘西畅	软件工程	A101
A1011904	1904	37	李薇薇	软件工程	A101
A1022001	2001	36	王猛仔	信息安全	A102
A1022002	2002	35	许海洋	信息安全	A102
A1022003	2003	38	何盼女	信息安全	A102
A1022004	2004	32	韩璐惠	信息安全	A102

图 9-14　表(student)和表(class)的信息

图 9-15　查看各班级的学生部分信息

9.4.2　多表列查询

9-4

使用 SELECT 语句如下：

```
SELECT {[All] |[DISTINCT] | < column1 >,< column2 >, …,< column n > }
FROM < table_name 1 >, …, < table_name n >
[WHERE < expression >]
```

例 9-11　根据数据库表(student)、表(course)和表(score)的信息,查看部分学生成绩(学号,姓名,课程名称和成绩)。

已知数据库表(student)、表(course)和表(score)的信息如图 9-16 所示。

学号	姓名	性别	出生年月	籍贯	班级编号
190101	江珊珊	女	2000-01-09	内蒙古	A1011901
190102	刘东鹏	男	2001-03-08	北京	A1011901
190115	崔月月	女	2001-03-17	黑龙江	A1011901
190116	白洪涛	男	2002-11-24	上海	A1011901
190117	邓中萍	女	2001-04-09	辽宁	A1011901
190118	周康乐	男	2001-10-11	上海	A1011901
190121	张宏德	男	2001-05-21	辽宁	A1011901
190132	赵迪娟	女	2001-02-04	北京	A1011901
200401	罗笑旭	男	2002-12-23	四川	A1022004
200407	张思奇	女	2002-09-19	吉林	A1022004
200413	杨水涛	男	2002-01-03	河北	A1022004
200417	李晓薇	女	2002-04-10	上海	A1022004
200431	韩璐惠	女	2001-06-16	河南	A1022004

课程编号	课程名称	学时	学分	学期
01-01	数据结构	54	2	2
01-02	软件工程	72	3	4
01-03	数据库原理	72	3	3
01-04	程序设计	54	2	1
02-01	离散数学	54	2	2
02-02	概率统计	54	2	1
02-03	高等学校	72	3	1

图 9-16　表(student)、表(course)和表(score)的信息

学号	课程编号	成绩
190115	01-01	97
190115	01-02	89
190115	01-03	90
190115	01-04	91
190132	01-01	70
190132	01-02	66
190132	01-03	56
190132	01-04	60
190101	01-01	90
190101	01-02	76
190101	01-03	87
190101	01-04	94

图 9-16 （续）

（1）输入如下命令：

```
SELECT student.student_id,student_name,course_name,score
FROM student,course,score
WHERE score.student_id = student.student_id
AND score.course_id = course.course_id
```

（2）在 GaussDB(for MySQL)管理控制平台中，执行 SQL 命令，运行结果如图 9-17 所示。

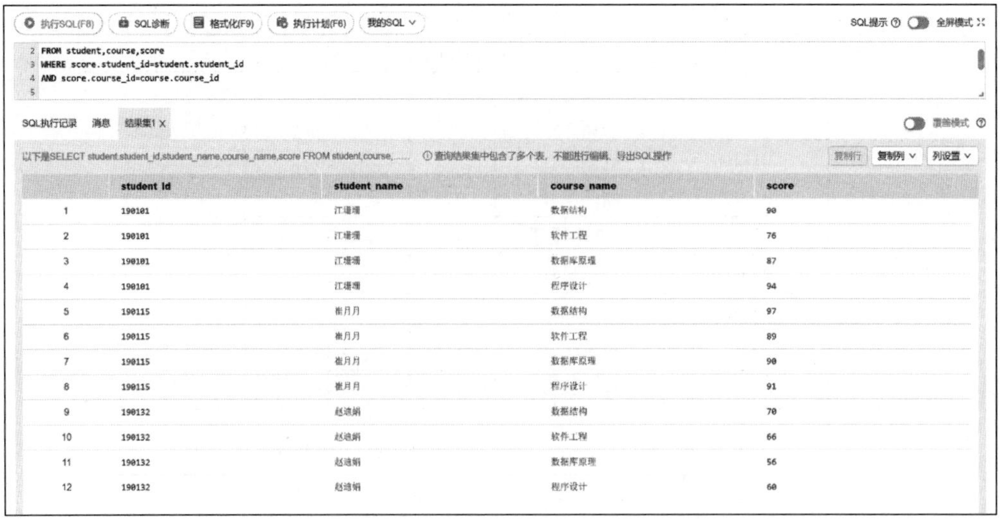

图 9-17　查看部分学生成绩

9.4.3 两表条件查询

使用 SELECT 语句如下：

```
SELECT {[All] |[DISTINCT] }
FROM < table_name 1 >, < table_name 2 >
[WHERE < expression >]
```

例 9-12 根据数据库表（department）和表（class）的信息，查看部分系的班级设置。

已知数据库表（department）和表（class）的信息如图 9-18 所示。

系编号	系名称	系主任	教师人数	班级个数	学院编号
A101	软件工程	李明东	20	8	A
A102	人工智能	赵子强	16	4	A
B201	信息安全	王月明	34	8	B
B202	微电子科学	张小萍	23	8	B
C301	生物信息	刘博文	23	4	C
C302	生命工程	李旭日	22	4	C
E501	应用数学	陈红萧	33	8	E
E502	计算数学	谢东来	23	8	E

班级编号	班级名称	班级人数	班长姓名	专业名称	系编号
A1011901	1901	32	江珊珊	软件工程	A101
A1011902	1902	33	赵红蕾	软件工程	Al01
A1011903	1903	32	刘西畅	软件工程	A101
A1011904	1904	37	李薇薇	软件工程	A101
A1022001	2001	36	王猛仔	信息安全	A102
A1022002	2002	35	许海洋	信息安全	A102
A1022003	2003	38	何盼女	信息安全	A102
A1022004	2004	32	韩璐惠	信息安全	A102

图 9-18 表（department）和表（class）的信息

（1）输入如下命令：

```
SELECT department_name,department_dean,class_name,student_num,monitor
FROM class ,department
WHERE department.department_id = 'A101'
or department.department_id = 'A102'
```

（2）在 GaussDB(for MySQL)管理控制平台中,执行 SQL 命令,运行结果如图 9-19 所示。

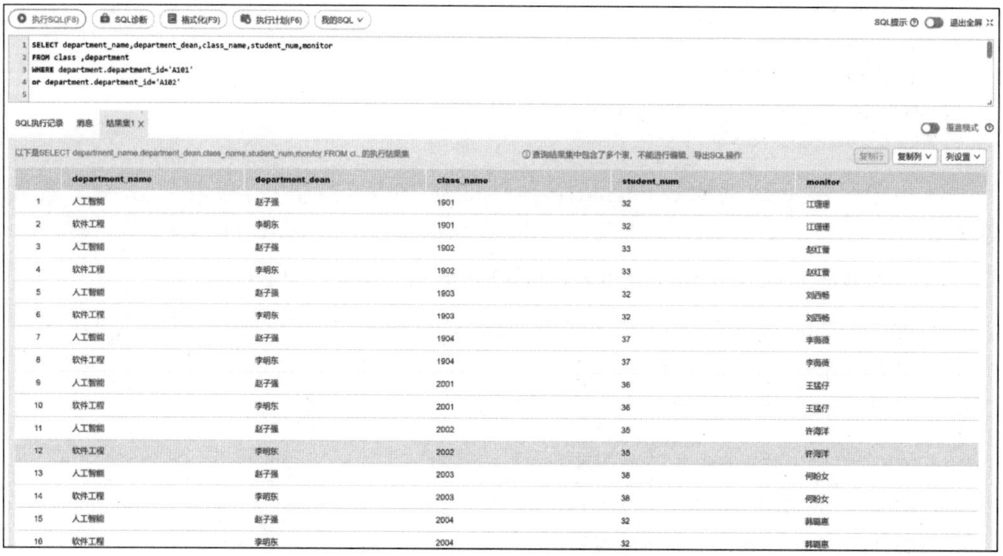

图 9-19　查看部分系的班级设置

9.4.4　多表条件查询

使用 SELECT 语句如下:

```
SELECT {[All] |[DISTINCT] }
FROM < table_name 1 >, …, < table_name n >
[WHERE < expression >]
```

例 9-13　根据数据库表(score)、表(student)和表(course)的信息,查看学号为 190132 的学生"软件工程"课程信息。

已知表(score)、表(student)和表(course)的信息如图 9-20 所示。

（1）输入如下命令:

```
SELECT student. student_id, student_name, course_name, score
FROM student, course, score
WHERE score. student_id = student. student_id
AND score. course_id = course. course_id
AND score. student_id = '190132' AND score. course_id = '01-02'
```

（2）在 GaussDB(for MySQL)管理控制平台中,执行 SQL 命令,运行结果如图 9-21 所示。

学号	课程编号	成绩
190115	01-01	97
190115	01-02	89
190115	01-03	90
190115	01-04	91
190132	01-01	70
190132	01-02	66
190132	01-03	56
190132	01-04	60
190101	01-01	90
190101	01-02	76
190101	01-03	87
190101	01-04	94

学号	姓名	性别	出生年月	籍贯	班级编号
190101	江珊珊	女	2000-01-09	内蒙古	A1011901
190102	刘东鹏	男	2001-03-08	北京	A1011901
190115	崔月月	女	2001-03-17	黑龙江	A1011901
190116	白洪涛	男	2002-11-24	上海	A1011901
190117	邓中萍	女	2001-04-09	辽宁	A1011901
190118	周康乐	男	2001-10-11	上海	A1011901
190121	张宏德	男	2001-05-21	辽宁	A1011901
190132	赵迪娟	女	2001-02-04	北京	A1011901
200401	罗笑旭	男	2002-12-23	四川	A1022004
200407	张思奇	女	2002-09-19	吉林	A1022004
200413	杨水涛	男	2002-01-03	河北	A1022004
200417	李晓薇	女	2002-04-10	上海	A1022004
200431	韩璐惠	女	2001-06-16	河南	A1022004

课程编号	课程名称	学时	学分	学期
01-01	数据结构	54	2	2
01-02	软件工程	72	3	4
01-03	数据库原理	72	3	3
01-04	程序设计	54	2	1
02-01	离散数学	54	2	2
02-02	概率统计	54	2	1
02-03	高等数学	72	3	1

图 9-20　表（score）、表（student）和表（course）的信息

图 9-21　查看学号为 190132 的学生"软件工程"课程信息

9-6

9.4.5　多表指定行、列查询

使用 SELECT 语句如下：

SELECT {[All] │[DISTINCT] │ < column1 >,< column2 >…}
FROM < table_name 1 >, …, < table_name n >
[WHERE < expression >]

例 9-14　根据数据库表(score)、表(student)和表(course)的信息,查看学号为 190115 的学生部分课程信息(学号,姓名,课程名称,成绩)。

已知表(score)、表(student)和表(course)的信息如图 9-20 所示。

(1) 输入如下命令：

```
SELECT student. student_id,student_name,course_name,score
FROM student,course,score
WHERE score. student_id = student. student_id
AND score. course_id = course. course_id
AND score. student_id = '190115'
```

(2) 在 GaussDB(for MySQL)管理控制平台中,执行 SQL 命令,运行结果如图 9-22 所示。

图 9-22　查看学号为 190115 的学生部分课程成绩

9.5　嵌套查询

使用 SQL 过程中，一个 SELECT…FROM…WHERE 语句会产生一个新的数据集，一个查询语句完全嵌套到另一个查询语句中的 WHERE 或 HAVING 的"条件"短语中，这种查询称为嵌套查询。通常把内部的、被另一个查询语句调用的查询叫"子查询"，调用子查询的查询语句叫"父查询"，子查询还可以调用子查询。SQL 允许由一系列简单查询构成嵌套结构，实现嵌套查询，从而大大增强了 SQL 的查询能力，使得用户视图的多样性也大大提升。

9.5.1　两表嵌套查询

使用 SELECT 语句如下：

```
SELECT
{[All] |[DISTINCT] | < column1 >,< column2 >, … ,< column n >}
FROM < table_name 1 >, < table_name 2 >
[WHERE SELECT … ]
```

例 9-15　根据数据库表(class)和表(student)的信息，查看部分班级学生部分信息（班级名称，学号，姓名，性别和出生年月）。

已知数据库表(class)和表(student)的信息如图 9-23 所示。

（1）输入如下命令：

```
SELECT class_name,student_id,student_name,gender,birth
FROM class,student WHERE class.class_id = student.class_id
AND class.class_id IN
(SELECT DISTINCT class_id FROM student);
```

（2）在 GaussDB(for MySQL)管理控制平台中，执行 SQL 命令，运行结果如图 9-24 所示。

9.5.2　多表嵌套查询

使用 SELECT 语句如下：

```
SELECT
{[All] |[DISTINCT] | < column1 >,< column2 >, … ,< column n >}
FROM < table_name 1 >, … , < table_name n >
[WHERE SELECT … ]
```

9-7

班级编号	班级名称	班级人数	班长姓名	专业名称	系编号
A1011901	1901	32	江珊珊	软件工程	Al01
A1011902	1902	33	赵红蕾	软件工程	A101
A1011903	1903	32	刘西畅	软件工程	A101
A1011904	1904	37	李薇薇	软件工程	Al01
A1022001	2001	36	王猛仔	信息安全	A102
A1022002	2002	35	许海洋	信息安全	A102
A1022003	2003	38	何盼女	信息安全	A102
A1022004	2004	32	韩璐惠	信息安全	A102

学号	姓名	性别	出生年月	籍贯	班级编号
190101	江珊珊	女	2000-01-09	内蒙古	A1011901
190102	刘东鹏	男	2001-03-08	北京	A1011901
190115	崔月月	女	2001-03-17	黑龙江	A1011901
190116	白洪涛	男	2002-11-24	上海	A1011901
190117	邓中萍	女	2001-04-09	辽宁	A1011901
190118	周康乐	男	2001-10-11	上海	A1011901
190121	张宏德	男	2001-05-21	辽宁	A1011901
190132	赵迪娟	女	2001-02-04	北京	A1011901
200401	罗笑旭	男	2002-12-23	四川	A1022004
200407	张思奇	女	2002-09-19	吉林	A1022004
200413	杨水涛	男	2002-01-03	河北	A1022004
200417	李晓薇	女	2002-04-10	上海	A1022004
200431	韩璐惠	女	2001-06-16	河南	A1022004

图 9-23　表(class)和表(student)的信息

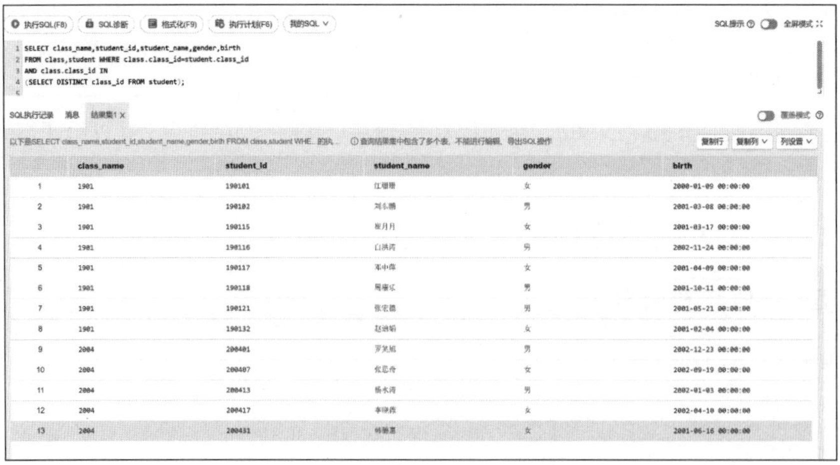

图 9-24　部分班级学生部分信息

例 9-16　根据数据库表（teacher）、表（assignment）和表（course）的信息，查看部分教师讲授的课程信息（教师姓名，课程名称，学分）。

已知数据库表（teacher）、表（assignment）和表（course）的信息，如图 9-25 所示。

教师编号	姓名	性别	职称	系编号
A10101	李岩红	男	教授	A101
A10102	赵心蕊	女	讲师	A101
A10103	刘小阳	男	副教授	A101
A10104	徐勇力	男	教授	A101
E50101	谢君成	女	副教授	E501
E50102	张鹏科	男	教授	E501
E50103	刘鑫金	男	讲师	E501

教师编号	课程编号	教室编号
A101011	01-01	E-103
A101012	01-02	E-330
A101013	01-03	E-121
A101014	01-04	E-111
E501011	02-01	Z-101
E501012	02-02	Z-231
E501013	02-03	Z-122

课程编号	课程名称	学时	学分	学期
01-01	数据结构	54	2	2
01-02	软件工程	72	3	4
01-03	数据库原理	72	3	3
01-04	程序设计	54	2	1
02-01	离散数学	54	2	2
02-02	概率统计	54	2	1
02-03	高等数学	72	3	1

图 9-25　表（teacher）、表（assignment）和表（course）的信息

（1）输入如下命令：

```
SELECT TA.teacher_name,course_name,credit
FROM course,
  (SELECT teacher_name,course_id
FROM teacher,assignment
WHERE teacher.teacher_id = assignment.teacher_id )AS TA
WHERE course.course_id = TA.course_id
```

（2）在 GaussDB(for MySQL)管理控制平台中，执行 SQL 命令，运行结果如图 9-26 所示。

图 9-26　查看部分教师讲授的课程信息

9.6　子查询

子查询是特殊的条件查询,它完成的是关系运算。子查询可以出现在允许表达式出现的地方。嵌套查询的求解方法是"由里到外"进行的,从最内层的子查询开始,依次由里到外完成计算。即每个子查询在其上一级查询未处理之前已完成计算,其结果用于建立父查询的查询条件。

引出子查询的谓词:

(1) 带有 IN 谓词的子查询;

(2) 带有比较运算符的子查询;

(3) 带有 EXISTS 谓词的子查询;

(4) 带有 ANY 或 ALL 谓词的子查询。

表 9-2 是 ANY、ALL 与比较运算符及功能。

表 9-2　ANY、ALL 与比较运算符及功能

运　算　符	功　　能	运　算　符	功　　能
> ANY	大于子查询结果中的某个值	>= ANY	大于或等于子查询结果中的某个值
> ALL	大于子查询结果中的所有值		
< ANY	小于子查询结果中的某个值	>= ALL	大于或等于子查询结果中的所有值
< ALL	小于子查询结果中的所有值		

续表

运 算 符	功 能	运 算 符	功 能
<= ANY	小于或等于子查询结果中的某个值	＝ALL	等于子查询结果中的所有值
<= ALL	小于或等于子查询结果中的所有值	！—(或<>)ANY	不等于子查询结果中的某个值
＝ANY	等于子查询结果中的某个值	！＝(或<>)ALL	不等于子查询结果中的任何一个值

9-8

9.6.1　带 IN 关键字的子查询

使用 SELECT 语句如下：

```
SELECT
{[[All] │[DISTINCT] │ < column1 >,< column2 >, … ,< column n > }
FROM < table_name 1 >, … , < table_name n >
[WHERE IN < expression >
[HAVING < expression > [{< operator > < expression >} … ]]]
[ORDER BY < order by definition >]
```

例 9-17　根据数据库表(course)的信息,查看第 1、4 学期的课程信息。

已知数据库表(course)的信息,如图 9-27 所示。

课程编号	课程名称	学时	学分	学期
01-01	数据结构	54	2	2
01-02	软件工程	72	3	4
01-03	数据库原理	72	3	3
01-04	程序设计	54	2	1
02-01	离散数学	54	2	2
02-02	概率统计	54	2	1
02-03	高等数学	72	3	1

图 9-27　表(course)的信息

(1)输入如下命令：

```
SELECT * FROM course WHERE term IN ('1','4')
```

(2)在 GaussDB(for MySQL)管理控制平台中,执行 SQL 命令,运行结果如图 9-28 所示。

图 9-28　查看第 1、4 学期的课程信息

9-9

9.6.2　带比较运算符的子查询

使用 SELECT 语句如下：

SELECT

{[[All] |[DISTINCT] | < column1 >,< column2 >, … ,< column n > }

FROM < table_name 1 >, … , < table_name n >

[WHERE < expression >

[HAVING < expression > [{< operator > < expression >} …]]]

[ORDER BY < order by definition >]

例 9-18　根据数据库表（student）、表（course）和表（score）的信息，查看"软件工程"课程成绩超过 70 分的学生信息。

已知数据库表（student）、表（course）和表（score）的信息，如图 9-29 所示。

（1）输入如下命令：

SELECT student. student_id,student_name,course_name,score

FROM student,course,score

WHERE score. student_id = student. student_id

AND score. course_id = course. course_id

AND score. score > 70 AND course. course_name = '软件工程'

（2）在 GaussDB(for MySQL)管理控制平台中，执行 SQL 命令，运行结果如图 9-30 所示。

学号	姓名	性别	出生年月	籍贯	班级编号
190101	江珊珊	女	2000-01-09	内蒙古	A1011901
190102	刘东鹏	男	2001-03-08	北京	A1011901
190115	崔月月	女	2001-03-17	黑龙江	A1011901
190116	白洪涛	男	2002-11-24	上海	A1011901
190117	邓中萍	女	2001-04-09	辽宁	A1011901
190118	周康乐	男	2001-10-11	上海	A1011901
190121	张宏德	男	2001-05-21	辽宁	A1011901
190132	赵迪娟	女	2001-02-04	北京	A1011901
200401	罗笑旭	男	2002-12-23	四川	A1022004
200407	张思奇	女	2002-09-19	吉林	A1022004
200413	杨水涛	男	2002-01-03	河北	A1022004
200417	李晓薇	女	2002-04-10	上海	A1022004
200431	韩璐惠	女	2001-06-16	河南	A1022004

课程编号	课程名称	学时	学分	学期
01-01	数据结构	54	2	2
01-02	软件工程	72	3	4
01-03	数据库原理	72	3	3
01-04	程序设计	54	2	1
02-01	离散数学	54	2	2
02-02	概率统计	54	2	1
02-03	高等数学	72	3	1

学号	课程编号	成绩
190115	01-01	97
190115	01-02	89
190115	01-03	90
190115	01-04	91
190132	01-01	70
190132	01-02	66
190132	01-03	56
190132	01-04	60
190101	01-01	90
190101	01-02	76
190101	01-03	87
190101	01-04	94

图 9-29 表（student）、表（course）和表（score）的信息

图 9-30 查看"软件工程"课程成绩超过 70 分的学生信息

9-10

9.6.3 带 ANY 关键字的子查询

使用 SELECT 语句如下：

SELECT
{[All] |[DISTINCT] | ＜ column1 ＞,＜ column2 ＞, … ,＜ column n ＞ }
FROM ＜ table_name 1 ＞, … , ＜ table_name n ＞
[WHERE ANY ＜ expression ＞]
[HAVING ＜ expression ＞ [{＜ operator ＞ ＜ expression ＞} …]]]
[ORDER BY ＜ order by definition ＞]

例 9-19 根据数据库表（student）的信息，查询比任意女同学年龄大的男同学的信息。

已知数据库表（student）的信息，如图 9-31 所示。

学号	姓名	性别	出生年月	籍贯	班级编号
190101	江珊珊	女	2000-01-09	内蒙古	A1011901
190102	刘东鹏	男	2001-03-08	北京	A1011901
190115	崔月月	女	2001-03-17	黑龙江	A1011901
190116	白洪涛	男	2002-11-24	上海	A1011901
190117	邓中萍	女	2001-04-09	辽宁	A1011901
190118	周康乐	男	2001-10-11	上海	A1011901
190121	张宏德	男	2001-05-21	辽宁	A1011901
190132	赵迪娟	女	2001-02-04	北京	A1011901
200401	罗笑旭	男	2002-12-23	四川	A1022004
200407	张思奇	女	2002-09-19	吉林	A1022004
200413	杨水涛	男	2002-01-03	河北	A1022004
200417	李晓薇	女	2002-04-10	上海	A1022004
200431	韩璐惠	女	2001-06-16	河南	A1022004

图 9-31 表（student）的信息

（1）输入如下命令：

```
SELECT * FROM student
WHERE gender = '男' AND birth > ANY
(SELECT MIN(birth) FROM student
WHERE gender = '女'),
```

（2）在 GaussDB(for MySQL)管理控制平台中，执行 SQL 命令，运行结果如图 9-32 所示。

图 9-32　查询比任意女同学年龄大的男同学的信息

9.6.4　带 ALL 关键字的子查询

使用 SELECT 语句如下：

```
SELECT
{[[All] |[DISTINCT] | < column1 >,< column2 >, … ,< column n > }
FROM < table_name 1 >, … , < table_name n >
[WHERE ALL < expression >
[HAVING < expression > [{< operator > < expression >} … ]]]
[ORDER BY < order by definition >]
```

例 9-20　根据数据库表(score)的信息，查看所有高于"01-03"课程最低分的课程成绩信息。

已知数据库表(score)的信息，如图 9-33 所示。

（1）输入如下命令：

```
SELECT * FROM score
WHERE score > ALL
(SELECT MIN(score) FROM score
WHERE course_id = '01-03');
```

学号	课程编号	成绩
190115	01-01	97
190115	01-02	89
190115	01-03	90
190115	01-04	91
190132	01-01	70
190132	01-02	66
190132	01-03	56
190132	01-04	60
190101	01-01	90
190101	01-02	76
190101	01-03	87
190101	01-04	94

图 9-33　表(score)的信息

（2）在 GaussDB(for MySQL)管理控制平台中,执行 SQL 命令,运行结果如图 9-34 所示。

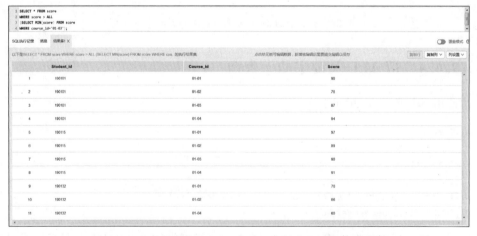

图 9-34　查看所有高于"01-03"课程最低分的课程成绩信息

9-12

9.6.5　带 EXISTS 关键字的子查询

使用 SELECT 语句如下:

```
SELECT
{[All] |[DISTINCT] | < column1 >,< column2 >, …,< column n > }
FROM < table_name 1 >, … , < table_name n >
```

[WHERE EXISTS < expression >

[HAVING < expression > [{< operator > < expression >} …]]]

[ORDER BY < order by definition >]

例 9-21　根据数据库表(assignment)和表(score)的信息,查看"01-03"课程是否有小于 60 分的成绩,一旦发现,则显示教师授课情况(即所有"教师编号"和"课程编号")。

已知数据库表(assignment)和表(score)的信息,如图 9-35 所示。

教师编号	课程编号	教室编号
A101011	01-01	E-103
A101012	01-02	E-330
A101013	01-03	E-121
A101014	01-04	E-111
E501011	02-01	Z-101
E501012	02-02	Z-231
E501013	02-03	Z-122

学号	课程编号	成绩
190115	01-01	97
190115	01-02	89
190115	01-03	90
190115	01-04	91
190132	01-01	70
190132	01-02	66
190132	01-03	56
190132	01-04	60
190101	01-01	90
190101	01-02	76
190101	01-03	87
190101	01-04	94

图 9-35　表(assignment)和表(score)的信息

输入如下命令:

```
SELECT teacher_name,course_name,credit FROM assignment,course
WHERE EXISTS
  (SELECT * FROM course
WHERE course_id = '01-03');
```

(2)在 GaussDB(for MySQL)管理控制平台中,执行 SQL 命令,运行结果如图 9-36 所示。

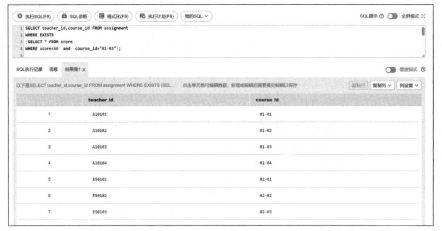

图 9-36　查看开设"01-03"课程的教师及课程成绩信息

9.7　SQL 引擎

SQL 引擎是数据库系统的重要组成部分,负责将应用程序输入的 SQL 在当前负载场景下生成高效的执行计划,从而在 SQL 的高效执行上扮演重要角色。SQL 在 SQL 引擎里执行过程,如图 9-37 所示。

从图 9-37 中可以看出,应用程序的 SQL 需要经过 SQL 解析生成逻辑执行计划、经过查询优化生成物理执行计划,然后将物理执行计划转交给查询执行引擎作为物理算子的执行操作。

SQL 解析通常包含词法分析、语法分析、语义分析等几个子模块。SQL 是介于关系演算和关系代数之间的一种描述性语言,它吸取了关系代数中一部分逻辑算子的描述,而放弃了关系代数中"过程化"的部分,SQL 解析的主要作用是将一个 SQL 语句编译成为一个由关系算子组成的逻辑执行计划。

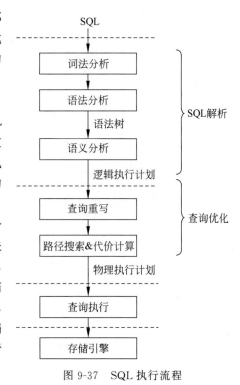

图 9-37　SQL 执行流程

描述语言的特点是规定了需要获取的"WHAT",而不关心"HOW",也就是只关注结果而不关注过程。因此 SQL 描述性的特点导致查询优化,使其在数据库管理系统中具有非常重要的作用。

查询优化则包含了查询重写、路径搜索和代价计算等。查询重写则是在逻辑执行计划的基础上进行等价的关系代数变换,这种优化也可以称为代数优化。虽然两个关系代数式获得的结果完全相同,但是它们的执行代价却有很大的差异,这就构成了查询重写优化的基础。

在早期的数据库管理系统中,通常采用基于启发式规则的方法来生成最优的物理执行计划,但是这种基于规则的优化的灵活度不够,常常导致产生一些次优的执行计划。代价估算的引入,则从根本上解决了基于规则优化的不足。

基于代价的优化器一方面生成"候选"的物理执行路径,另一方面对这些执行路径计算它们的执行代价,这样就建立了执行路径的筛选标准,从而能够通过比较代价而获得最优的物理执行计划。

9.7.1　SQL 解析

SQL 语句在数据库管理系统中的编译过程符合编译器实现的常规过程,需要进行词法分析、语法分析和语义分析。

(1) 词法分析：从查询语句中识别出系统支持的关键字、标识符、操作符、终结符等,为每个词确定自己固有的词性。

(2) 语法分析：根据 SQL 的标准定义语法规则,使用词法分析中产生的词去匹配语法规则,如果一个 SQL 语句能够匹配一个语法规则,则生成对应的抽象语法树(Abstract Syntax Tree,AST)。

(3) 语义分析：对抽象语法树(AST)进行有效性检查,检查语法树中对应的表、列、函数、表达式是否有对应的元数据,将抽象语法树转换为逻辑执行计划(关系代数表达式)。

在 SQL 标准中,确定了 SQL 的关键字以及语法规则信息。SQL 解析器在进行词法分析的过程中会将一个 SQL 语句根据关键字信息以及间隔信息划分为独立的原子单位,每个单位以一个词的方式展现,例如有如下 SQL 语句：

```
SELECT class_name,student_num
        FROM class WHERE department_id = 'A101'
```

其中可以划分的关键字、标识符、操作符、常量等原子单位,如表 9-3 所示。

表 9-3　词法分析的特征

词　　性	内　　容
关键字	SELECT、FROM、WHERE
标识符	Class、class_name、student_num、department_id
操作符	=
常量	A101

生成一个抽象语法树,每个词作为语法树的叶子节点出现,如图 9-38 所示。

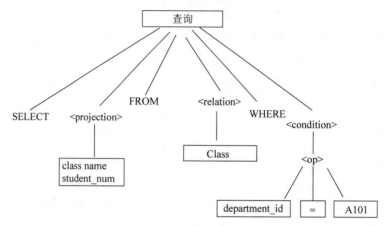

图 9-38　抽象语法树

抽象语法树可以转换成一个逻辑执行任务,逻辑执行任务可以通过关系代数表达式的形式来表现,如图 9-39 所示。

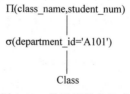

图 9-39　关系代数表达式

9.7.2　查询优化

在编写 SQL 语句的过程中,数据库应用开发人员通常会考虑以不同的形式来编写 SQL,来达到提升执行性能的目的。那么为什么还需要查询优化器来对 SQL 进行优化呢?这是因为一个应用程序可能会涉及大量的 SQL 语句,而且有些 SQL 语句的逻辑极为复杂,数据库开发人员很难面面俱到地写出高性能语句,而查询优化器则具有一些独特的优势。

(1) 查询优化器和数据库应用程序开发人员之间的信息不对称。查询优化器在优化的过程中会参考数据库统计模块自动产生的统计信息,这些统计信息从各个角度来描述数据的分布情况;查询优化器会综合考虑统计信息中的各种数据,从而能够得到一个比较好的执行方案。而数据库用户一方面无法全面了解数据的分布情况,另一方面也很难通过统计信息构建一个精确的代价模型来对执行计划进行筛选。

(2) 查询优化器和数据库应用程序开发人员之间的时效性不同。数据库中的数据瞬息万变,一个在 A 时间点执行性能很高的执行计划,在 B 时间点由于数据内容发生了变化,它的性能可能就很低。查询优化器则随时都能根据数据的变化调整执行计划,而数据库应用程序开发人员则只能采用手动方式调整 SQL 语句,和查询优化器相比,它的时效性比较低。

(3) 查询优化器和数据库应用程序开发人员的计算能力不同。目前计算机的计算能力已经大幅提高,在执行数值计算方面和人脑相比具有巨大的优势,查询优化器对一个 SQL 语句进行优化时,可以从成百上千个执行方案中选择一个最优方案,而人脑要计算这几百种方案,所需的时间要远远大于计算机。

依据优化方法的不同,优化器的优化技术可以分为 3 类。

(1) 基于规则的查询优化(Rule Based Optimization,RBO):根据预定义的启发式规则对 SQL 语句进行优化。

(2) 基于代价的查询优化(Cost Based Optimization,CBO):对 SQL 语句对应的待选执行路径进行代价估算,从待选路径中选择代价最低的执行路径作为最终的执行计划。

(3) 基于机器学习的查询优化(AI Based Optimization,ABO):收集执行计划的特征信息,借助机器学习模型获得经验信息,进而对执行计划进行调优,获得最优的执行计划。

1. 查询重写

查询重写是利用已有语句特征和关系代数运算来生成更高效的等价语句。

SQL 是丰富多样的,非常灵活。不同的开发人员依据经验的不同,所写的 SQL 语句也是各式各样。另外还可以通过工具自动生成 SQL 语句。

SQL 是一种描述性语言,数据库的使用者只是描述了想要的结果,而不关心数据的具体获取方式,输入数据库的 SQL 很难以最优形式表示,往往隐含了一些冗余信息。这些信息可以被挖掘用来生成更加高效的 SQL 语句。查询重写就是把用户输入的 SQL 语句转换为更高效的等价 SQL。

查询重写遵循两个基本原则:

(1) 等价性:原语句和重写后语句的输出结果相同。

(2) 高效性:重写后的语句,比原语句在执行时间和资源使用上更高效。

查询重写主要是基于关系代数式的等价变换,关系代数的变换通常满足交换律、结合律、分配律、串接律等,如表 9-4 所示。

表 9-4　关系代数等价变换

等价变换	内　　　　容
交换律	$A\times B==B\times A$ $A\bowtie B==B\bowtie A$ $A\bowtie FB==B\bowtie FA$——F 是连接条件 $\Pi p(\sigma_F(B))==\sigma_F(\Pi p(B))$——$F\in p$
结合律	$(A\times B)\times C==A\times(B\times C)$ $(A\bowtie B)\bowtie C==A\bowtie(B\bowtie C)$ $(A\bowtie F1B)\bowtie F2C==A\bowtie F1(B\bowtie F2C)$——$F1$ 和 $F2$ 是连接条件
分配律	$\sigma_F(A\times B)==\sigma_F(A)\times B$——$F\in A$ $\sigma_F(A\times B)==\sigma_{F1}(A)\times\sigma_{F2}(B)$——$F=F1\bigcup F2,F1\in A,F2\in B$ $\sigma_F(A\times B)==\sigma_{FX}(\sigma_{F1}(A)\times\sigma_{F2}(B))$——$F=F1\bigcup F2\bigcup FX,F1\in A,F2\in B$ $\Pi p,q(A\times B)==\Pi p(A)\times\Pi q(B)$——$p\in A,q\in B$
串接律	$\Pi P=p1,p2,\cdots,pn(\Pi Q=q1,q2,\cdots,qn(A))==\Pi P=p1,p2,\cdots,pn(A)$——$P\subseteq Q$ $\sigma_{F1}(\sigma_{F2}(A))==\sigma_{F1\wedge F2}(A)$

如果熟悉关系代数的操作,就可以灵活地利用关系代数的等价关系进行推导,获得更多的等价式。这些等价的变换一方面可以用来根据启发式的规则做优化,这样能保证等价转换之后的关系代数表达式的执行效率能够获得提高而非降低。例如,借助分配律可以将一个选择操作下推,这样能降低上层节点的计算量。这些等价的变换另一方面还可以用来生成候选的执行计划,候选的执行计划再由优化器根据估算的代价进行筛选。

2. 常见的查询重写技术

查询重写技术包括常量表达式化简、子查询优化、选择下推和等价推理等。

3. 路径搜索

优化器最核心的问题是针对某个 SQL 语句获得其最优解。这个过程通常需要枚举 SQL 语句对应的解空间,也就是枚举不同的候选的执行路径。这些执行路径互相等价,但是执行效率不同。这就需要对解空间中的这些执行路径计算它们的执行代价,以便最终获得一个最优的执行路径。这导致查询优化将搜索的过程转换成一个从逻辑执行计划到物理执行计划的枚举过程,例如针对每个表可以有不同的扫描算子,而逻辑连接算子也可以转换为多种不同的物理连接算子。

4．代价估算

优化器会根据生成的逻辑执行计划枚举出候选的执行路径，要确保执行的高效，需要在这些路径中选择开销最小、执行效率最高的路径。那么如何评估这些计划路径的执行开销就变得非常关键。代价估算就是来完成这项任务的，基于收集的数据统计信息，对不同的计划路径建立代价估算模型，评估给出代价，为路径搜索提供输入。

知识点树

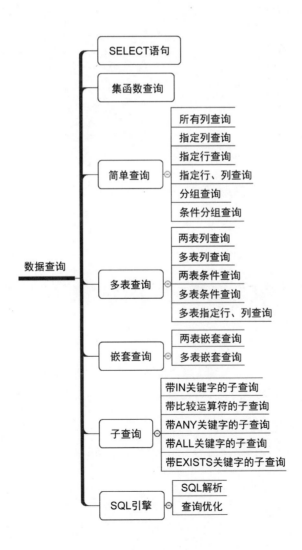

思考题

（1）试述 SELECT 语句功能。

（2）简述集函数种类。

（3）简述简单查询与关系运算对应关系。

（4）简述多表查询与关系运算对应关系。

（5）试述子查询常用的子句。

（6）试述查询优化措施。

## 第 10 章

数据库完整性

数据库完整性(Database Integrity)是指数据库中数据在逻辑上的一致性、正确性、有效性和相容性。它防止数据库中存在不符合语义的数据,禁止不正确的数据存储到数据库中。

在数据库技术越来越普及的今天,获得和使用巨量数据已成为可能。但人们在获得和使用大数据技术的过程中也会付出某些代价,例如数量的大幅增加会引发一些错误数据的出现,多用户频繁的操作会导致数据统一性减弱等。这个时候,有关数据库完整性的概念就显得非常重要了。

数据库完整性约束大多数时候通过 DBMS 来保证,有时也可以通过应用程序来实现。存储过程和触发器这两个数据库对象可提高容错率和降低维护成本。利用存储过程和触发器通过 SQL 语句控制数据取值限度,以及控制操作上的不完美,从而防范使用过程中引发数据的不完整和数据统一。

10.1 完整性约束

数据库完整性是为了保障数据库中数据存储的正确性,即数据与所要表现的客观现实相一致,也就是符合现实世界的语义。

关系的完整性的关键点在于关系应该满足一些约束条件,而这些条件实际上是现实世界的要求,任何关系在任何时候都要满足这些语义约束。

用户定义完整性应用系统需遵循的约束条件,体现了其中的语义约束。

实体完整性和参照完整性由 DBMS 自动支持。

GaussDB(for MySQL)数据库管理系统支持如下功能:

(1) 提供定义完整性约束条件的机制:SQL 标准使用了一系列概念来描述三类完整性,由 SQL 的 DDL 语句实现,并作为数据库模式的一部分存入数据字典。

(2) 提供完整性检查的方法:检查数据是否满足完整性约束条件。一般在插入、更新、删除语句后开始执行,或者在提交事务时执行。

(3) 违约处理:DBMS 如果发现用户的操作违背了完整性约束条件,就采取一定操作以保证数据的完整性。

10.1.1　实体完整性约束

10-1

实体完整性(Entity Integrity)：若属性(指一个或一组属性)K 是基本关系 R 的主码，则属性 K 不能取空值(主键取值非空且唯一)。

1．实体完整性定义

实体完整性可在 CREATE TABLE 时用 PRIMARY KEY 定义。

(1) 单属性构成的码：定义为列级和表级约束条件。

(2) 多个属性构成的码：通过定义为表级约束条件进行说明。

例 10-1　创建表(school)，并定义表级实体完整性。

(1) 输入如下命令：

```
CREATE TABLE `school` (
    `School_id` CHAR(10) NOT NULL COMMENT '学院编号',
    `School_name` CHAR(4) NULL COMMENT '学院名称',
    `School_dean` CHAR(6) NULL COMMENT '院长姓名',
    `School_tel` CHAR(13) NULL COMMENT '电话',
    `School_addr` CHAR(10) NULL COMMENT '地址',
PRIMARY KEY (`School_id`)
)ENGINE = InnoDB
DEFAULT CHARACTER SET = utf8mb4
COLLATE = utf8mb4_general_ci
    COMMENT = '学院表';
```

(2) 在 GaussDB(for MySQL)管理控制平台中，执行 SQL 命令，运行结果如图 10-1 所示。

例 10-2　创建表(department)，并定义列级实体完整性。

(1) 输入如下命令：

```
CREATE TABLE `department` (
    `Department_id` CHAR(4) NOT NULL COMMENT '系编号',
    `Department_name` CHAR(14) NULL COMMENT '系名称',
    `Department_dean` CHAR(6) NULL COMMENT '系主任',
    `Teacher_num` SMALLINT UNSIGNED NULL COMMENT '教师数',
    `Class_num` SMALLINT UNSIGNED NULL COMMENT '班级个数',
    `School_id` CHAR(10) NULL COMMENT '学院编号',
PRIMARY KEY (`Department_id`)
)   ENGINE = InnoDB
DEFAULT CHARACTER SET = utf8mb4
COLLATE = utf8mb4_general_ci
COMMENT = '系表';
```

```
1  CREATE TABLE `school` (
2      `School_id` CHAR(10) NOT NULL COMMENT '学院编号',
3      `School_name` CHAR(4) NULL COMMENT '学院名称',
4      `School_dean` CHAR(6) NULL COMMENT '院长姓名',
5      `School_tel` CHAR(13) NULL COMMENT '电话',
6      `School_addr` CHAR(10) NULL COMMENT '地址',
7      PRIMARY KEY (`School_id`)
8  )   ENGINE = InnoDB
9      DEFAULT CHARACTER SET = utf8mb4
10     COLLATE = utf8mb4_general_ci
11     COMMENT = '学院表';
```

SQL执行记录　消息

----------------开始执行----------------

【拆分SQL完成】：将执行SQL语句数量：（1条）

【执行SQL：(1)】
```
CREATE TABLE `school` (
        `School_id` CHAR(10) NOT NULL COMMENT '学院编号',
        `School_name` CHAR(4) NULL COMMENT '学院名称',
        `School_dean` CHAR(6) NULL COMMENT '院长姓名',
        `School_tel` CHAR(13) NULL COMMENT '电话',
        `School_addr` CHAR(10) NULL COMMENT '地址',
        PRIMARY KEY (`School_id`)
)       ENGINE = InnoDB
        DEFAULT CHARACTER SET = utf8mb4
        COLLATE = utf8mb4_general_ci
        COMMENT = '学院表'
```
执行成功，耗时：[18ms.]

图 10-1　定义表（school）的表级实体完整性

（2）在 GaussDB（for MySQL）管理控制平台中，执行 SQL 命令，运行结果如图 10-2 所示。

2．实体完整性检查和违约处理

用 PRIMARY KEY 短语定义关系的主码后，每当用户程序对基本表插入一条记录或者更新主码时，DBMS 按照实体完整性规则自动进行检查。

（1）检查主码值是否唯一，如果不唯一则拒绝插入或更新。

（2）检查主码的各个属性是否为空，只要有一个为空就拒绝插入或更新。

10.1.2　参照完整性约束

参照完整性（Reference Integrity）：若属性（或属性组）F 是基本关系 R 的外码，它

10-2

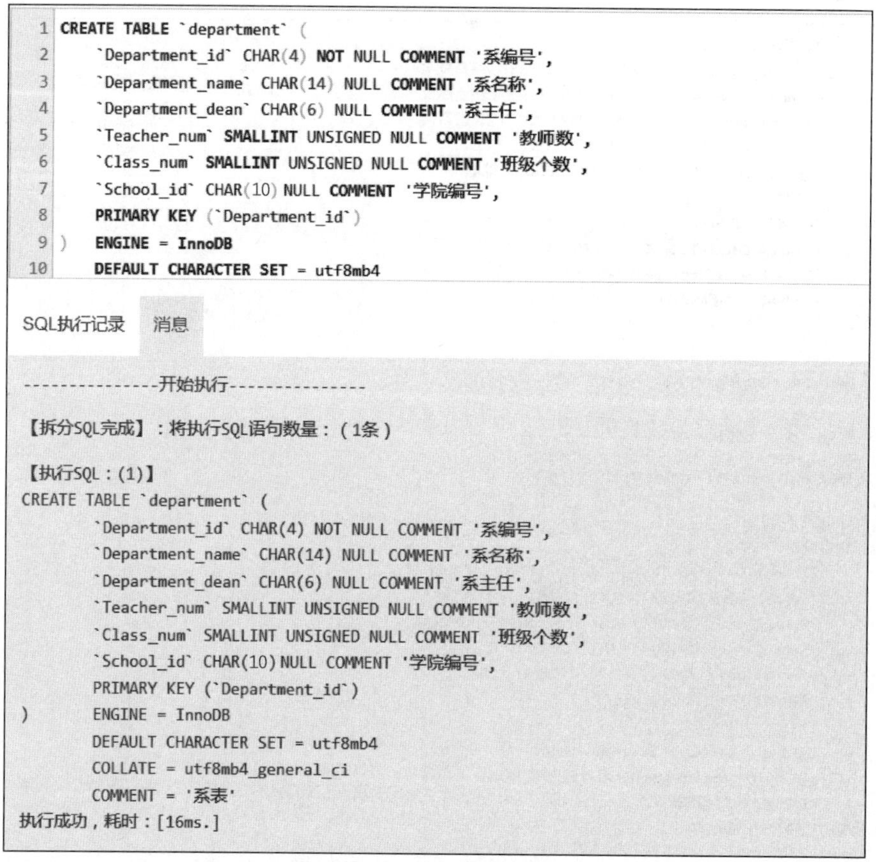

```
1  CREATE TABLE `department` (
2      `Department_id` CHAR(4) NOT NULL COMMENT '系编号',
3      `Department_name` CHAR(14) NULL COMMENT '系名称',
4      `Department_dean` CHAR(6) NULL COMMENT '系主任',
5      `Teacher_num` SMALLINT UNSIGNED NULL COMMENT '教师数',
6      `Class_num` SMALLINT UNSIGNED NULL COMMENT '班级个数',
7      `School_id` CHAR(10) NULL COMMENT '学院编号',
8      PRIMARY KEY (`Department_id`)
9  )   ENGINE = InnoDB
10     DEFAULT CHARACTER SET = utf8mb4
```

SQL执行记录   消息

---------------开始执行---------------

【拆分SQL完成】：将执行SQL语句数量：(1条)

【执行SQL：(1)】
```
CREATE TABLE `department` (
        `Department_id` CHAR(4) NOT NULL COMMENT '系编号',
        `Department_name` CHAR(14) NULL COMMENT '系名称',
        `Department_dean` CHAR(6) NULL COMMENT '系主任',
        `Teacher_num` SMALLINT UNSIGNED NULL COMMENT '教师数',
        `Class_num` SMALLINT UNSIGNED NULL COMMENT '班级个数',
        `School_id` CHAR(10) NULL COMMENT '学院编号',
        PRIMARY KEY (`Department_id`)
)       ENGINE = InnoDB
        DEFAULT CHARACTER SET = utf8mb4
        COLLATE = utf8mb4_general_ci
        COMMENT = '系表'
```
执行成功，耗时：[16ms.]

图 10-2　定义表(department)的列级实体完整性

与基本关系 S 的主码 KS 相对应(基本关系 R 和 S 不一定是不同的关系)，则对于 R 中每个元组在 F 上的值必须取空值，或者等于 S 中的某个元组的主码值(外码可以是空值，或存在关系间引用的另一个关系的有效值)。

1. 参照完整性定义

参照完整性在 CREATE TABLE 时用 FOREIGN KEY 短语定义其为外码，用 REFERENCES 短语指明这些外码参照哪个表的主码。

例 10-3　创建表(department)，并定义表级参照完整性。

(1) 输入如下命令：

```
ALTER TABLE department
ADD CONSTRAINT school_id
foreign key(school_id)
```

REFERENCES school(school_id)
ON DELETE NO ACTION
ON UPDATE NO ACTION

（2）在 GaussDB(for MySQL)管理控制平台中，执行 SQL 命令，运行结果如图 10-3
所示。

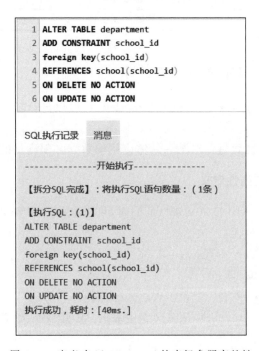

图 10-3　定义表(department)的表级参照完整性

2. 参照完整性检查和违约处理

参照完整性将两个表中的相应元组联系起来了。因此，在对被参照表和参照表进
行添加、修改或删除操作时，有可能破坏参照完整性，必须进行检查。

当不一致发生时，系统可以采用如下策略加以处理：

（1）拒绝(NO ACTION)执行：不允许该操作执行，该策略一般设置为默认策略。

（2）级联(CASCADE)操作：当删除或修改被参照表的一个元组，造成与参照表
的不一致，则删除或修改参照表中所有不一致的元组。

（3）设置为空值：当删除或修改被参照表的一个元组，造成与参照表的不一致，则
将参照表中所有不一致的元组的值设定为空值。

可能破坏参照完整性的情况及违约处理如表 10-1 所示。

表 10-1　可能破坏参照完整性的情况及违约处理

被 参 照 表	参 照 表	违 约 处 理
可能破坏参照完整性	插入元组	拒绝
可能破坏参照完整性	修改外码值	拒绝
删除元组	可能破坏参照完整性	拒绝/级联删除/设置为空值
修改主码值	可能破坏参照完整性	拒绝/级联修改/设置为空值

10-3

10.1.3　用户自定义完整性约束

用户自定义完整性(User-Defined Integrity)是用户自行定义的,不属于其他完整性的所有规则。

用户定义的完整性就是针对某一具体应用的数据必须满足的语义要求。

1. 用户自定义完整性定义

在用 CREATE TABLE 定义属性的同时,可以根据应用要求,定义属性上的约束条件,即属性值限定,包括:

(1) 列值非空(NOT NULL);

(2) 值唯一(UNIQUE);

(3) 检查列值是否满足一个布尔表达式(CHECK)。

例 10-4　创建表(student),在定义学生表时,说明学号、姓名、性别属性不允许取空值。

(1) 输入如下命令:

```
CREATE TABLE `student` (
    `Student_id` CHAR(6) NOT NULL COMMENT '学号',
    `Student_name` CHAR(6) NOT NULL COMMENT '姓名',
    `Gender` CHAR(2) NOT NULL COMMENT '性别',
    `Birth` DATETIME NULL COMMENT '出生年月',
    `Birthplace` CHAR(50) NULL COMMENT '籍贯',
    `Class_id` CHAR(8) NULL COMMENT '班级编号',
PRIMARY KEY (`Student_id`)
)    ENGINE = InnoDB
DEFAULT CHARACTER SET = utf8mb4
COLLATE = utf8mb4_general_ci
    COMMENT = '学生表';
```

(2) 在 GaussDB(for MySQL)管理控制平台中,执行 SQL 命令,运行结果如图 10-4 所示。

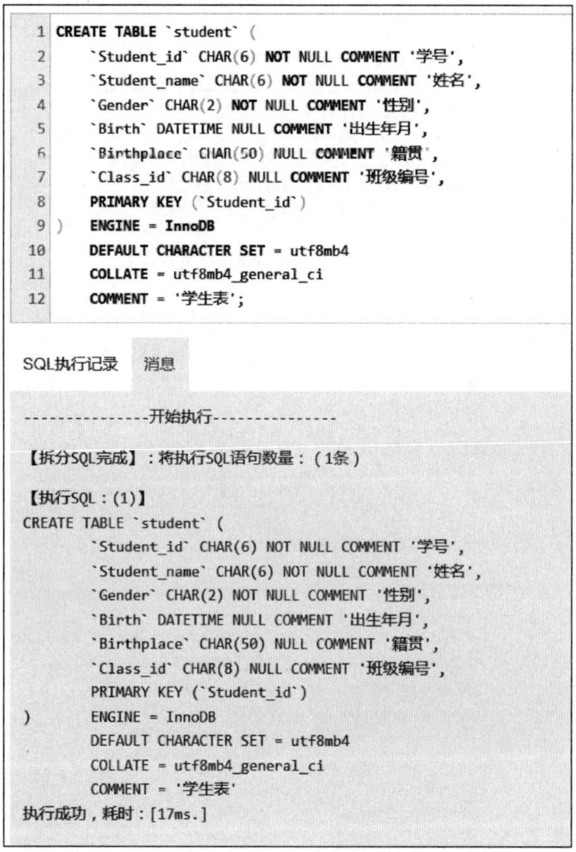

```
 1  CREATE TABLE `student` (
 2      `Student_id` CHAR(6) NOT NULL COMMENT '学号',
 3      `Student_name` CHAR(6) NOT NULL COMMENT '姓名',
 4      `Gender` CHAR(2) NOT NULL COMMENT '性别',
 5      `Birth` DATETIME NULL COMMENT '出生年月',
 6      `Birthplace` CHAR(50) NULL COMMENT '籍贯',
 7      `Class_id` CHAR(8) NULL COMMENT '班级编号',
 8      PRIMARY KEY (`Student_id`)
 9  )   ENGINE = InnoDB
10      DEFAULT CHARACTER SET = utf8mb4
11      COLLATE = utf8mb4_general_ci
12      COMMENT = '学生表';
```

SQL执行记录　消息

----------------开始执行----------------

【拆分SQL完成】：将执行SQL语句数量：（1条）

【执行SQL：(1)】
```
CREATE TABLE `student` (
        `Student_id` CHAR(6) NOT NULL COMMENT '学号',
        `Student_name` CHAR(6) NOT NULL COMMENT '姓名',
        `Gender` CHAR(2) NOT NULL COMMENT '性别',
        `Birth` DATETIME NULL COMMENT '出生年月',
        `Birthplace` CHAR(50) NULL COMMENT '籍贯',
        `Class_id` CHAR(8) NULL COMMENT '班级编号',
        PRIMARY KEY (`Student_id`)
)       ENGINE = InnoDB
        DEFAULT CHARACTER SET = utf8mb4
        COLLATE = utf8mb4_general_ci
        COMMENT = '学生表'
```
执行成功，耗时：[17ms.]

图 10-4　定义表（student）的列级用户完整性

例 10-5　创建表（student），并定义"学号"列取值唯一。

（1）输入如下命令：

```
CREATE TABLE `student` (
    `Student_id` CHAR(6) UNIQUE NOT NULL COMMENT '学号',
    `Student_name` CHAR(6) NULL COMMENT '姓名',
    `Gender` CHAR(2) NULL COMMENT '性别',
    `Birth` DATETIME NULL COMMENT '出生年月',
    `Birthplace` CHAR(50) NULL COMMENT '籍贯',
    `Class_id` CHAR(8) NULL COMMENT '班级编号',
PRIMARY KEY (`Student_id`)
)   ENGINE = InnoDB
DEFAULT CHARACTER SET = utf8mb4
    COLLATE = utf8mb4_general_ci
    COMMENT = '学生表';
```

（2）在 GaussDB(for MySQL)管理控制平台中，执行 SQL 命令，运行结果如图 10-5 所示。

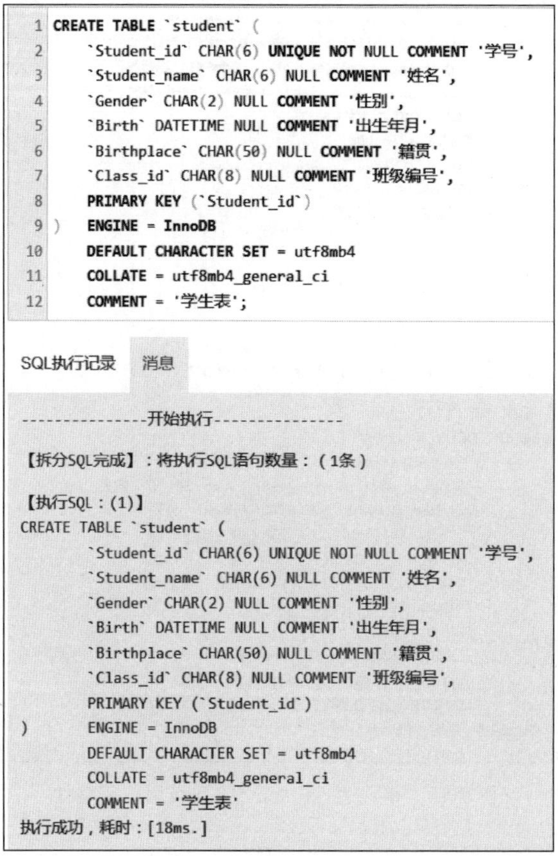

图 10-5　定义表(student)"学号"列取值唯一

例 10-6　创建表(student)，并定义"性别"列只允许取"男"或"女"。

（1）输入如下命令：

```
CREATE TABLE `student` (
    `Student_id` CHAR(6) UNIQUE NOT NULL COMMENT '学号',
    `Student_name` CHAR(6) NULL COMMENT '姓名',
    `Gender` CHAR(2) NULL COMMENT '性别',
    `Birth` DATETIME NULL COMMENT '出生年月',
    `Birthplace` CHAR(50) NULL COMMENT '籍贯',
    `Class_id` CHAR(8) NULL COMMENT '班级编号',
    PRIMARY KEY (`Student_id`),
CHECK(Gender = '男' OR Gender = '女')
)ENGINE = InnoDB
```

```
DEFAULT CHARACTER SET = utf8mb4
COLLATE = utf8mb4_general_ci
    COMMENT = '学生表';
```

（2）在 GaussDB(for MySQL)管理控制平台中，执行 SQL 命令，运行结果如图 10-6 所示。

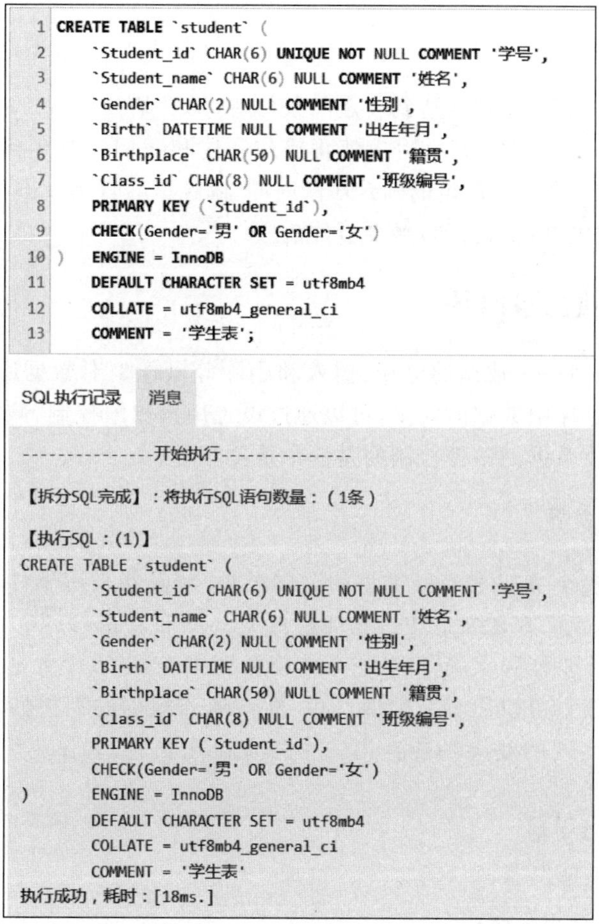

图 10-6　定义表(student)"性别"列的取值范围

2. 用户自定义完整性检查和违约处理

插入元组或修改属性的值时，DBMS 检查属性上的约束条件是否满足，如果不满足则操作被拒绝执行。

在 CREATE TABLE 时可以用 CHECK 短语定义元组上的约束条件，即元组级的限制。同属性值限制相比,元组级的限制可以设置不同属性之间所取值的相互约束条件。

10.2　触发器

触发器,顾名思义,就是当达到一定的条件时,触发某一件事。通常在进行数据违规操作时,多有触发器控制提示用户禁止操作。这和我们日常生活中常用的闹钟叫醒、断电灯灭类似:当到了设定的闹钟叫醒时间,闹钟就会自动发出鸣响;当某线路断电时,与之相连的电灯自然关闭,触发事件响应。

10-4

10.2.1　触发器概述

在数据库的操作中,数据的更新、插入和删除等操作是对数据库进行的经常性操作。为了保证数据库中数据的安全,可以通过设置用户权限控制,减少错误的发生率,而通过触发器引发数据完整性控制便是一个重要方法。

1. 什么是触发器

触发器(Trigger)是一种特殊类型的存储过程,触发器采用事件驱动机制,当某个触发事件发生时,定义在触发器中的功能将被 DBMS 自动执行。

触发器是一个功能强大的工具,它与表格紧密相连,当表中数据发生变化时,它自动强制执行。触发器可以用于完整性约束、默认值和规则的完整性检查,还可以完成难以用普通约束实现的复杂功能。当一个触发器建立后,它作为一个数据库对象被存储。

常用的触发器包括:

(1) INSERT 触发器;

(2) UPDATE 触发器;

(3) DELETE 触发器。

2. 触发器功能

触发器支持的功能通常有如下几种:

(1) 触发器在触发事件执行之后被触发,方可完成事件本身的功能;

(2) 触发器代码可以引用事件中进行行修改前后的值;

(3) 对于 UPDATE 事件,可以定义对哪个表或表中的哪一列被修改时,触发器被触发；

（4）可以用 WHEN 子句来指定执行条件，当触发器被触发后，触发器功能代码只有在条件成立时才执行；

（5）触发器有语句级触发器和行级触发器之分。语句级触发器是指当 UPDATE 语句执行完成之后触发一次（延迟触发）；而行级触发器是指当 UPDATE 语句每修改完一行就触发一次（立即触发）；

（6）触发器可以完成一些复杂的数据检查，可以实现某些操作的前后处理等。

3．触发器的主要优点

触发器能够保证数据的一致性、可靠性，在数据库操作中是不可缺少的。触发器的主要优点如下：

（1）触发器能够实施比"外键约束""检查约束""规则"等对象更为复杂的数据完整性检验。

（2）和约束相比，触发器提供了更多的灵活性。约束将系统错误信息返回给用户，但这些错误并不总能有帮助，而触发器则可以打印错误信息，调用其他存储过程，或根据需要纠正错误。

（3）无论对表中的数据进行何种修改，如增加、删除或更新，触发器都能被激活，对数据实施完整性检查。

（4）触发器可通过数据库中的相关表实现级联更改。

（5）触发器可以强制使用比 CHECK 约束定义的约束更为复杂的约束，与 CHECK 约束不同，触发器可以引用其他表中的列。

（6）触发器可以评估数据修改前后的表状态，并根据其差异采取对策。

（7）一个表中的多个同类触发器（INSERT、UPDATE 或 DELETE）允许采取多个不同的对策以响应同一个修改语句。

10.2.2 创建触发器

10-5

使用 CREATE TRIGGER 语句可以创建触发器。

语句格式如下：

```
CREATE TRIGGER trigger_name ON { table }
        [ WITH ENCRYPTION ]
        { FOR { [DELETE] [,] [INSERT] [,] [UPDATE] }
        [ NOT FOR REPLICATION ]
        AS
{ sql_statements [ …n ] }
        |{ FOR { [,] [INSERT] [,] [UPDATE] }
```

```
[ { IF UPDATE ( column ) [ { AND | OR } UPDATE ( column ) ]
          sql_statements [ …n ] } ]
```

功能：创建一个触发器。

几点说明：

（1）trigger_name ON{table|view}：指定触发器名及操作对象；

（2）[WITH ENCRYPTION]：是否采用加密方式；

（3）{FOR|AFTER|INSTEAD OF}{[DELETE][,][INSERT][,][UPDATE]}：指定触发器类型；

（4）[NOT FOR REPLICATION]：该触发器不用于复制；

（5）两个 IF：定义触发器执行的条件；

（6）sql_statements：T-SQL 语句序列。

例 10-7 创建表（teacher），创建一个触发器，约束"职称"列只允许取"教授""副教授""讲师"和"助教"。

（1）输入如下命令：

```
DELIMITER $
CREATE trigger tri_teacherInsert
AFTER INSERT
on teacher for each row
begin
    IF NEW.title NOT IN('教授','副教授','讲师','助教')
    THEN DELETE FROM teacher WHERE teacher_id = new.teacher_id;
    END IF;
end $
DELIMITER;
```

（2）在 GaussDB(for MySQL)管理控制平台中，执行 SQL 命令，运行结果如图 10-7 所示。

（3）当向表（teacher）输入数据时，触发器会检验"职称"列是否违反约束条件，若违反约束条件，则数据无法插入。

10.2.3 删除触发器

10-6

删除触发器可用 DROP TRIGGER 语句。

语句格式如下：

```
DROP TRIGGER { trigger } [ , …n ]
```

功能：从当前数据库中删除一个或多个触发器。

例 10-8 删除约束"职称"列插入数据触发器（tri_teacherInsert）。

```
1  DELIMITER $
2  CREATE trigger tri_teacherInsert
3  AFTER INSERT
4  on teacher for each row
5  begin
6      IF NEW.title NOT IN('教授','副教授','讲师','助教')
7      THEN DELETE FROM teacher WHERE teacher_id=new.teacher_id;
8      END IF;
9  end$
10 DELIMITER ;
```

SQL执行记录　消息

----------------开始执行----------------

【拆分SQL完成】：将执行SQL语句数量：（1条）

【执行SQL：(1)】
CREATE trigger tri_teacherInsert
AFTER INSERT
on teacher for each row
begin
        IF NEW.title NOT IN('教授','副教授','讲师','助教')
    THEN DELETE FROM teacher WHERE teacher_id=new.teacher_id;
    END IF;
end
执行成功，耗时：[7ms.]

图 10-7　约束"职称"列值

（1）输入如下命令：

DROP trigger tri_teacherInsert

（2）在 GaussDB(for MySQL)管理控制平台中，执行 SQL 命令，运行结果如图 10-8
所示。

图 10-8　删除约束"职称"列插入数据触发器

10.3　存储过程

存储过程是一组 SQL 语句和逻辑控制的集合，它是一个具有专门用途的程序。它是数据库设计者利用相关领域的知识和技能，预先设定规则和标准，通过程序加以描述和控制，当需要实现其功能时，就执行程序。这和我们生活中许多预先设置的法规、制度、标准类似，当需要判定是否合法、违规和满足条件时，就会提示和判决。

10.3.1　存储过程概述

存储过程能够提高数据库管理及操作的性能和工作效率，本节将介绍什么是存储过程，存储过程是如何创建的，以及执行和维护存储过程的方法。

1. 什么是存储过程

存储过程（Stored Procedure）是在大型数据库系统中用来完成特定功能的 SQL 语句集，经编译后存储在数据库中，通过调用存储过程的名称并给定参数来执行。其实质是部署在数据库端的一组定义代码以及 SQL 语句。

存储过程在创建时就被编译和优化，调用一次以后，相关信息就保存在内存中，下次调用时可以直接执行。一次编译，多次执行，具有很好的执行效率。

2. 存储过程的优点

和触发器类似，存储过程是数据库操作中不可缺少的数据库对象。存储过程的主要优点如下：

（1）灵活性强：存储过程可以用流控制语句编写，有很强的灵活性，数据处理功能较为强大，可以完成比较复杂的判断及比较复杂的运算。

（2）保证安全性和完整性：通过存储过程可以使没有权限的用户在控制语句控制之下间接地存取数据库，从而保证数据的安全，通过存储过程可以使相关动作在一起发生，也可以维护数据库的完整性。

（3）执行效率高：在运行存储过程前，数据库已对其进行了语法和句法分析，并给出了优化执行方案，而且已经编译好的过程可极大地改善 SQL 语句的性能。由于执行 SQL 语句的大部分工作已经完成，所以存储过程能以极快的速度执行。

（4）降低网络通信量：若没有存储过程，我们要把对数据进行处理的控制和运算代码写在应用程序中，那么在进行数据处理时，首先要将这些代码传递给数据库管理系统,执行完再返回,这包括了大量的通信工作。如果有了存储过程,这些代码写在数据库端,与应用程序只传递参数信息,数据就会大大减少。

3．存储过程的缺点

凡事都有两面性,存储过程有其优点,也同样有其缺点。

(1) 代码编辑环境差,因为存储过程是数据库端代码,代码的编辑和调试环境无法与高级语言环境相比。

(2) 缺少兼容性,数据库端代码与数据库相关,若改变数据库环境,存储过程代码较难与之统一,这样使得已有的存储过程不能直接移植。

(3) 重新编译问题,因为后端代码是运行前编译的,如果带有引用关系的对象发生改变,受影响的存储过程将需要重新编译。

(4) 维护麻烦,如果大量使用存储过程,到程序交付使用时,用户需求的增加将导致数据结构的变化,用户维护该系统会很难。

4．存储过程的分类

存储过程的分类方法很多,但从数据库管理系统对存储过程管理和使用的角度看,存储过程可分为以下几种类型(注:对于不同的 DBMS,分类有所不同)。

(1) 系统存储过程:以 sp_开头,用来进行系统的各项设定。

(2) 本地存储过程:指由用户创建并完成某一特定功能的存储过程,一般所说的存储过程就是指本地存储过程。

(3) 临时存储过程:一是本地临时存储过程,名称以"♯"开头,该存储过程存放在tempdb 数据库中,且只有创建它的用户才能执行它;二是全局临时存储过程,名称以"♯♯"开头,该存储过程存储在 tempdb 数据库中,连接到服务器的任意用户都可以执行它。

(4) 远程存储过程:远程存储过程是位于远程服务器上的存储过程,通常可以使用分布式查询和 EXECUTE 命令执行。

(5) 扩展存储过程:用户可以使用外部程序语言编写的存储过程,而且扩展存储过程的名称通常以"xp_"开头。

10-8

10.3.2　创建存储过程

创建用户存储过程的 SQL 语句格式如下:

```
CREATE PROC[EDURE] < Procedure_name > [ ;Number ]
[ { @parameter Data_type }
```

```
[ VARYING ] [ = Default ] [ OUTPUT ] ] [ , … n ]
[ WITH { RECOMPILE | ENCRYPTION | RECOMPILE , ENCRYPTION }]
[ FOR REPLICATION ]
AS sql_statements
```

功能：创建一个用户存储过程，并保存在数据库中。

几点说明：

(1)［VARYING］：指定作为输出参数支持的结果集。

(2)［Default］：参数的默认值。如果定义了默认值，不必指定该参数的值即可执行存储过程。默认值必须是常量或 NULL。

(3)［OUTPUT］：表明参数是返回参数，该选项的值可以返回给 EXEC［UTE］，使用 OUTPUT 参数可将信息返回给调用过程。

(4)［WITH｛RECOMPILE｜ENCRYPTION｜RECOMPILE,ENCRYPTION］：存储过程的处理方式。

(5) AS sql_statements：执行的操作。

(6) RECOMPILE 表明 SQL Server 不会缓存该过程的计划，该过程将在运行时重新编译。

(7) ENCRYPTION 表示 SQL Server 加密 syscomments 表中包含 CREATE PROCEDURE 语句文本的条目。使用 ENCRYPTION 可防止将过程作为 SQL Server 复制的一部分发布。

(8)［FOR REPLICATION］：使用 FOR REPLICATION 选项创建的存储过程可用作存储过程筛选，且只能在复制过程中执行。本选项不能和 WITH RECOMPILE 选项一起使用。

例 10-9 挑选各科成绩在 80 分以上的学生信息(不带参数的存储过程)。

(1) 输入如下命令：

```
DELIMITER $
CREATE PROCEDURE `优秀学生`()
BEGIN
SELECT * FROM student ST, score SC
WHERE ST.student_id = SC.student_id AND SC.score > = 80;
END $
DELIMITER ;
```

(2) 在 GaussDB(for MySQL)管理控制平台中，执行 SQL 命令，运行结果如图 10-9 所示。

例 10-10 创建一个用户存储过程(插入学院)，向学院表插入一个新记录，执行存储过程(带有输入参数的存储过程)。

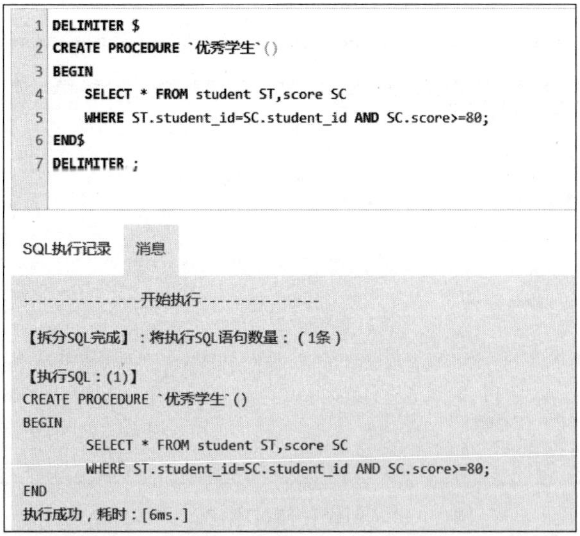

```
1  DELIMITER $
2  CREATE PROCEDURE `优秀学生`()
3  BEGIN
4      SELECT * FROM student ST,score SC
5      WHERE ST.student_id=SC.student_id AND SC.score>=80;
6  END$
7  DELIMITER ;
```

SQL执行记录   消息

---------------开始执行---------------

【拆分SQL完成】：将执行SQL语句数量：（1条）

【执行SQL：(1)】
CREATE PROCEDURE `优秀学生`()
BEGIN
        SELECT * FROM student ST,score SC
        WHERE ST.student_id=SC.student_id AND SC.score>=80;
END
执行成功，耗时：[6ms.]

图 10-9　挑选各科成绩在 80 分以上的学生信息

（1）输入如下命令：

```
DELIMITER $
CREATE PROCEDURE `插入学院`(IN id char(4),IN name char(14),IN dean char(6),IN tnum INT,
IN cnum INT,IN sid char(1))
BEGIN
INSERT INTO `department`(`Department_id`,`Department_name`,`Department_dean`,
`Teacher_num`,`Class_num`,`School_id`)
VALUES (id,name,dean,tnum,cnum,sid);
END $
DELIMITER ;
```

（2）在 GaussDB(for MySQL)管理控制平台中，执行 SQL 命令，运行结果如图 10-10
所示。

10.3.3　执行存储过程

使用 EXECUTE 命令来直接执行存储过程。

语句格式如下：

```
EXEC [ UTE ]      [ @Return_status = ]
    { Procedure_name [ ;number ] | @Procedure_name_var }
    [ [ @Parameter = ] { Value | @Variable [ OUTPUT ] | [ DEFAULT ] }
    [ ,…n ]
    [ WITH RECOMPILE ]
```

10-9

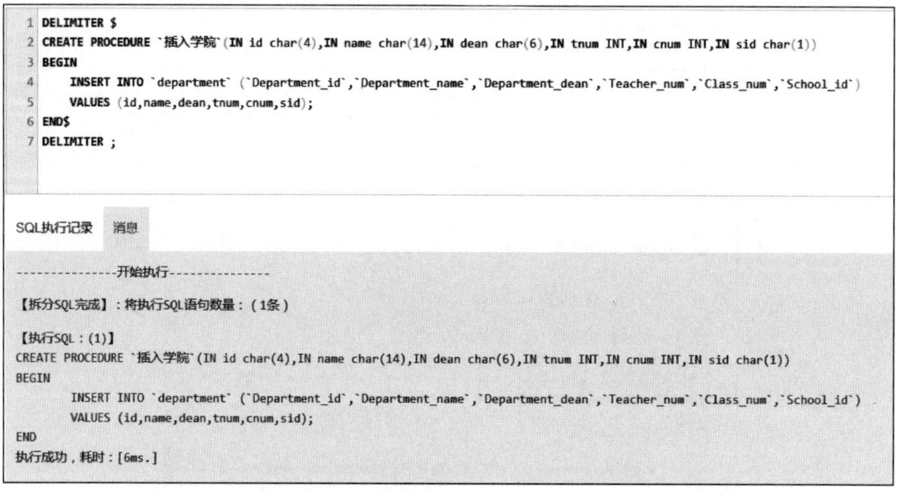

1 DELIMITER $
2 CREATE PROCEDURE `插入学院`(IN id char(4),IN name char(14),IN dean char(6),IN tnum INT,IN cnum INT,IN sid char(1))
3 BEGIN
4 INSERT INTO `department` (`Department_id`,`Department_name`,`Department_dean`,`Teacher_num`,`Class_num`,`School_id`)
5 VALUES (id,name,dean,tnum,cnum,sid);
6 END$
7 DELIMITER ;
SQL执行记录
消息
--------------开始执行--------------
【拆分SQL完成】：将执行SQL语句数量：（1条）
【执行SQL：(1)】
CREATE PROCEDURE `插入学院`(IN id char(4),IN name char(14),IN dean char(6),IN tnum INT,IN cnum INT,IN sid char(1))
BEGIN
INSERT INTO `department` (`Department_id`,`Department_name`,`Department_dean`,`Teacher_num`,`Class_num`,`School_id`)
VALUES (id,name,dean,tnum,cnum,sid);
END
执行成功，耗时：[6ms.]

图 10-10　创建存储过程(插入学院)

功能：调用存储过程。

例 10-11　执行存储过程(插入学院)。

(1) 输入如下命令：

```
CALL `插入学院`
```

(2) 在 GaussDB(for MySQL)管理控制平台中，执行 SQL 命令，运行结果如图 10-11 所示。

1 CALL `插入学院`('01','软件工程','李明东',20,8,'A')
SQL执行记录
消息
---------------开始执行---------------
【拆分SQL完成】：将执行SQL语句数量：（1条）
【执行SQL：(1)】
CALL `插入学院`('01','软件工程','李明东',20,8,'A')
执行成功，当前返回：[1]行，耗时：[9ms.]

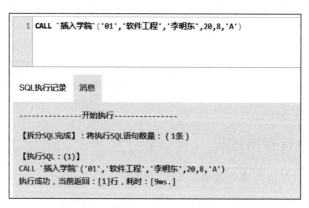

图 10-11　执行存储过程(插入学院)

10.3.4　删除存储过程

如果确认一个数据库的某个用户存储过程与其他对象没有任何依赖关系，则可用

DROP PROCEDURE 语句永久地删除该存储过程。

　　语句格式：

DROP PROCEDURE { procedure } [, … n]

　　功能：从当前数据库中删除一个或多个存储过程或存储过程组。

　　例 10-12　删除已有的存储过程（优秀学生）。

　　（1）输入如下命令：

DROP PROCEDURE `优秀学生`

　　（2）在 GaussDB(for MySQL)管理控制平台中，执行 SQL 命令，运行结果如图 10-12 所示。

图 10-12　删除存储过程（优秀学生）

知识点树

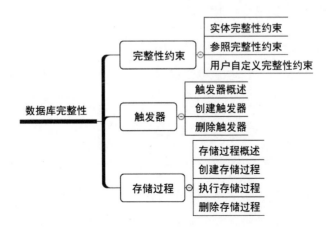

思考题

——

（1）试述什么是完整性约束。

（2）简述关系完整性具有的功能。

（3）简述定义用户自定义完整性方法。

（4）试述什么是视图。

（5）什么是触发器？

（6）试述触发器主要优点。

（7）什么是存储过程？

（8）试述存储过程和触发器各自的特性。

下篇 系统应用

在数据库系统中,数据库管理系统承担整个数据库的系统控制任务,其性能先进与否,决定了数据库系统的优劣。GaussDB(for MySQL)数据库管理系统,基于华为云技术的领先性,已经逐渐走入大众的视野。本篇将全面地学习讲解数据库管理系统的管理机制,以及基于GaussDB(for MySQL)数据库管理系统进行数据库应用系统开发的一般方法。

本篇共有3章,其中:

第11章 数据库系统控制。学习什么是事务、事务ACID属性、事务调度,讲解事务故障及恢复、系统故障及恢复和介质故障及恢复等恢复技术,以及并发调度、可串行并发调度;讲解数据库安全的相关技术,学习用户管理、视图技术和日志管理、数据库加密,以及数据库备份/恢复和数据库表导入/导出等操作方法。

第12章 GaussDB(for MySQL)数据库管理系统。学习GaussDB(for MySQL)的数据库管理系统相关知识,讲解GaussDB(for MySQL)云数据库环境的特色、GaussDB(for MySQL)系统结构各层服务的原理及先进性,以及Log Store、Page Store、抽象存储层、数据库前端设计理念和实现效果,学习GaussDB(for MySQL)数据存储机制,以及Log Store恢复、Page Store恢复、SAL数据库恢复技术。

第13章 数据库应用系统开发的一般方法。通过对一个整体性实例的讲解,学习掌握基于GaussDB(for MySQL)数据库管理系统进行数据库应用系统开发的一般方法。

## 第 11 章

数据库系统控制

数据库管理系统的重要性在于它通过事务管理、恢复技术和并发控制等实现对数据库系统的整体控制功能。它是以数据库为核心的管理软件。

数据库管理软件的系统控制功能是按照保证事务的一致性和隔离性、原子性和持久性原则,并发调度控制、预防、保护恢复等方式,来控制整个数据库系统的正常运转。

11.1 事务

在数据库管理系统中,事务(Transaction)是用户定义的一个数据库操作序列,这些操作要么全执行,要么全不执行,是一个不可分割的工作单位。也可以说,事务是构成单一逻辑工作单元的操作集合。

事务是数据库管理系统提供的控制数据操作的一种机制,它将一系列的数据库操作组合在一起作为一个整体进行操作和控制,以便数据库管理系统能够提供数据一致性状态转换的保证。

11.1.1 事务 ACID 属性

从数据库用户的观点来看,数据库中一些操作的集合被认为是一个独立单元。

事务的性质有以下 4 个方面(亦称为 ACID 特性的 4 个基本属性)。

1. 原子性

原子性(Atomicity)指一个事务中的所有操作是不可分割的,要么全部执行,要么全部不执行。事务是一个不可再分割的工作单元。

2. 一致性

一致性(Consistency)指一个被成功执行的事务,必须能使 DB 从一个一致性状态变为另一个一致性状态,数据不会因事务的执行而遭受破坏。

3. 隔离性

隔离性(Isolation)是指当多个事务并发执行时,任一事务的执行不会受到其他事务的干扰,多个事务并发执行的结果与分别执行单个事务的结果是完全一样的。一个事务内部的操作及使用的数据对其他并发事务是隔离的。

4. 持久性

持久性(Durability)是指事务提交后,不管 DBMS 发生什么故障,该事务对 DB 的所有更新操作都会永远保留在 DB 中,不会丢失。一个事务一旦完成全部操作后,它对数据库的所有更新应永久地反映在数据库中。

11-1

11.1.2　调度

一组事务执行的基本步骤,或者说是读、写、其他控制操作(如加锁、解锁)的一种执行顺序称为对这组事务的一个调度(Schedule)。事务调度是要保证事务 ACID 属性。

1. 事务状态

从数据库应用系统开发的观点来看,一个事务可以是一条 SQL 语句、一组 SQL 语句或整个程序,因此有开始和结束,结束前需要提交或回滚。如:

```
Begin Transaction
sql …
…
sql …
commit
End Transaction
```

当事务正常结束,成功完成所有操作称为提交(commit);事务中所有对数据库的更新写回到磁盘上的物理数据库中,这个状态将被保持。如:

```
Begin Transaction

sql …
…
sql …
rollback
```

当事务异常终止,事务运行的过程中发生了故障,不能继续执行,系统将事务中对数据库的所有已完成的操作全部撤销,事务"回退"(rollback)到开始时的状态。

任何一条数据库操纵语句都会引发一个新事务的开始,只要该程序当前没有正在处理的事务,而事务的结束是需要通过 commit 或 rollback 确认的。

数据库管理系统事务管理的相应状态,如图 11-1 所示。

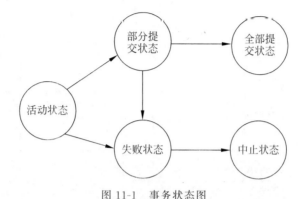

图 11-1　事务状态图

从这个抽象模型可以看出,事务必须处于以下状态之一:

(1) 活动的初始状态:通常是事务的开始;

(2) 部分提交的状态:最后一条语句执行后;

(3) 提交的状态:最后一条语句成功执行完成后;

(4) 失败的状态:发现正常的语句不能继续执行后;

(5) 中止的状态:事务回滚并且数据库已经恢复到事务开始执行的状态后。

2. 事务调度

假设,账户 A 和账户 B 当前值分别是 8000 和 3000,假设两个事务一个一个地执行。首先是 T1,然后是 T2,该执行顺序如图 11-2 所示。

指令序列自顶向下按时间顺序排列,首先,执行 T1 的指令(A=7900、B=3100、A+B=11000);然后,执行 T2 的指令(A=7110、B=3890、A+B=11000);A+B 的资金总额在两个事务执行后保持不变。

与此类似,如果是一个一个地执行两个事务,首先,执行 T2 的指令(A=7200、B=3800、A+B=11000);然后,执行 T1 的指令(A=7100、B=3900、A+B=11000),正如所预期的,A+B 的资金总额在两个事务执行后保持不变。相应的执行顺序如图 11-3 所示。

T1、T2 两个事务,表示指令在系统中执行的时间顺序,也就是事务调度。

显然,一组事务的调度必须包含这一组事务的全部指令,并且必须保持指令在各事务中的顺序。在任何一个有效的调度中,事务 T1 中的指令 write(A)必须在指令 read(B)之前出现,在调度中包含了 commit 操作来表示事物已经进入提交状态。

事务T1	事务T2
read(A);	
A := A − 100;	
write(A);	
read(B);	
B := B + 100;	
write(B);	
commit	
	read(A);
	temp = A*0.1;
	A := A − temp;
	write(A);
	read(B);
	B := B + temp;
	write(B);
	commit

图 11-2　T1、T2 事务(T1 优先)

事务T1	事务T2
	read(A);
	temp = A*0.1;
	A := A − temp;
	write(A);
	read(B);
	B := B + temp;
	write(B);
	commit
read(A);	
A := A − 100;	
write(A);	
read(B);	
B := B + 100;	
write(B);	
commit	

图 11-3　T1、T2 事务(T2 优先)

如果调度中包括每个事务的宗旨,或者提交操作,该调度称为完全调度。一个完全调度必须包括每个事务的所有操作,如果来自不同事务的操作没有交叉执行,也就是说事务一个接一个地操作,从开始一直到结束,这样的调度称为串行调度(Serial scheduling)。

第一种执行顺序称为调度 T1(T2 跟在 T1 之后),第二种执行顺序称为调度 T2(T1 跟在 T2 之后)。这两个调度是串行的(Serial),每个串行调度有来自各自事务的指令序列组成,其中,属于同一事务的指令在调度中紧接在一起。对于有 N 个事务的事务组,共有 N! 个不同的有效串行调度。

调度是某个事务集合对应的一个操作列表,并且两个来自同一事务 T 的操作的次序必须和原来在 T 的操作的次序相同,一个调度表示的是实际或者潜在的执行顺序。

11.2　恢复技术

数据库备份与恢复是数据库管理系统的一个重要性能。恢复技术也是衡量数据库管理系统(DBMS)优劣的重要指标,它直接影响事务处理的可靠性和运行效率。

　　数据库管理系统必须具有把数据库从错误状态恢复到某一已知的正确状态(亦称为一致状态或完整状态)的功能,这也是数据库的恢复管理系统对故障的对策。

　　在数据库系统运行过程中,"故障"是不可避免的,无论哪一款数据库管理系统都要充分考虑"容火"处理,以保证数据安全。

　　以下介绍一般情况下数据库管理系统对不同故障的应对方法。

11.2.1　事务故障及恢复

　　事务故障是某事务在运行过程中由于种种原因未运行至正常终止点就"夭折"了,这意味着事务没有达到预期的终点,因此数据库可能处于不正确的状态。

1. 引发事务故障的常见原因

　　(1) 输入数据有误;
　　(2) 违反了某些完整性限制;
　　(3) 某些应用程序出错;
　　(4) 并行事务发生死锁。

2. 事务故障恢复

　　在不影响其他事务运行的情况下,强行回滚该事务,使得该事务好像根本没有启动一样,恢复机制负责管理事务中止,典型的办法是维护一个中止日志(log)。

11.2.2　系统故障及恢复

　　系统故障是任何造成系统停止运转的事件,使得系统要重新启动。

1. 引发系统故障的常见原因

　　(1) 操作系统或 DBMS 代码错误;
　　(2) 操作员操作失误;
　　(3) 特定类型的硬件错误(如 CPU 故障);
　　(4) 突然停电。

2. 系统故障恢复

　　尚未完成的事务可能已经把结果送入数据库,已经完成的事务可能有一部分留在缓存区,尚未写回到物理数据库中。系统重新启动后,恢复子系统需要撤销所有未完成的事务,还需要重做所有已经提交的事务,以将数据库真正恢复到一致状态。系统故障可以由系统自动恢复,或可以利用基于日志文件的数据恢复技术。

11-2

11.2.3　介质故障及恢复

介质故障是使存储在外存中的数据部分丢失或全部丢失;出现介质故障比出现前两类故障的可能性小得多,但破坏性大得多。

1．引发介质故障的常见原因

(1) 硬件故障;

(2) 磁盘损坏;

(3) 磁头碰撞;

(4) 操作系统的某种潜在错误;

(5) 瞬时强磁场干扰。

2．介质故障恢复

介质故障将破坏存放在外存的数据库中的部分或全部数据,因此,必须借助 DBA 的帮助而恢复。

介质故障破坏的是磁盘上的部分(或全部)物理 DB,甚至会破坏日志文件,而且也会破坏正在存取的物理数据的所有事务(注:与事务故障和系统故障相比,它对数据库的破坏性可能最大),最好用后备副本和日志文件进行数据库恢复,也可用数据库镜像进行数据库恢复。

11.3　并发控制

数据库管理系统并发调度所依据的可串行性思想与行为现象,在生活中比比皆是,如飞机航班调度、智能交通的控制问题等,都是用并发调度的思想来解决的。

11.3.1　并发控制概述

数据库管理系统的并发调度是在对事务施加封锁时完成并行调度的。由此,封锁的粒度越小,并发性越高,事务的处理速度越快,但系统代价越高;而封锁的粒度越大,系统处理代价越小,但事务之间的并发程度降低,事务的等待时间延长。这些问题的解决要用辩证的思维来处理好。

1．为什么要进行并发调度

数据库是一个"共享资源",可供多个用户共享。有时,在同一时刻并发运行的事务就可以达到数百个。如果是单处理机系统,事务的并行实际上是这些事务的并行操作轮流交叉运行,称为"交叉并发方式",这减少了处理机的空闲时间,提高了系统的效率。如果是多处理机系统,每个处理机可以运行一个事务,多个处理机可以同时运行多个事务,实现多个事务真正的并行运行,称为"同时并发方式"。

当数据库并发执行多个事务时,相应的调度不必是串行的。若有两个并发执行的事务,操作系统可能先将其中的一个事务执行一小段时间,然后切换上下文,执行第二个事务一段时间,接着又切换回第一个事务,执行一段时间……如此下去,在多个事务的情景下,所有的事务共享 CPU 时间。多种执行顺序是有可能的,因为来自两个事务的各种指令可能是交叉执行的,一般来说,在 CPU 切换到另一个事务之前,准确预测 CPU 将执行某个事务的多个指令是不可能的。

假设两个事务并发执行,一种可能的调度如图 11-4 所示。

当它执行完成后,事务执行的状态与先执行 T1 后执行 T2 的串行调度一样(见图 11-1)(A＝7110、B＝3890、A＋B＝11000),A＋B 的资金总额在两个事务执行后保持不变。

但是,不是所有的并发执行都能得到正确的结果。该调度执行后,事务执行的状态与事务分别执行的最终状态不同,因为在并发执行过程中出现了 A＋B 的值不一致的状态,如图 11-5 所示。

事务T1	事务T2
read(A);	
A := A – 100;	
write(A);	
	read(A);
	temp = A*0.1;
	A := A – temp;
	write(A);
read(B);	
B := B + 100;	
write(B);	
commit	
	read(B);
	B := B + temp;
	write(B);
	commit

图 11-4　T1、T2 事务并发调度

事务T1	事务T2
read(A);	
A := A – 100;	
	read(A);
	temp = A*0.1;
	A := A – temp;
	write(A);
	read(B);
write(A);	
read(B);	
B := B + 100;	
write(B);	
commit	
	B := B + temp;
	write(B);
	commit

图 11-5　T1、T2 事务不一致的并发调度

当它执行完成后,事务执行的状态与先执行 T1 后执行 T2 的串行调度不一致 (A=7200、B=3900、A+B=11100),A+B 的资金总额在两个事务执行后多 100。

当多个用户并发地存取数据的时候就会产生多个事务同时存取同一数据的情况。如果不加以控制就会出现存取和存储不正确的数据,破坏事务的一致性和数据库中数据的一致性,因此数据库管理系统提供了并发控制(Concurrency Control)机制,利用并发控制保证事务处理时,保证事务的 ACID 不被破坏。并发控制技术是数据库管理系统的核心技术。

2. 三种典型的不一致现象

(1) 丢失更新(lost update):两个事务 T1 和 T2 读入同一个数据,并进行数据更新,T2 提交的结果破坏了 T1 提交的结果,导致 T1 的更新被丢失,如图 11-6 所示。

事务T1	事务T2	事务T1	事务T2
read(A);		read(A);	
A := A + 100;			read(A);
write(A);		A := A + 100;	
Commit			A := A − 50;
	read(A);	write(A);(丢失更新)	
	A := A − 50;		write(A);
	write(A);	Commit	
	Commit		Commit
(a) 正确调度		(b) 丢失更新	

图 11-6　丢失更新

(2) 不可重复读(non-repeatable read):是指事务 T1 读取数据后,事务 T2 执行更新操作,使 T1 无法再现前一次读取的结果。

具体地讲,不可重复读包括了以下三种情况。

① 事务 T1 读取某一数据时,事务 T2 对其进行修改,当事务 T1 再次读该数据时,得到与前一次不同的值,如图 11-7 所示。

② 事务 T1 按一定条件从数据库中读取某些数据后,事务 T2 删除了其中部分记录,当事务 T1 再次按相同条件读取数据时,发现某些记录神秘地消失了。

③ 事务 T1 按一定条件从数据库中读取某些数据后,事务 T2 删除了其中部分记录,当事务 T1 再次按相同条件读取数据时,发现多了一些记录。

(3) 读"脏"数据(dirty read):是指事务 T1 修改某一数据时,将其写回磁盘,事务 T2 读取同一数据后,由于某种原因 T1 被撤销,这时被 T1 修改过的数据恢复了原值,T2 读到的数据就与数据库中的数据不一致,则 T2 读到的数据就为"脏"数据,即不正

事务T1	事务T2
read(B);	
B := B + 100;	
read(B);	
write(B);	
Commit	
	read(B);
	B := B − 100;
	write(B);
	Commit

(a) 正确调度

事务T1	事务T2
read(B);	
B := B + 100;	
	read(B),
	B := B − 100;
	write(B);
	Commit
read(B);(重复读)	
write(B);	
Commit	

(b) 不可重复读

图 11-7 不可重复读

确的数据。如图 11-8 所示。

事务T1	事务T2
read(C);	
C := C * 100;	
write(C);	
Commit	
	read(C);
	C := C/100;
	write(C);
	Commit

(a) 正确调度

事务T1	事务T2
read(C);	
C := C * 100;	
write(C);	
	read(C);(读脏数据)
	C := C/100;
rollback	write(C);
	Commit

(b) 读 "脏" 数据

图 11-8 数据读取对比

在并发执行过程中,只有保证所执行的任何调度的效果都与没有并发执行的效果一样,可以确保数据库的一致性。

11.3.2 串行化调度

串行化(Serialization)也叫序列化,是计算机科学中的一个概念。并行化与串行化在顺序处理的方式上不同。如果并发执行的控制完全由操作系统负责,许多调度都是可能的,包括上述使数据库处于不一致状态的调度。

为了保证事务的隔离性和一致性,数据库管理系统需要对并发控制进行正确调度。调度应该在某种意义上等价于一个串行调度,这种调度称为可串行化调度。

保证所执行的任何调度都能使数据库处于一致状态,这就是数据库系统任务。数据库系统中负责完成此任务的是并发控制的部件。在并发执行中,通过保证所执行的任务和调度的效果一样,就可以确保数据库的一致性。也就是说,调度应该在某种意义上等价于一个串行调度,这种调度称为可串行化(Serializable)调度。

在考虑数据库系统并发控制部件如何保证串行化之前,需考虑如何确定一个调度是可串行化的。显然串行调度是可串行化的,但是如果许多事务的步骤交错执行,则很难确定一个调度是否是可串行化的。由于事务就是程序,因此要确定一个事务有哪些操作,多个事务的操作如何相互作用是有困难的。因此,我们不会考虑一个事务对某一事务可以执行的各种不同的操作,只考虑两种操作——读和写。

SQL 标准允许一个事务以一种与其他事务不可串行化的方式执行。例如,一个事务可能在"未提交读"级别上的操作,这样允许事务读取甚至还未提交的记录,SQL 为那些不要求精确结果的长事务提供这种特征。如果这些事务要在可串行化的方式下执行,它们就会干扰其他事务,造成其他事务执行延迟。

SQL 规定的隔离性级别如下:

(1) 可串行化:通常保证可串行调度。然而,在某种情况下,一些数据库系统对该隔离级别的实现允许非可串行化执行。

(2) 可重复读(Repeatable read):只允许读取已提交的数据,而且在一个事务两次读取一个数据项期间,其他事务不能更新该数据。但该事务不要求与其他事务可串行化。例如,当一个事务在查找满足某些条件的数据时,可以找到一个已提交事务插入的一些数据,但可能找不到该事务插入的其他数据。

(3) 已提交读(Read Committed):只允许读取已提交的数据,但不要求可重复读。例如在事务两次读取一个数据项期间,另一个事务更新该数据并提交。

(4) 未提交读(Read Uncommitted):允许读取未提交数据。这是 SQL 允许的最低一致性级别。

以上所有隔离性级别都不允许"脏写"(Dirty Write),即如果一个数据项已经被另一个尚未提交或中止的事务写入,则不允许对该数据执行写操作。

11.3.3 封锁的并发控制

并发控制就是指这样一种控制机制,能够保证并发事务同时访问同一个对象或数据下的 ACID 特性。数据库管理系统软件通过事务级别封锁机制(事务执行过程中持锁,事务提交时释放),以保证写事务的一致性和隔离性。

1. 封锁定义

"锁"是控制并发的一种手段,每一数据元素都有唯一的锁,每一事务读写数据元素前,要获得锁。如果被其他事务持有该元素的锁,则要等待。事务处理完成后要释放锁。

封锁是实现并发控制的一个非常重要的技术。

一个事务对某个数据对象加锁后究竟拥有什么样的控制是由封锁的类型决定的。

封锁就是事务 T 在对某个数据对象(例如表、记录等)操作之前,先向系统发出请求,对其加锁。加锁后事务 T 就对该数据对象有了一定的控制,在事务 T 释放它的锁之前,其他事务不能更新此数据对象。

2．封锁类型

数据库管理系统通常提供多种类型的封锁,包括:

(1) 排他锁(eXclusive lock,X 锁)又称为写锁:若事务 T 对数据对象 A 加上 X 锁,则只允许 T 读取和修改 A,其他任何事务都不能再对 A 加任何类型的锁,直到 T 释放 A 上的锁(保证其他事务在 T 释放 A 上的锁之前不能再读取和修改 A)。

(2) 共享锁(Share lock,S 锁)又称为读锁:若事务 T 对数据对象 A 加上 S 锁,则只允许 T 读取 A,但不允许修改 A,其他任何事务只能再对 A 加 S 锁,而不能加 X 锁,直到 T 释放 A 上的 S 锁(保证其他事务可以读 A,但在 T 释放 A 上的 S 锁之前,不能对 A 做任何修改)。

对于底层数据的访问和修改,如物理页面和元组,为了保证读写操作的原子性,需要在每次的读、写操作期间加上共享锁或排他锁。每次读、写操作完成之后,即可释放上述锁资源,无须等待事务提交,持锁窗口相对较短。

并发控制技术主要涉及采用什么封锁方法。封锁技术可以有效地解决并行操作的一致性问题,但也会带来一些新的问题,出现活锁和死锁现象。

(1) 活锁:即在多个事务并发执行的过程中,可能会存在某个尽管总有机会获得锁的事务却永远也没得到锁,这种现象称为活锁。

(2) 死锁:即多个并发事务处于相互等待的状态,其中每一个事务都在等待它们中的另一个事务释放封锁,这样才可以继续执行下去,但任何一个事务都没有释放自己已获得的锁,也无法获得其他事务已拥有的锁,所以只好相互等待下去,这种现象称为死锁。

解决死锁问题主要有两种方法,一种是采取一定措施预防死锁发生;另一种是允许发生死锁,采用一定手段诊断,若发生死锁则解除。

预防死锁的两种方法。第一种方法:要求每个事务必须一次性地将所有要使用的数据加锁或必须按照一个预先约定的加锁顺序对使用到的数据加锁。第二种方法:每当处于等待状态的事务有可能导致死锁时,就不再等待下去,强行回滚该事务。

解除死锁:从发生死锁的事务中选择一个回滚代价最小的事务,将其彻底回滚,或回滚到可以解除死锁处,释放该事务所持有的锁,使其他事务可以获得相应的锁而得以继续运行下去。

3．封锁协议及封锁粒度

两段封锁协议(2PL：two-Phase Locking protocal)。

读写数据之前要获得锁。每个事务中所有封锁请求先于任何一个解锁请求两阶段——加锁段和解锁段。加锁段中不能有解锁操作，解锁段中不能有加锁操作。

表 11-1 所示的是封锁协议相容性矩阵。

表 11-1　封锁协议相容性矩阵

现　有　锁	加　　锁		
	S	X	U
S	YES	NO	YES
X	NO	NO	NO
U	NO	NO	NO

封锁粒度是指封锁数据对象的大小。粒度单位有属性值，元组，元组集合，整个关系，整个 DB 某索引项等。

11-3

11.3.4　并发调度的可串行性

执行结果等价于串行调度时，该调度也是正确的，这样的调度叫作可串行化调度。

可串行化调度：多个事务的并发执行是正确的，当且仅当其结果与按某次序串行地执行这些事务时的结果相同。

可串行性(Serializability)：并发事务正确调度的准则。对于一个给定的并发调度，当且仅当它是可串行化的，它才是正确调度。

可串行化调度一定是正确的并行调度，但正确的并行调度却未必都是可串行化的调度。

并行调度的正确性是指内容上的结果正确性，而可串行性是指形式上的结果正确性，便于操作。另外，可串行化的等效串行序列不一定唯一。

几种常见的操作并发控制策略如下。

1) 读-读并发控制

并发的读-读事务是不会也没有必要相互阻塞的。由于没有修改数据库，因此每个读事务使用自己的快照就能保证查询结果的一致性和隔离性；同时，对于底层的页面和元组，只涉及读操作，只需要对它们加共享锁即可，不会发生锁等待的情况。

2) 读-写并发控制

对于并发的读-写事务，并发控制基于多版本并发控制和快照机制，彼此之间不会存在事务级的长时间阻塞。相比之下，采用两阶段锁协议，由于读、写均在记录的同一个版本上操作,因此排在锁等待队列后面的事务至少要阻塞到持锁者事务提交之后才能继续执行。另一方面,为了保证底层物理页面和元组的读、写原子性,在实际操作页面和元组时,需要暂时加上相应对象的共享锁或排他锁,在完成对象的读、写操作之后,就可以解锁。

3）写-写并发控制

并发的读-写事务工作在同一条记录的不同版本上(读旧版本,写新版本),从而互不阻塞。但是对于并发的写-写事务,它们都必须工作在最新版本的元组上,因此如果并发的写-写事务涉及同一条记录的写操作,那么必然导致事务级的阻塞。

写-写并发的场景有以下 6 种：插入-插入并发、插入-删除并发、插入-更新并发、删除-删除并发、删除-更新并发、更新-更新并发。不同的操作并发控制都不尽相同。

11.4　数据库安全

随着数字化的不断发展,数据信息的流量剧增,数据信息的价值也越来越大,当人们享受“数据”带来的红利时,也面临着隐私泄露、信息篡改、数据丢失等安全风险。由此,数据的安全保密成为数据库管理系统(DBMS)的核心任务之一,它的安全性也成为 DBMS 的一个很重要的性能指标。

11.4.1　数据库安全概述

数据库安全的重点在于采取有力措施防范非法用户和非法操作,主要是防止数据库中数据被盗用、被篡改,或丢失。数据库安全控制涉及安全级别、安全层级和安全控制方法等相关内容,主要体现在对用户角色和用户权限的控制等。

1. 数据库安全问题

数据库的安全机制,即建立一个数据库的“安保屏障”,阻止各种不安全问题的出现,通常要考虑以下几点。

1）技术安全

技术安全是指计算机系统中采取一定的硬件和软件来实现对计算机系统及其所存储数据的安全保护。当计算机系统受到无意或恶意攻击时,能保证系统正常运行,保证系统内的数据不增加、不丢失、不泄露。

2）管理安全

管理安全是指由于管理不善导致的计算机设备和数据介质的物理破坏、丢失等软硬件意外故障及其场地的意外事故等安全问题。

3）政策法律安全

政策法律安全是指政府部门建立的有关计算机犯罪、数据安全保密等政策法规、法律，以及道德规范、工作守则等。

2.安全级别

数据库的安全级别通常分为 DBMS 级、网络级、OS 级、用户级和环境级，如图 11-9 所示。

其中：

（1）环境级：对计算机系统的机房和设备应加以保护，防止有人进行物理破坏；

（2）用户级：工作人员应清正廉洁，正确授予用户访问数据库的权限；

（3）操作系统级（OS 级）：应防止未经授权的用户从 OS 处着手访问数据库；

图 11-9 数据库的安全级别

（4）网络级：由于大多数 DBMS 都允许用户通过网络进行远程访问，因此网络软件内部的安全性是很重要的；

（5）数据库管理系统级（DBMS 级）：DBMS 的基本职责是设定在检查用户的身份是否合法及使用数据库的权限是否正确。

数据库安全性机制采用多层级控制，分为操作系统安全保护、数据库安全保护、数据密码存储、用户标识与鉴别等安全层级，如图 11-10 所示。

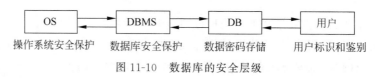

图 11-10 数据库的安全层级

3.安全机制

数据库安全性控制的常用方法包括用户标识与鉴别、用户权限、存取控制、视图机制、审计、数据加密。

（1）用户标识与鉴别（Identification＆Authentication）：系统提供的最外层安全保护措施。其方法是系统提供一定的方式让用户标识自己的名字与身份，包括用户标识与用户鉴别两个层次，通过"用户密码"验证身份，鉴别此用户是否合法。

① 软件验证技术：口令验证、问/答验证等技术；

② 硬件验证技术：指纹验证、声音识别验证、手写签名验证、手型几何验证和身份

卡验证等技术。

(2) 用户权限：用一个用户名或者用户标识号来标明用户身份，系统内部记录着所有合法用户的标识，系统鉴别此用户是否合法。

① 读权限：允许用户读数据，但不能改数据；

② 插入权限：允许用户插入新数据，但不能改数据；

③ 修改权限：允许用户改数据，但不能删除数据；

④ 删除权限：允许用户删除数据。

(3) 存取控制。数据库安全性所关心的主要是 DBMS 的存取控制机制。数据库安全最重要的一点就是确保只将权限授权给有资格的用户访问数据库，同时令所有未被授权的人员无法接近数据，这主要通过数据库系统的存取控制机制实现。

① 定义存取权限：提供适当的语言来定义用户权限，编译后存在数据字典当中。这称为安全规则或授权规则。

② 检查存取权限：对于通过鉴定获得上机权的用户（即合法用户），系统根据其存取权限定义对他的各种操作请求进行控制，确保他只能执行合法操作。

用户权限定义和合法权检查机制一起组成了 DBMS 的安全子系统。

(4) 视图机制。视图机制把要保密的数据对无权存取这些数据的用户隐藏起来，其主要功能在于提供数据独立性。但视图安全保护功能单独执行时往往不够精细，有时不能达到应用系统的要求。

将视图机制与授权机制配合使用时，首先用视图机制屏蔽一部分保密数据，在视图上再进一步定义存取权限，间接实现了支持存取的用户权限定义。

(5) 审计。审计功能是把用户对数据库的所有操作记录自动记录下来并放入审计日志（Audit Log）中。DBA 利用审计日志找出非法存取数据的人、时间和内容。审计分为用户级审计和系统级审计。

① 用户级审计：针对自己创建的数据库表或视图进行审计，记录所有用户对这些表或视图的一切成功和（或）不成功的访问要求以及各种类型的 SQL 操作。

② 系统级审计（DBA 设置）：监测成功或失败的登录要求，监测 GRANT 和 REVOKE 操作以及其他数据库级权限操作。

(6) 数据加密。数据加密是防止数据库中数据在存储和传输中失密的有效手段，其思想方法是根据一定的算法将原始数据（注：术语为明文，Plain text）变换为不可直接识别的格式（术语为密文，Cipher text），不知道解密算法的人无法获知数据的内容。但是数据加密通常也要有选择地使用，数据加密与解密程序会占用大量系统资源，数据加密与解密也比较费时，应该只对高度机密的数据加密。常用的数据加密方法有如下几种：

① 替换方法：使用密钥（Encryption Key）将明文中的每一个字符转换为密文中的一个字符。

② 置换方法：将明文的字符按不同的顺序重新排列。

③ 利用 DBMS 例程对数据库中的数据进行加密。

11.4.2 用户管理

在数据库管理系统中，用户管理是数据库安全使用时的一个常用"防线"，不同用户对不同数据库对象有不同的操作权限，不同用户对同一对象也有不同的操作权限，而且用户还可拥有将其存取权限转授给其他用户的操作权限。

1. 用户权限

用户权限由两方面要素构成，即数据对象和操作类型。

定义一个用户的存取权限就是要定义这个用户可以在哪些数据库对象上进行哪些类型的操作。在数据库系统中，定义存取权限称为授权。

数据库权限如表 11-2 所示。

表 11-2　数据库权限

权 限 名 称	权 限 类 型	说　　明
SELECT	Select_priv	表示授予用户可以使用 SELECT 语句访问特定数据库中所有表和视图的权限
INSERT	Insert_priv	表示授予用户可以使用 INSERT 语句向特定数据库中所有表添加数据行的权限
DELETE	Delete_priv	表示授予用户可以使用 DELETE 语句删除特定数据库中所有表的数据行的权限
UPDATE	Update_priv	表示授予用户可以使用 UPDATE 语句更新特定数据库中所有数据表的值的权限
REFERENCES	References_priv	表示授予用户可以创建指向特定的数据库中的表外键的权限
CREATE TABLE	Create_priv	表示授权用户可以使用 CREATE TABLE 语句在特定数据库中创建新表的权限
ALTER TABLE	Alter_priv	表示授予用户可以使用 ALTER TABLE 语句修改特定数据库中所有数据表的权限
SHOW VIEW	Show_view_priv	表示授予用户可以查看特定数据库中已有视图的视图定义的权限
CREATE ROUTINE	Create_routine_priv	表示授予用户可以为特定的数据库创建存储过程和存储函数的权限
ALTER ROUTINE	Alter_routine_priv	表示授予用户可以更新和删除数据库中已有的存储过程和存储函数的权限

续表

权 限 名 称	权 限 类 型	说　　明
INDEX	Index priv	表示授予用户可以在特定数据库中的所有数据表中定义和删除索引的权限
DROP	Drop_priv	表示授予用户可以删除特定数据库中所有表和视图的权限
CREATE TEMPORARY TABLES	Create_tmp_table_priv	表示授予用户可以在特定数据库中创建临时表的权限
CREATE VIEW	Create_view_priv	表示授予用户可以在特定数据库中创建新的视图的权限
EXECUTE ROUTINE	Execute_priv	表示授予用户可以调用特定数据库的存储过程和存储函数的权限
LOCK TABLES	Lock_tables_priv	表示授予用户可以锁定特定数据库的已有数据表的权限
ALL 或 ALL PRIVILE-GES 或 SUPER	Super_priv	表示用户获得以上所有权限/超级权限

2. 授权策略

典型的自主存取控制(DAC)授权策略包括以下 3 种:

(1) 集中管理策略:只允许某些特权用户授予/收回其他用户对客体(基本表、索引、视图等)的访问权限。

(2) 基于拥有权的管理策略:只允许客体的创建者授予/收回其他用户对客体(基本表、索引、视图等)的访问权限。

(3) 非集中管理策略:在客体拥有者的认可下,允许一些用户授予/收回其他用户对客体(基本表、索引、视图等)的访问权限。

3. 用户授权操作命令

大型数据库管理系统几乎都会提供 DAC 支持,它通过 SQL 的 GRANT 语句和 REVOKE 语句实现。

语句格式:

```
GRANT priv_type [(column_list)] ON database.table
TO user [IDENTIFIED BY [PASSWORD] 'password']
[, user[IDENTIFIED BY [PASSWORD] 'password']] …
[WITH with_option [with_option]… ]
```

功能:将指定操作对象的指定操作权限授予给指定用户。

几点说明：

（1）priv_type 参数表示权限类型；

（2）columns_list 参数表示权限作用于哪些列上；省略该参数时，表示作用于整个表；

（3）database. table 用于指定权限的级别；

（4）user 参数表示用户账户，由用户名和主机名构成，格式是：

'username'@'hostname'

（5）IDENTIFIED BY 参数用来为用户设置密码；

（6）password 参数是用户的新密码。

（7）WITH 关键字后面带有一个或多个 with_option 参数。这个参数有 5 个选项，详细介绍如下：

① GRANT OPTION：被授权的用户可以将这些权限赋予别的用户；

② MAX_QUERIES_PER_HOUR count：设置每小时可以允许执行 count 次查询；

③ MAX_UPDATES_PER_HOUR count：设置每小时可以允许执行 count 次更新；

④ MAX_CONNECTIONS_PER_HOUR count：设置每小时可以建立 count 个连接；

⑤ MAX_USER_CONNECTIONS count：设置单个用户可以同时具有 count 个连接。

（8）在 GRANT 语句中可用于指定权限级别的值有以下几类格式：

① ＊：表示当前数据库中的所有表；

② ＊.＊：表示所有数据库中的所有表；

③ db_name.＊：表示某个数据库中的所有表，db_name 指定数据库名；

④ db_name.tbl_name：表示某个数据库中的某个表或视图，db_name 指定数据库名，tbl_name 指定表名或视图名；

⑤ db_name.routine_name：表示某个数据库中的某个存储过程或函数，routine_name 指定存储过程名或函数名。

例 11-1 把查询数据库（xinhua_gaussdb）中表（student）的权限授予给用户（dbadmin）。

（1）输入如下命令：

```
GRANT SELECT ON xinhua_gaussdb.student TO 'dbadmin'
```

（2）执行 SQL 命令，完成用户的权限授予操作，如图 11-11 所示。

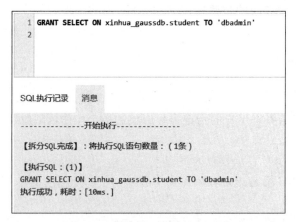

图 11-11　权限授予给用户（dbadmin）

例 11-2　把数据库（XinHua_GaussDB）中表（school）、表（department）、表（class）所有操作的权限授予给用户（dbadmin）。

（1）输入如下命令：

```
GRANT SELECT ON xinhua_gaussdb.school TO 'dbadmin';
GRANT SELECT ON xinhua_gaussdb.department TO 'dbadmin';
GRANT SELECT ON xinhua_gaussdb.class TO 'dbadmin';
```

（2）执行 SQL 命令，完成用户的权限授予操作，如图 11-12 所示。

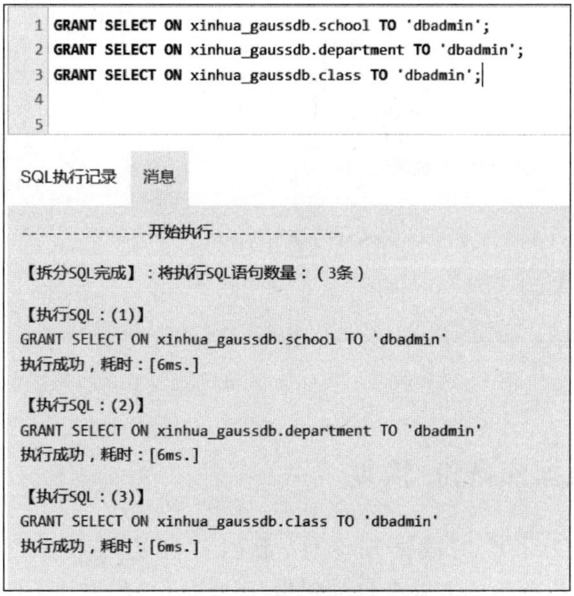

```
1  GRANT SELECT ON xinhua_gaussdb.school TO 'dbadmin';
2  GRANT SELECT ON xinhua_gaussdb.department TO 'dbadmin';
3  GRANT SELECT ON xinhua_gaussdb.class TO 'dbadmin';
4
5

SQL执行记录    消息

---------------开始执行---------------

【拆分SQL完成】：将执行SQL语句数量：（3条）

【执行SQL：(1)】
GRANT SELECT ON xinhua_gaussdb.school TO 'dbadmin'
执行成功，耗时：[6ms.]

【执行SQL：(2)】
GRANT SELECT ON xinhua_gaussdb.department TO 'dbadmin'
执行成功，耗时：[6ms.]

【执行SQL：(3)】
GRANT SELECT ON xinhua_gaussdb.class TO 'dbadmin'
执行成功，耗时：[6ms.]
```

图 11-12　多表权限授予给用户（dbadmin）

在 SQL 中,用户权限的收回通过 REVOKE 语句实现。

语句格式:

```
REVOKE priv_type [(column_list)]…
ON database.table
FROM user [, user]
```

功能:将授权给指定用户的指定操作对象的指定操作权限收回。

几点说明:

(1) priv_type 参数表示权限的类型;

(2) column_list 参数表示权限作用于哪些列上;没有该参数时,表示作用于整个表上;

(3) user 参数由用户名和主机名构成,格式为"username'@'hostname'"。

例 11-3　收回用户(dbadmin)对表(student)的 SELECT 操作权限。

(1) 输入如下命令:

```
REVOKE SELECT ON xinhua_gaussdb.student FROM 'dbadmin'
```

(2) 执行 SQL 命令,完成 xinhua_gaussdb 空数据库的创建,如图 11-13 所示。

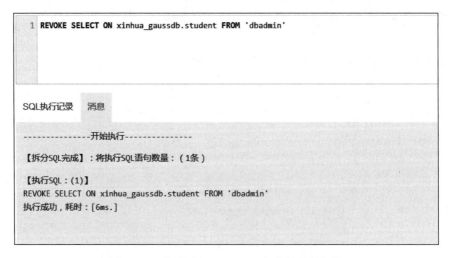

图 11-13　收回用户(dbadmin)部分操作的权限

11.4.3　数据库备份/恢复

在数据库中,为了维护数据安全性,数据备份是必不可少的。GaussDB(for MySQL)对数据进行备份的方式有自动备份(事务备份)和手动备份等。

1. 自动备份

GaussDB(for MySQL)是一个主备的结构,数据存储采用共享存储机制,它的特点是极其可靠,能做到数据零丢失。数据一旦进行更新或存储,就是一个"三备份",如果出现故障,由于三备份,它的故障能进行"闪恢复"。GaussDB(for MySQL)允许用户根据数据处理需求设置自动备份参数。

例 11-4　设置数据库实例(XinHua_GaussDB)备份策略,每周一、周三、周五、周天进行备份。

(1) 在"实例管理"窗口中,选择修改备份策略数据库(XinHua_GaussDB)。

(2) 在"修改备份策略"对话框中,根据要求修改备份策略,如图 11-14 所示。

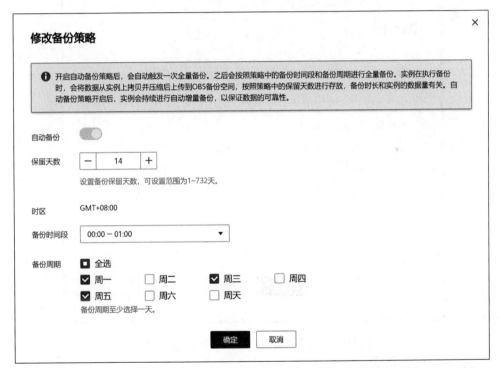

图 11-14　修改数据库实例(XinHua_GaussDB)备份策略

2. 手动备份

GaussDB(for MySQL)允许用户将数据库指定不同的选项进行备份。其程序灵活、快速,可执行高级备份,并接受各种命令行参数,用户可通过这些参数来更改备份数据库的方式。

3. 备份/恢复数据库

GaussDB(for MySQL)提供了直接进行数据库备份的交互方式,用户通过系统功能选项,可以很方便地实现数据库备份操作。另外,也支持对已经备份的数据库进行恢复。

例 11-5 进行数据库实例(XinHua_GaussDB)的手动备份操作。

(1) 在"实例管理"窗口中,选择需要备份的数据库实例(XinHua_GaussDB)。

(2) 在"创建备份"对话框中,填写备份文件的名称(backup-20201201),如图 11-15 所示。

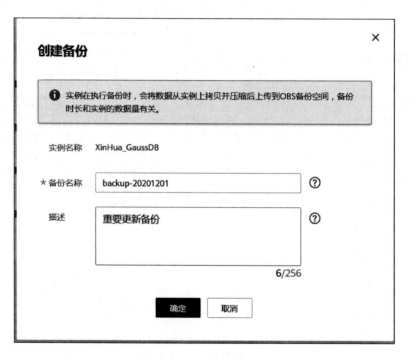

图 11-15　备份数据库实例(XinHua_GaussDB)

例 11-6 进行数据库实例(XinHua_GaussDB)的恢复操作。

(1) 在"实例管理"窗口中,选择需要恢复的数据库实例(XinHua_GaussDB)的备份时间。

(2) 在"恢复备份"对话框中,选择需要恢复的备份文件(GaussDBforMySQL-XinHua_GaussDB)名称,如图 11-16 所示。

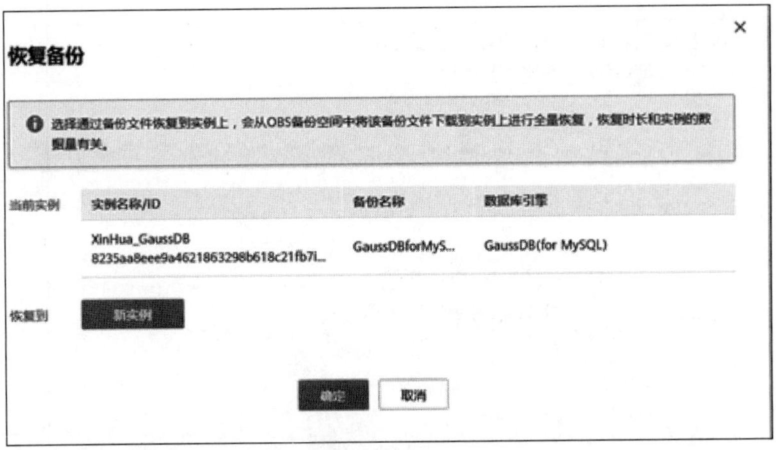

图 11-16　恢复数据库实例(XinHua_GaussDB)

4. 备份数据库表

语句格式如下：

```
SELECT * / column_name1,column_name2… INTO new_table_name
FROM old_table_name
```

功能：备份数据库表。

两点说明：

(1) new_table_name：备份数据库表名称；

(2) old_table_name：原有数据库表名称。

例 11-7　备份数据库表(student)，选择原有数据库表中的部分列。

(1) 输入如下命令：

```
CREATE TEMPORARY TABLE new_student(
SELECT * FROM student
);
```

(2) 执行 SQL 命令，完成数据库表(student)备份，如图 11-17 所示。

11.4.4　数据库表导入/导出

GaussDB(for MySQL)的导入/导出操作使得数据的形态多元化，大大地提升了数据的可用性。

11-4

1. 数据库表的导出

GaussDB(for MySQL)可以导出 SQL 和 CSV 格式类型的文件。

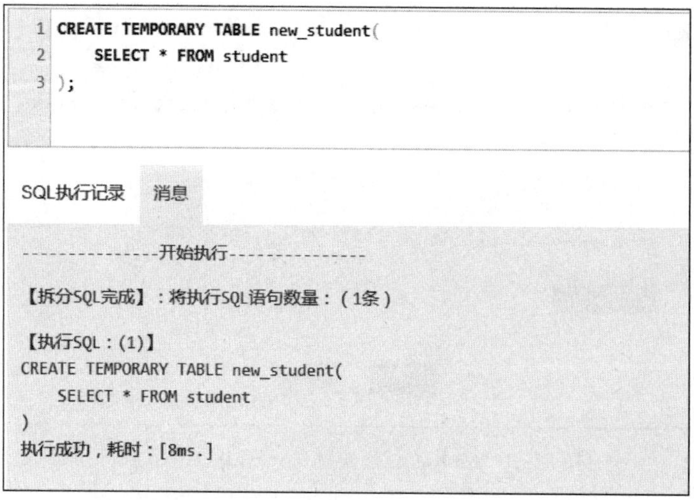

```
1  CREATE TEMPORARY TABLE new_student(
2      SELECT * FROM student
3  );
```

SQL执行记录 消息

----------------开始执行----------------

【拆分SQL完成】：将执行SQL语句数量：（1条）

【执行SQL：(1)】
CREATE TEMPORARY TABLE new_student(
    SELECT * FROM student
)
执行成功，耗时：[8ms.]

图 11-17　备份数据库表（student）

例 11-8　备份数据库（XinHua_GaussDB）的部分表。

（1）登录目标连接 GaussDB 实例，新建导出任务；

（2）设置导出任务，选择备份数据库（XinHua_GaussDB），设置导出文件类型，选择导出内容等设置，勾选目标导出的表，如图 11-18 所示。

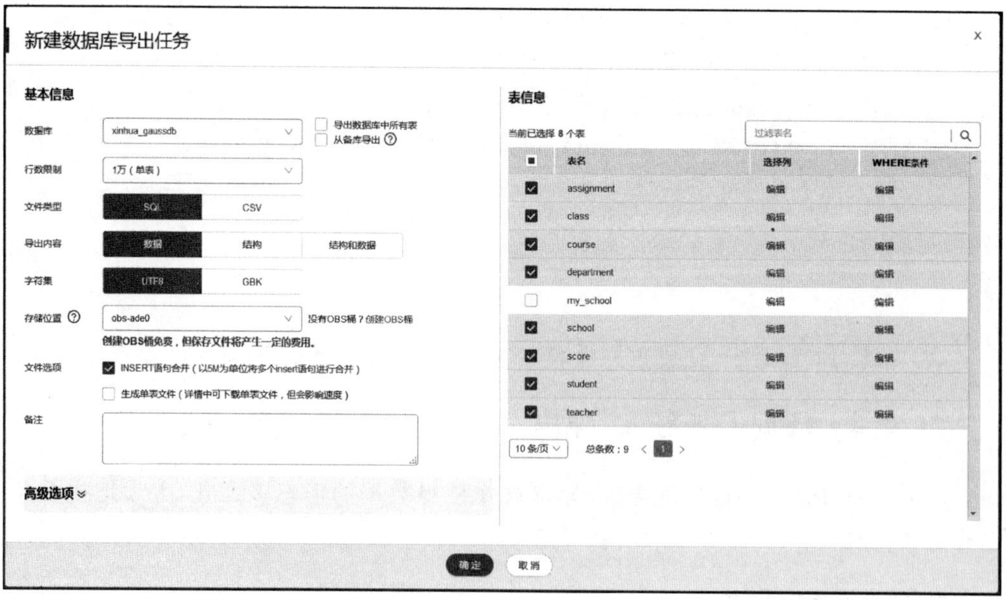

图 11-18　导出数据库部分表

2．数据库表的导入

GaussDB(for MySQL)可以导入 SQL 和 CSV 格式类型的文件。

例 11-9　导入数据库表(student)，完成导入任务设置。

（1）登录目标连接 GaussDB 实例，新建导入任务；

（2）设置导入任务，选择导入文件类型和来源，上传文件，完成数据库表(student)的导入，设置目标导入的数据库(XinHua_backup)，设置后如图 11-19 所示。

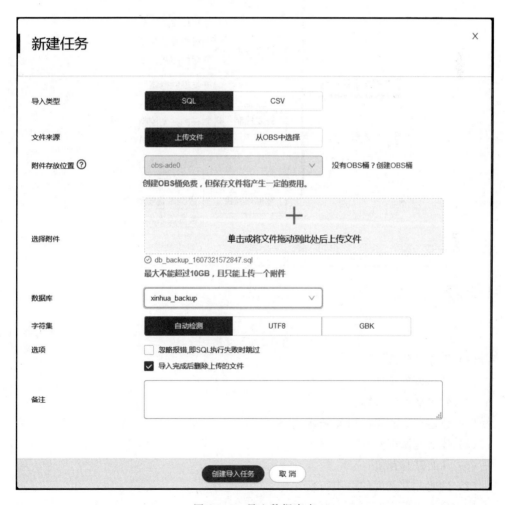

图 11-19　导入数据库表

知识点树

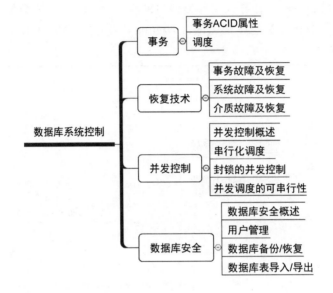

思考题

（1）事务是什么？

（2）试述事务特性。

（3）简述常见的故障。

（4）简述常见故障的恢复技术。

（5）什么是调度？

（6）什么是封锁？

（7）试述并发调度的可串行性。

（8）简述数据库的安全机制。

## 第 12 章

GaussDB(for MySQL)数据库管理系统

　　GaussDB(for MySQL)是一款云数据库管理系统,是华为公司自主研发的最新一代企业级高扩展海量存储分布式数据库,完全兼容 MySQL。基于华为最新一代 DFV 存储,采用计算和存储分离的架构。最大支持 128T 数据量,无须进行分库分表的复杂操作,而且还能做到数据零丢失,同时提供了新颖的复制机制和恢复算法,在使用相同或更少副本的情况下能提供更好的可用性。提供的 Web 界面的管理控制台可以使用户方便快捷地完成 GaussDB(for MySQL)的相关操作。拥有商业数据库的高可用性,具备开源、低成本的效益。

12.1　缘起

　　随着企业应用上云,基于云的关系数据库服务(DBaaS)需求快速增长。亚马逊、微软、阿里巴巴等云提供商都提供此类服务。大多数 DBaaS 产品基于传统的数据库软件,在虚拟机上运行数据库,使用本地存储或云存储。这种方法虽然容易实现,但是不能提供更多的让用户满意的云数据库服务。因此,开发一款云数据库管理系统的理由,是来自用户的迫切需求。

　　从用户的角度来看,一个理想的数据库服务应该是高可用的、维护方便的,并且能够随着数据库的大小和工作负载自动扩展和收缩。它最好能够在提供高性能的同时保持低成本,用户只为实际使用的资源付费(即付即用)。在云环境中,运行传统的数据库软件无法实现这些目标,所以必须从底层重新设计云上的数据库系统。

　　这样的动机带来了 GaussDB(for MySQL)的研制,其产品架构同时具备持久化(durability)、可扩展(scalability)、高性能、高可用(availability)和低成本特点。

　　通常认为,将数据的 3 个副本分布在不同机器上就足以满足持久化的要求。将计算资源和存储资源分布在不同的机器上,可以提供良好的可扩展性。但是数据跨多个机器分布虽然可以提高持久性和可扩展性,却可能会降低数据的可用性。因为使用大量机器会增加某些机器失败(unavailable)的概率,有可能导致整个数据库不可用。基于仲裁(quorum-based)的复制和最终一致性等方法可以提高可用性。但这两种方法都有缺点。基于仲裁的复制方法可能需要使用比持久化的要求更高的复制因子来达到可用性的要求,这样就增加了存储的成本。而最终一致性方法对于许多现有的应用来说,是不可以接受的。

正是基于传统数据库管理系统在上述的持久性、可扩展性、可用性及成本等方面的因素之间所存在的困难、矛盾局面,GaussDB(for MySQL)作为专门为云环境设计的关系数据库管理系统,从以下几个方面进行了改进。

(1) GaussDB(for MySQL)像 Aurora 一样将计算层和存储层分开,并且像 Socrates 一样将可用性和持久性的概念分开。

(2) GaussDB(for MySQL)同时提供了很多的特性,如支持只读副本、快速故障转移(fail-over)和恢复,硬件共享,并且可扩展到 128TB。

(3) GaussDB(for MySQL)的计算层由一个 master 节点(主机)和多个 read replica 节点(备机)组成。数据以页的形式组织,并存储在多个存储节点上。所有写事务都由 master 节点处理。master 节点通过网络将日志记录传送到存储层。存储层负责数据的存储、应用(apply),接收日志记录,处理数据页读取请求。

(4) GaussDB(for MySQL)实现了高可用性的复制和恢复方法。使其复制因子在不高于持久性的要求下,不牺牲性能和强一致性。当出现 uncorrelated 存储故障时,这个方法依然可以达到几乎 100% 写入的可用性。

GaussDB(for MySQL)的持久化方法只需要复制 3 份数据,其可用性与 Aurora 的 6 个复制因子的仲裁复制相当,优于 POLARDB 的 3 个复制因子的仲裁复制方法。

数据库日志和数据库页面的数据访问模式非常不同。数据库日志仅用于数据持久性,并且是按顺序写入和读取的。日志写入非常频繁,因而写入性能非常关键,但只有在故障出现时才需要读取日志,因此读取性能相对要求低一些。由于日志必须持久化,因此需要强一致性的保证。

与日志不同,数据库页面是随机访问的。页面读性能很重要,但写延迟不那么重要,因为更改页面的日志已经持久化。由于这些差异,日志和数据页不需要使用相同的复制机制。因此,GaussDB 把日志存储(Log Store)和页面存储(Page Store)分开。对于日志和数据页使用不同的分布和复制算法。每种算法都针对其特定需求进行了优化。

读取日志的频率很低,很多日志从未被读取过就已经被丢弃了。一条日志记录不依赖于其他日志记录。所以,日志记录不需要写入特定的存储节点,只需写入存储池中可用的存储节点(只要可用日志的存储节点数量足以满足持久化要求)。在实际部署中,DBaaS 的部署规模在数百到数千个节点。只要有 3 个可用的存储节点,写操作就可以成功,这符合绝大多数的实际场景(如果只考虑存储节点的 uncorrelated 故障)。

相比之下,数据页的更新是通过对页面的前一版本应用日志记录来生成下一版本。这需要将一个页分配给特定的 Page Store 服务器。因此,页的可用性取决于负责管理该页的特定 Page Store 的可用性。相比于传统的基于 Quorum 的复制算法,GaussDB 并不需要大多数甚至多个 Page Store 来参与每次的读或写的操作。可以通过强一致的 Log Store 和数据页的多版本机制来确定哪个 Page Store 副本存有当前最新的页面。通过根据页面的版本来提供读页面服务,Page Store 可以采用最终一致性,从而提高可用性。没有了 Quorum 算法的要求,使 GaussDB 可以减少用来保证持久化的副本数量。

（5）GaussDB(for MySQL)高性能。在分布式系统中,性能在很大程度上取决于跨越网络边界的关键路径上的操作数量。GaussDB(for MySQL)的第二个贡献就是新颖的架构选择,使 GaussDB 获得更高的性能。测试表明,与使用本地存储运行的 MySQL 8.0 相比,GaussDB 可以获得高达 200％的吞吐量。GaussDB 支持多个 read replica,即使在高负载下,read replica 读延迟也保持在 20ms 以内。GaussDB 中大多数对性能要求高的操作,例如写日志、读取页面等,只需要在网络连接的主机之间进行一次交互。

为了避免存储层成为瓶颈,GaussDB 从两方面提升存储层性能。首先,将 Log Store 与 Page Store 分离,可以减少 Page Store 的负载。其次,围绕“日志就是数据库”模型优化 Page Store 的组织,不修改数据,只执行追加写。这种方法具有多种优点,不仅降低了存储设备磨损,同时将写入性能提高 2~5 倍,从而降低了服务成本。另外,只追加写简化了的一致性算法和快照生成。最后,将存储层分离为 Log Store 和 Page Store,允许 read replica 直接从 Log Store 读取最新的数据库更新,绕过了 master 节点,避免了 master 成为瓶颈。GaussDB 存储层具有良好的可扩展性,可以均衡地分配存储资源,从而保证 read replica 性能。

（6）还需要特别指出,GaussDB 在高性能方面使存储层与计算层实现分离,折中考虑了存储层的内部工作机制、性能优化和设计,促进和实现了计算层的优化。

在过去几年出现了一些针对云环境设计的关系数据库架构,如 Amazon Aurora、阿里巴巴 PolarDB 和 Microsoft Socrates。另外,把传统数据库部署在云上,直接使用本地或云存储也很常见。

在云上直接部署传统数据库的主要优点包括易于实现、无须更改和与现有软件完全兼容。然而,这种方法也有缺点。对于传统数据库,数据库大小受到本地存储大小的限制。使用云存储可以增加数据库的容量,但是存储成本、网络负载和数据库更新成本仍然很高,并且与副本数量成正比。因为每个数据库副本都需要维护自己的数据库。每添加一个新的 read replica 就需要复制整个数据库,这个过程开销（耗时）很大,而且与数据库的容量大小成正比,这极大地限制了系统的可伸缩性。和数据库大小相关的操作（如备份）也限制了数据库大小,因为容量过大会造成数据库备份的时间过长。

为了解决上述一些限制,PolarDB 团队建议在共享分布式文件系统-PolarFS 上运行 Master 节点和 read replica。PolarFS 提供了一个类似于 POSIX 的文件接口,这使得现有数据库代码和架构可以保持不变。PolarFS 通过使用优化的三副本 Quorum 协议保证数据的持久化。数据库副本间通过共享存储降低了存储成本和网络负载。通过使用分布式文件系统,可以扩展存储空间,从而支持大数据库。但是,由于存储层不提供任何数据库相关的处理,该架构仍然存在诸多局限。这些问题包括写放大、页面刷盘带来的高网络负载以及 Master 执行所有操作造成的性能和可扩展性的限制。

由此,将数据库系统分为计算层和存储层,让每一层都承担部分数据库功能,以解决这些问题,就成为云数据库提升的可选择思路。计算节点只将日志记录发给存储层,而不是发送完整的页面,存储层知道如何用日志记录中来更新和生成页面。由于不必刷新完整页面,减少了网络负载和计算层的负载。这种方法首先由 Aurora 提出,Aurora 将数据页划分成大小为 10GB 的分区(shard),分布在共享存储节点上,每个分区的数据写入使用 6 个副本的仲裁(quorum)算法。使用 quorum 算法会带来可用性问题,因为一个分区的多个副本需要处于在线状态以确保读和写成功。对于具有 3 个节点的 quorum 系统,两个节点必须处于在线状态,才能提供读和写服务。然而,Aurora 的作者认为 3 个节点不足以满足可用性要求,因此 Aurora 使用 6 个节点 quorum 算法来提高可用性。

Microsoft 公司的 Socrates 也依赖于日志传送和存储节点的页面重构。但是,Socrates 将数据库分为 4 层,将持久性和可用性分离开来。第一层是计算层,作用与 Aurora 的计算层相同。第二层是日志层,专门负责日志的快速持久化,保证日志的持久性。第三层是页服务器层,将日志记成数据库页面并提供页面读取的服务。最后是存储层,用于保证数据库数据的持久性。将日志与页面分开存储可以提高数据库的性能,允许数据库使用更慢、更便宜的系统来存储页面,并用更快、更贵的系统来存储日志。

GaussDB 吸收了将数据库的计算与存储分离的设计理念,并将可用性和持久化的概念分离。GaussDB 把这些想法更加深化,对日志和页面使用不同的复制机制和一致性保证。这种方法使得 GaussDB 同时实现了更高的可用性、更低的存储成本和更好的性能。GaussDB 的复制算法比 PolarDB 和 Aurora 的 quorum 复制提供了更高的写可用性,并且只使用 3 个数据副本,从而降低了存储成本。与 Socrates 的四层架构相比,GaussDB 把数据库系统分成了两层,降低了网络负载和延迟。为了减少读延迟,Socrates 将所有页缓存在 Page Server 层的本地存储上。相比之下,GaussDB 没有中间层,它不需要缓存。

除了上面描述的通用数据库架构之外,还有一些针对特定需求优化的云数据库。Spanner 是一个部分兼容 MySQL 的数据库,针对地理上分布的数据库事务和读密集型负载而设计,它的实现依赖于两阶段提交和精确的时钟支持。Snowflake 是针对大量数据分析处理进行优化的云数据库。

　　GaussDB 也构建在多种现有的技术之上。日志结构化存储(Log Structured Storage)由 LFS 引入,并已应用于多个数据库和键值存储(key-value)系统中。GaussDB Page Store 使用这个方法来使数据持久化。最终的一致性和数据多版本机制被 Dynamo DB 使用,以实现高可用性,并以弱一致性为代价。GaussDB 使用一致性方法的组合来实现可用性和一致性。Demers 等人提出了用于数据复制的 Gossip 协议,并被广泛应用。GaussDB 把 Gossip 和集中复制的方法相结合,来克服 Gossip 的缺点,减少网络负载。

12.2　系统结构

　　云环境与传统的专用服务器环境差异较大。这些差异打破了传统数据库体系结构的基本假设。本节将以 MySQL 为例,简要说明出现这种情况的原因。接下来描述了 GaussDB 架构,重点强调了它如何针对云环境进行设计优化。

12.2.1　云环境的不同

　　传统的关系数据库系统通常假定数据存储在本地磁盘。如果数据库需要高可用性,通常需要维护数据库的两个或 3 个副本,即一个 master 数据库(主机)和 1～2 个 replica(备机)。Master 节点同时处理读写事务。每个 replica 需要维护一份数据库的完整副本,并可能处理只读事务。如果 Master 节点出现故障或失去响应,则其中一个 replica 节点升为新的 Master 节点。这种架构非常适合传统的线下部署,但是在云环境中,它浪费了网络带宽、CPU、内存空间、存储空间和磁盘 I/O 带宽等系统资源,如图 12-1 所示。

　　图 12-1 是 MySQL 云部署的典型数据流和存储方式。每个 MySQL 实例运行在单独的虚拟机上,数据存放在虚拟磁盘(卷)上。

　　客户配置固定容量的虚拟机和虚拟磁盘,无论实际使用多少容量,都需支付固定的价格。云上的虚拟磁盘通常存储 3 个数据副本,以保证高可靠性和可用性。由于 3 个 MySQL 实例各自维护数据库副本,这意味着要存储数据库的 9 个完整副本。这显然是对资源的很大浪费。

　　图 12-1 中的箭头展示了数据流向。replica 节点通过重新执行 Master 节点执行的所有更新事务来更新它们自己的数据库副本。这意味着每个更新事务执行 3 次,因为每个 MySQL 实例都需要执行一次。考虑存储复制,这意味着数据将被重复写 9 次。

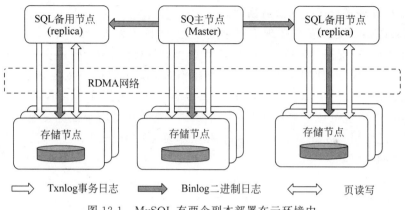

图 12-1　MySQL 有两个副本部署在云环境中

可见,在云环境中,传统的数据库架构不仅浪费资源,而且增加了服务的成本。增加 read replica 来扩展系统的读能力是缓慢和昂贵的,因为需要为每个增加的 replica 重新创建一个全新的数据库副本。此外,备份和恢复等操作太耗时,所以 TB 级数据库就无法得到很好的支持。

12.2.2　GaussDB 体系架构

GaussDB 主要包括四个逻辑模块:日志存储(Log Store)、页存储(Page Store)、存储抽象层(SAL)和数据库前端。这些模块分布在两个物理层——计算层和存储层,如图 12-2 所示。

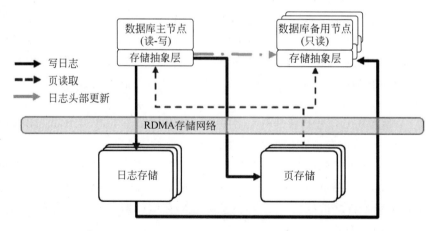

图 12-2　GaussDB 逻辑模块及层分布

两个物理层之间只需通过网络进行一次调用即可完成,这样可以尽可能地减少网络发送的数据量,降低请求的延迟。

数据库前端目前支持一个略微修改的 MySQL。未来会考虑支持 PostgreSQL 和其他引擎。数据库前端负责数据库的连接处理、SQL 优化和执行、事务管理以及生成对数据库页面修改的日志记录。计算层由一个 Master 节点和多个 read replica 节点组成,master 节点可以提供读写操作,read replica 只执行读操作。为了保证数据库的数据页的修改持久化,日志记录必须持久化。

日志存储是在存储层中执行的一个服务,负责存储日志记录。一旦属于事务的所有日志记录都持久化了,就可以向客户端确认事务完成。日志存储有两个用途。首先,它们确保日志记录的持久化。其次,它们将日志记录服务于只读副本,以便这些副本可以将日志记录应用到其缓冲池中的页。Master 节点也会定期与其他只读副本进行通信(最新日志记录的位置),以便只读副本读取最新的日志记录。Master 还将日志记录分发到 Page Store 服务器。

Page Store 服务器是存储层另外一项服务。GaussDB 的数据库被划分为固定大小(10GB)的分区,这些分区被称为 slice。每个 Page Store 服务器处理来自不同数据库的多个 slice,接收属于它负责的 slice 的日志。一个数据库可以有多个 slice,每个 slice 都复制到 3 个 Page Store,以保证持久性和可用性。

12.2.3　日志存储

Log Store 的主要功能是持久化由 master 生成的日志记录,以及为 read replica 提供读取日志记录的服务。Log Store 底层存储被抽象为 PLog。PLog 是一种大小有限、追加型的存储对象,可以在多个 Log Store 之间同步复制。Plog 的复制因子由持久化(durability)的需求来确定,复制因子设置为 3。

Log Store 服务器被组织成一个集群。一个典型的云部署有数百台 Log Store 服务器。当请求创建 PLog 时,集群管理器选择 3 个 Log Store 服务器,PLog 将被复制到这些服务器上。它分配一个 24 字节的标识符来标识一个 PLog。只有当 Log Store 的 3 个副本都写入成功时,才会确认对 PLog 的写入是成功的。如果其中一个 Log Store 节点未能在预期的时间内确认写入成功,则认为写入失败,不再向该 PLog 发出写入请求,并由集群管理器选择另外 3 个 Log Store 服务器创建一个新的 PLog。这意味着只要集群中至少有 3 个健康的机器,对 Log Store 的写操作就总是能成功。Log Store 的写入速度很快,因为如果 PLog 写入过慢或网络包丢失导致写入失败后,当前的 PLog 会被关闭,新的 PLog 会被创建在其他负载较少或更可靠的 Log Store 节点上持续写入。

只要至少有一个可用的 PLog 副本,从 Log Store 读取数据就会成功。从 PLog 中读取分两种情况。首先,数据库 read replica 需要读取 master 节点最近写入的日志记录。为了提高读取速度,Log Store 使用 FIFO 策略将最近写入的数据缓存在内存中,这样在大多数情况下，read replica 读取日志不需要访问磁盘。其次，在数据库恢复期间，当必须读取已提交的日志记录并将其发送到 Page Store 时，也会发生读取。

数据库的日志被存储在一个有序的 PLog 集合里，称为数据 PLog(data PLog)。这些数据 PLog 的元数据记录在单独的 PLog 中，称为元数据 PLog(metadata PLog)。元数据 PLog 被缓存在数据库节点的内存中。数据库初始化时，会自动创建元数据 PLog 和数据 PLog。元数据 PLog 的写入规则与数据 PLog 的写入规则相同。当一个新的数据 PLog 被创建或删除时，所有的元数据都会被原子性地写入元数据 PLog 中。当一个元数据 PLog 达到其大小限制时，将创建一个新的元数据 PLog，将最新的元数据写入，并删除旧的元数据 PLog。

12.2.4　页存储

Page Store 的主要功能是处理来自数据库 master 节点和 read replica 的页面读取请求。Page Store 必须能够提供数据库前端请求的任何页面版本，因此 Page Store 必须能够访问其负责的页面的所有日志记录。这样我们就不能像在 Log Store 节点不可用时切换到其他节点一样来切换 Page Store，因此 Page Store 的高可用性的保证更具挑战性。当 master 修改一个页面时，它会为这个页面分配一个版本，即一个单调递增的逻辑序列号(LSN)。LSN 唯一地标识了数据库的所有修改操作和它们的顺序。每个页面版本由其页面 ID 和 LSN 标识。

SAL 通过 API 与 Page Store 通信，API 包括 4 种主要的调用方法：

(1) WriteLogs 用来发送日志记录；

(2) ReadPage 用来读取页面的特定版本；

(3) SetRecycleLSN 用来指定前端可能请求数据库页面的旧版本 LSN(recycle-LSN)；

(4) GetPersistentLSN 返回 Page Store 中某个 slice 所能服务的最大 LSN。

Page Store 负责存储不同数据库的多个 slice，每个 slice 由一个唯一标识符(slice id)来标识，该标识符被传递给上述每个方法。从对数据库页面进行第一次写入开始，对页面的每次更改都作为日志记录传递到 WriteLogs 调用。Page Store 不断在后台应用(apply)收到的日志记录，来生成和存储新的页面版本。每当 SQL 前端需要读取一个页面时，SAL 都会调用 ReadPage，并指定该页面的 slice id、页面 id 和它需要的版本的 LSN。Page Store 必须能够提供数据页的旧版本，因为 read replica 在其数据库视图中可能落后于 master 节点。为了获得一致的数据库视图，只读节点指定了读请求的版本号(LSN)，而这些版本对应的日志必须已经在 Page Store 上存在。这样，Page Store 可以确保它返回的页面版本是 read replica 需要的版本。由于 Page Store 存储多个页面版本需要占用系统资源(内存和磁盘空间)，因此 SQL 层必须定期调

SetRecycleLSN 通知 Page Store 它所需要的旧版本的 LSN。

因为使用最终一致的模型在 Page Store 副本之间复制数据,所以 master 节点需要知道每个 Page Store 副本能提供的页面的最新版本。这个信息可以调用 GetPersistentLSN 得到。后文将更详细地描述 Page Store 内部组件和副本之间的数据复制。

12.2.5　存储抽象层

存储抽象层(Storage Abstraction Layer,SAL)是一个链接到数据库服务器的库,将现有的数据库前端(如 MySQL 或 PostgreSQL)与底层的分布式存储、数据库分片、数据库恢复和 read replica 同步等与存储相关的复杂特性隔离开。SAL 负责将日志记录写入 Log Store 和 Page Store,并从 Page Store 读取数据库页面。SAL 还负责创建、管理和删除 Page Store 中的 slice,并将数据库页面映射到相应的 slice。每当创建或扩展数据库时,SAL 都会在 Page Store 中选择相应的节点来创建 slice。当 master 节点写入日志记录时,日志记录就被发送到 SAL。为了避免写入大量的小网络包,日志记录会累积起来写入 Log Store。这组日志记录称为数据库的 Log buffer。SAL 首先将 Log buffer 写入当前的 Log Store 副本,以确保它们的持久性。一旦成功将日志记录写入所有 Log Store 副本,就会向 master 节点确认写入成功,并将日志记录分发到 SAL 的 per-slice buffer。当 per-slice buffer 变满或等待超时后,其内容将被异步写入 Page Store。

SAL 维护的一个重要变量称为集群可见(CV-LSN)。CV-LSN 意味着在这个 LSN 上,数据库的所有页面是内部一致的(例如 B-tree 的内部页面)。如果一个 B-tree 包含一个页面 B,它是页面 A 的子页面,如果页面 B 被 split(拆分)成页面 B 和页面 C,那么这个 split 操作必须是原子的。此时数据库的 CV-LSN 会从原来的值推进到 A、B、C 三个页面 LSN 中的最新值。此外,CV-LSN 总是设置为所有 slice(但不一定是所有 slice 副本)收到的连续的最新日志记录的 LSN。因此,至少有一个 Page Store 上的 slice 副本可以为 LSN 小于或等于 CV-LSN 的页面请求提供服务。使用 CV-LSN,SAL 可以在 GaussDB 中的所有逻辑模块(master、read replica 和 Page Store)中建立一致的、向前推进的数据库状态。CV-LSN 是在每个数据库 Log buffer 的最后一个 LSN 上递增的。Log buffer 可以包含对应一个或多个 slice 的日志记录。

SAL 在满足以下两个条件时,才推进 CV-LSN:

(1) 数据库 Log buffer 已成功写入 Log Store;

(2) 包含此日志的所有 per-slice buffer 已成功写入相应的 Page Store 中的一个副本。

只有在数据库 Log buffer 已写入 Log Store 之后,SAL 才会把对应的每个 per-slice buffer 写入 Page Store。因此,Page Store 永远不会包含未写入 Log Store 的日志

记录。数据库 Log buffer 包括所有涉及的 slice 的日志记录，因此单个 per-slice buffer 仅包含 Log buffer 的部分日志。所以，per-slice buffer 写入 Page Store 的频率可以较低，并且可能包含多个 Log buffer 对应这个 slice 的日志记录。为了依据上述条件推进 CV-LSN，SAL 还负责管理数据库 Log buffer 和 per-slice buffer 之间的多对多的关系以及状态。

12.2.6　数据库前端

目前，GaussDB(for MySQL)使用轻微修改的 MySQL 8.0 版本作为数据库前端。所做的修改包括日志写入和页面读取所做的修改，以及包括日志写入和页面读取转发到 SAL 层，关闭 Master 节点的 buffer pool 页面刷盘以及数据库恢复时的 redo 恢复逻辑。对 read replica 的修改包括使用 SAL 从 Log Store 读取的日志记录更新缓冲池中的页面，以及为事务分配读视图(read view)的机制等。

12.3　数据存储

在实际的数据库应用中，来自互联网的数据量非常大，可以说已经开始突破 TB 的级别，随之而来的一个问题就是对于海量数据的存储，这也产生了安全性保障的问题。GaussDB(for MySQL)以华为公司的"云原生到数据库"为设计原则，使计算与存储分离，通过特定的共享存储方式，充分利用了云存储的能力，实现了独立的容错和自愈服务。即 GaussDB(for MySQL)采用"单写多读"机制，做到了"1 写 15 读"这样的高可用。

12.3.1　写流程

数据库读/写机制要保证事务 ACID 特性，它的"好与坏"充分体现了 DBMS 的性能。GaussDB(for MySQL)提供的写数据的流程，如图 12-3 所示。

从图 12-3 可以看出，GaussDB(for MySQL)写流程如下：

(1) 用户事务导致数据页改变，并产生大量的日志记录。

(2) 为了持久化日志记录，SAL 将日志写入位于 3 个可用的 Log Store 的 PLog 中。

(3) 为了避免碎片化，同时兼顾 Log Store 节点的负载均衡，SAL 把 PLog 的尺寸定在 64MB，当达到 64MB 后，SAL 会把当前的 PLog 关闭，并创建一个新的 Plog。新的 PLog 的位置会兼顾考虑 Log Store 节点的可用空间和负载情况。

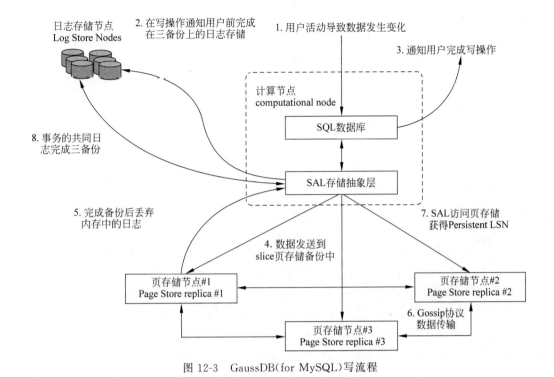

图 12-3　GaussDB(for MySQL)写流程

一旦所有相关的 Log Store 节点确认收到日志,就会产生 3 个日志副本,数据库就认为数据已经持久化,写操作完成。对应的提交事务也会标记为已提交。这里很重要的一点是,Log Store 集群中只要存在 3 个或更多节点可用时,数据就可以写入成功。对于由上千个节点组成的集群,这意味着它几乎 100% 写入可用性。

(4) 一旦一个页面的日志记录被写入 Log Store,SAL 就会将其复制到该页面对应 slice 的写缓冲区中。当一个 slice 写缓冲区已满或等待超时后,该缓冲区日志就被打包发送到对应 slice 的 Page Store。

(5) 每个发送的日志包都包括 slice id 和序列号,以便 Page Store 能够检测可能丢失的日志包。SAL 等待其中一个 Page Store 的回复,然后释放缓冲区并可以重用。

(6) 发送到 slice 的最大的 LSN 称为 slice flush LSN。存放 slice 副本的节点之间通过使用 Gossip 协议交换信息,以检测和恢复丢失的日志包。

(7) Log Store 接收连续的日志记录流。随着数据库的不断更新,除非日志记录被不断清除,否则 Log Store 的空间会被占满。Log Store 的日志被清理前,系统需要确保所有 slice 的 Page Store 副本都收到了相应日志,并且所有数据库只读副本(read replica)也读取了相应的日志记录。单独记录每条日志的持久性代价太高,因此

GaussDB 用 LSN 来记录每个 slice 持久化的位置。对于每个 slice，Page Store 记录其 Persistent LSN。它表示在这个 LSN 之前的所有日志记录已经被 slice 接收到。每个 slice 的 Persistent LSN 可以通过 SAL 调用 GetPersistentLSN 方法显式地获取，也可以通过 SAL 调用 WriteLogs 或 ReadPage 返回时携带这个 LSN 来获取。通过携带方式可以大量减少对于 Page Store 的网络请求数量。

（8）对于 slice 的每个副本，SAL 记录对应 Persistent LSN。对于还有日志没有被所有副本收到的 slice，这些日志不能被清除。SAL 记录这类 slice 的最小的 Persistent LSN 作为数据库的持久性 LSN。SAL 定期保存此值，用于恢复。SAL 还记录每个 PLog 包含的日志的 LSN 范围。如果 PLog 中所有记录中的 LSN 都小于数据库持久化的 LSN，则可以删除该 PLog，从而清除日志。通过这种方式，我们保证每个日志记录总是至少在 3 个节点上有副本。

只有当所有 3 个副本都确认时，对 Log Store 的写入才算成功，而 SAL 只需要等待一个 Page Store 节点确认写入成功即可。这种设计有几个优点。首先，成功写入的概率要高得多，因为它只需要 3 个节点中的一个节点可用即可。这确保即使在节点永久故障或大规模节点临时故障的情况下，系统的可用性高。由于日志记录已经持久化到 Log Store，因此数据持久性是不受影响的。其次，写延迟最小，因为写只依赖于最快的节点来确认，而不是最慢的节点。最后，SAL 不再负责确保每条日志记录最终到达所有对应的 Page Store。因此，SAL 在内存中保留日志记录的时间更短，占用的 CPU 和网络带宽更少。日志记录重发的能力被卸载到 Page Store 本身。这对于系统的扩展性很重要，因为只有一个 SQL master 节点，但是可以分担负载的 Page Store 节点很多。

12.3.2 读流程

数据库前端以页为单位读取数据。读取或修改数据时，数据库前端需要把对应的页面读取到 buffer pool 中。当需要读取一个新的页面，但 buffer pool 已经满的时候，系统必须淘汰掉一个页面来置换。

GaussDB 修改了页面淘汰算法，保证脏页对应的所有日志记录成功写入至少一个 Page Store 之后才会淘汰该页面。因此，GaussDB 保证了在日志记录到达 Page Store 之前，对应页面可以从 buffer pool 中访问。淘汰后，立即可以从 Page Store 中读取。

对于每个 slice，SAL 记录发送到 slice 的最后的日志记录的 LSN。当 master 节点读取页面时，读操作到达 SAL，SAL 会发出一个读请求，并附带上述 LSN。读请求被系统发送到已知的时延低的 Page Store 节点。如果所选的节点不可用，或者它没有接收到所指定 LSN 之前的所有日志记录，则返回读异常，SAL 将尝试访问下一个存有该 slice 的 Page Store 节点，直到找到能够满足该请求的节点为止。

12.4　恢复与实现

GaussDB(for MySQL)数据库实例由 4 种类型的节点组成：运行 master 以及 read replica 前端的节点，运行 Log Store 的节点以及运行 Page Store 的节点。任何时间、任何节点的组合都可能失败。对于分布在多个节点的大型数据库，单个节点故障是一个常规事件。故障有多种类型，包含硬件、软件和网络故障等。

12.4.1　日志存储恢复

Log Store 的故障比较容易处理和恢复。如前文所述，一旦一个 Log Store 不可用，这个 Log Store 上的所有 PLog 都停止接收新的写入，并变为只读。因此，在临时故障之后不需要恢复。当诊断出永久故障时，故障节点从集群中移除。故障节点上的 Plog 会在集群中其他可用节点上通过复制其他可用的 PLog 副本来重建。

12.4.2　页存储恢复

从 Page Store 故障中恢复更为复杂。当一个 Page Store 的节点在临时故障之后重新上线后，它将启动与其他存有相同 slice 副本的 Page Store 之间的 Gossip 通信。Gossip 协议帮助恢复当前重新上线的 Page Store 丢失的日志记录。临时故障恢复的示例如图 12-4 所示。

简化起见，我们使用 LSN 1、2、3 作为日志记录的 LSN。在第 4 步中，副本 3 重新上线后，通过 Gossip 协议从副本 2 把缺失日志记录 2 复制过来补齐后，副本 3 可以对外提供服务。

当检测到永久故障时，集群管理器从集群中移除故障节点，并在剩余节点中重新分发存储在故障节点上的 slice 副本。正在恢复的 slice 副本初始为空。它可以立即开始接受 WriteLogs 请求，但由于它缺少一些旧的日志记录，因此无法对外提供读页面服务。接下来，这个新创建的 slice 副本向其他正常 slice 副本请求所有页面的最新版本来恢复。一旦收到所有的页面，该 slice 副本就可以对外提供读写服务。

上面描述的两种场景是最常见的场景。但是，在一条日志记录被 3 个 slice 副本成功处理之前，它可能会由于 Page Store 故障而丢失。当多个 slice 副本在短时间内间歇性地失败，并且收到这条日志记录的一个 Page Store 发生永久故障时，就可能会发生如图 12-5 所示的情况。

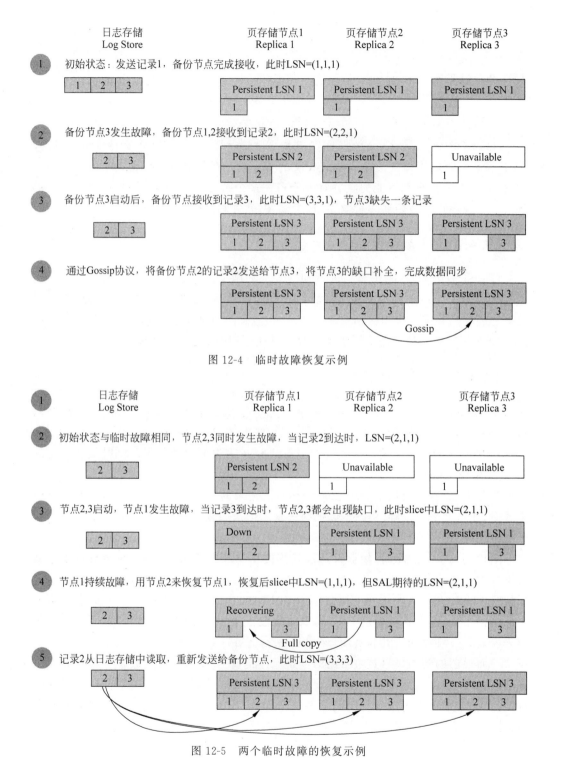

图 12-4 临时故障恢复示例

图 12-5 两个临时故障的恢复示例

　　在第 2 步,副本 2 和副本 3 发生临时故障。日志记录 2 被副本 1 正常接收。第 3 步,在 Gossip 把副本 1 的记录 2 复制到副本 2 和副本 3 前,副本 1 由于永久故障而被踢出集群。在第 4 步,副本 1 被重建,并从副本 2 或副本 3 中复制了数据,缺失了日志记录 2。在这种情况下,任何 slice 副本都不包含日志记录 2,因此该记录无法通过 Gossip 协议恢复。但是,由于并非所有 slice 副本都确认收到日志记录 2,因此日志记录 2 仍保留在 Log Store 中。如前所述,SAL 定期向最近更新的所有 slice 副本查询 Persistent LSN。在此场景中,副本 1 上报的 Persistent LSN 将从 2 减少到 1。当 SAL 层检测到同一个 slice 副本的 Persistent LSN 减少的时候,它会从这个 slice 所有副本的最小 Persistent LSN 开始,重发日志到 Page Store。

　　通过检查 Persistent LSN 的减少来检测丢失的记录是快速的,但还不够完全。当一个 Page Store 接收到连续的日志记录序列(没有丢失造成的空洞)时,它可以正常工作,并推进 slice Persistent LSN。但是,如果存在空洞,即使新记录被收到,Page Store 也无法推进 Persistent LSN。为了解决这类问题,SAL 定期从所有 slice 副本中查询 Persistent LSN,并将其与 slice flush LSN 进行比较。如果 SAL 检测到 Persistent LSN 没有向前推进,并且小于 slice flush LSN,则 SAL 查询每个 slice 副本没有收到的日志的 LSN 范围列表。如果 SAL 检测到所有 Page Store 中缺少某些日志记录,则从 Log Store 中读取缺少的记录,并将其重新发送到 Page Store,如图 12-6 所示。

　　在第 2 步,副本 2 和副本 3 出现故障;在第 3 步,副本 1 出现故障,但副本 3 恢复;在第 4 步和第 5 步,副本 2 发生永久故障并被替换。在第 6 步,所有副本都在线,但是日志记录 3 已经从所有副本中丢失,并且不能被 Gossip 协议恢复。同第 4 步所描述的场景不同,slice Persistent LSN 不会下降。SAL 使用这里描述的方法检测到日志缺失,并在第 7 步重新发送记录 3。

　　GaussDB 系统可以支持数以千计的 Page Store 点。当节点数量众多时,Gossip 协议开销很大。由于这个原因,对于每个 slice,Page Store 每隔 30 分钟才自动调用一次 Gossip 查询。为了将较长的 Gossip 周期对可用性的影响降到最低,我们依赖于 SAL 来监控所有已发送日志记录的 slice。如果一个 slice 的副本没有相应地推进其 Persistent LSN,则意味着某些日志片段丢失。如果 SAL 检测到丢失的日志片段在短时间内没有恢复,它将主动触发该 slice 的 Gossip 协议,以加速丢失日志的修复。如果 SAL 检测到所有 slice 副本中都缺少某些日志片段,它将从 Log Store 重新读取日志记录,并将它们重发到 Page Store。

12.4.3　SAL 和数据库恢复

　　目前的实现中,SAL 作为一个动态链接库链接进 SQL 进程,所以只要数据库进程

12-1

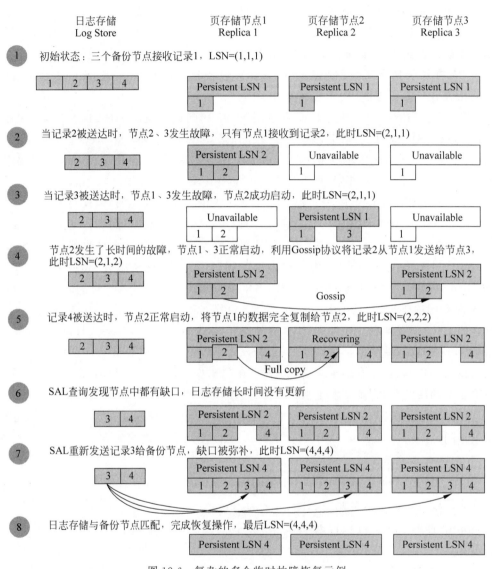

图 12-6　复杂的多个临时故障恢复示例

失败重启，SAL 和数据库前端就会一起失败并恢复。SQL 节点或进程重启是可能发生的，例如出现不可恢复的软件故障，或者当集群管理检测到 Master 节点不可用而创建新的 Master 节点或 read replica 节点升为 Master 节点等情况。

数据库恢复过程包括以下两个主要步骤：

（1）SAL 恢复；

（2）数据库 SQL 恢复。

SAL 首先进行恢复,其主要目标是确保所有在 Page Store 的 slice 都接收到了 master 崩溃前持久化到 Log Store 中的相应日志记录。SAL 读取数据库 Persistent LSN 的最后保存的值,并将其作为开始读取日志的起点。只有所有 slice 副本中都缺失的日志记录才会被重新发送到对应的 slice。在重发的过程中,某些 Page Store 的 slice 可能会重复收到已经接收到的日志记录。但这是安全的,因为 Page Store 会忽略它们已经收到的日志记录。此步骤相当于传统数据库恢复中的 redo 阶段。SAL 恢复完成后,数据库可以接受新的请求。在接受新请求的同时,数据库前端通过回滚在故障时未提交的事务所做的更改来完成 undo 阶段。redo 阶段必须在接受新事务之前完成,因为 redo 可以确保 Page Store 能够支持对最新版本的页面读取。undo 阶段依赖于存储在 undo 页面中的记录来恢复数据。因此,SAL 必须确保在 SQL 层开始 undo 处理之前,Page Store 存储的所有 undo 页都是最新的。

12.5　GaussDB 整体架构

分布式云数据库科学与技术的兴起,本质上是一种空间场景条件下的计算机分布的整体架构体系的发展与成熟。GaussDB 在近 20 年的历史发展中形成了面向广阔市场空间多元应用的整体框架体系。

本节通过介绍华为公司自主研发数据库的历程,并给出 GaussDB 系列产品中的几个数据库架构。

12.5.1　GaussDB 发展

华为公司从开始自主研发的数据库至今已经有近 20 年,其中经历了早期发展、GaussDB 的诞生和发展、数据库产业化三个阶段。

GaussDB 最初是华为公司从满足自身发展需求而研发,从用于局限场景的较简单架构数据库产品开始,逐步向通用性、可规模商用的数据库产品演进,到 2019 年终于正式发布面向企业客户场景的通用分布式 GaussDB 产品。这近 20 年发展的过程也伴随着数据库科学与技术,从单机版数据库到客户服务器系统数据库,再到云数据库的发展和进步,也是数据库整体架构体系建设与发展、不断走向成熟的历史。其发展历程如图 12-7 所示。

1. GaussDB 发展简述

华为公司自主研发数据库的早期发展阶段可追溯到 2001 年。华为公司中央研究

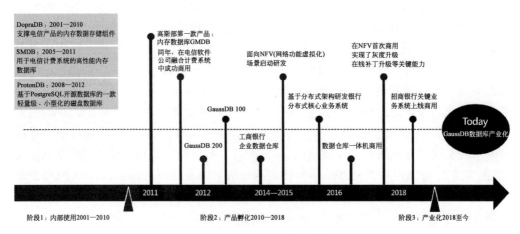

图 12-7　GaussDB 发展历程

院 Dopra 团队为了支撑所生产的电信产品(交换机、路由器等),启动了内存数据存储组件 DopraDB 的研发,从此开启了华为自主研发数据库的历程。

2005 年,电信软件业务部在开发电信计费软件系统 BOSS(Business and Operation Support System,业务运营支撑系统)时,评估了当时最高性能的内存数据库软件,发现其性能和特性无法满足业务诉求,便启动了 SMDB(Simple Memory DataBase)的开发。

2008 年,华为核心网产品线需要在产品中使用一款轻量级、小型化的磁盘数据库,于是基于 PostgreSQL 开源数据库开发 ProtonDB,这是华为公司与开源数据库 PostgreSQL 的"第一次亲密接触"。

2012 年,华为公司认为在数字时代,ICT(Information and Communications Technology,信息和通信技术)软件技术中,数据库是不可缺少的关键技术,因此将原来分散在各个产品线的数据库团队及业务重新整合成立了高斯部用于纪念大数学家高斯(Gauss),统一负责华为公司数据库产品和技术的研发,原分散的数据库研发得以整合为整体架构的 GaussDB 系统。

2019 年,随着华为高斯数据库正式发布,华为自主研发的数据库进入了第三阶段,即云数据库产业化阶段。

2. GaussDB 生态

作为一款通用性、规模商用的数据库产品,生态是重中之重,GaussDB 围绕两个方向来解决其数据库生态问题。

(1)内部空间分布理念与架构技术上采取"云化+自动化"方案。通过数据库运行基础设施的云化将 DBA(数据库管理员)和运维人员的日常工作自动化,解决如补丁、升级、故障检测及修复等工作带来的开销。传统数据库随着业务负载变化越跑越慢的问题,依赖 DBA 监控和优化来解决。而通过在数据库内部引入 AI 算法,实现免 DBA 自动数据优化,进一步降低对人工的依赖。

（2）外部空间分布理念与实际上采用与数据库周边生态伙伴对接与认证的生态连接融合方案,解决开发者/DBA 难获取、应用难对接等生态难题,减少客户使用华为高斯数据库面临的后顾之忧。

数据库产业生态全景如图 12-8 所示。

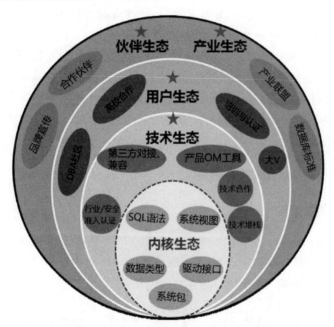

图 12-8　数据库产业生态全景

3. GaussDB 特征及技术竞争力

GaussDB 具有以下优势与特征:

（1）分布式。构筑具有专业领先水平的分布式事务能力和跨 DC(Data Center,数据中心)高可用能力,解决传统关系型数据库的扩展性、可用性不足等瓶颈。

（2）云化架构。构筑满足公有云、私有云和混合云场景的云化架构,满足多元需求场景的云数据库诉求。

（3）混合负载。过去由于数据库性能不足,架构缺乏隔离性,一个数据库实例难以在满足 SLA(Service Level Agreement,服务级别协议)前提下,同时支撑不同业务负载(交易型、分析型)的运行。随着硬件性能的提升和新数据架构理论的创新,在一套数据库中运行多种负载已经成为趋势,这不但简化了系统部署、消除了数据复制或搬迁带来的数据一致性问题,同时也提升了系统的可靠性和实时性。

(4) 多模异构。传统数据库围绕关系型数据进行管理,随着移动互联网、IoT (Internet of Things,物联网)、人工智能的普及应用,新类型数据(时序、Graph 图、图像等)成为数据库系统主要的管理对象,这需要支持多模数据管理的新型数据库。通用处理器随着晶体管制程逐步走到极限,而异构加速器(FPGA/GPU/NPU 等)大放异彩,在 AI(人工智能)等场景大量使用,如何通过改造优化数据库架构,实现充分利用"通用处理器+异构加速器"算力优势,是 GaussDB 重点发展方向之一。

(5) AI+DB。2010 年起,一方面,随着大数据量和大计算量的普及,AI 算法精度和适用范围足以支撑在特定场景(如数据库参数调优、SQL 执行优化等)下解决问题;另一方面,随着深度神经网络的普及化,对过去无法有效处理的图像、语音、文本等非结构化数据,已经能很好地从中抽取结构化信息,如何将其用在数据库中解决非结构化数据的高效管理也成为 GaussDB 的研发方向之一。

GaussDB 具有的特征,使其成为一款可与其他数据库系统产品相竞争的具有自主知识产权的国产数据库品牌,进入世界一流技术品质的前景十分广阔。

12.5.2　GaussDB 架构概览

1. 数据库架构变化

数据库架构经历了几类大的变化:单机数据库、集群数据库、云分布式数据库。GaussDB 面向云分布式数据库设计,采用分层解耦、可插拔架构,一套代码,同时支持 OLTP、OLAP 业务场景,如图 12-9 所示。

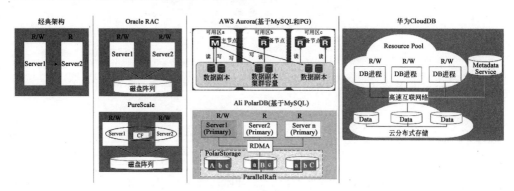

图 12-9　数据库架构变化

2. GaussDB 关键技术架构

GaussDB 采用分布式关键技术架构,实现一套代码同时支持 OLAP 和 OLTP 业

务场景,其中的关键技术如下:

(1) SQL 优化、执行、存储分层解耦架构。

(2) 基于 GTM(Global Transaction Management,全局事务控制器)和高精度时钟的分布式 ACID 强一致。

(3) 支持存储技术分离,也支持本地盘架构。

(4) 可插拔存储引擎架构。

GaussDB 关键技术架构如图 12-10 所示。

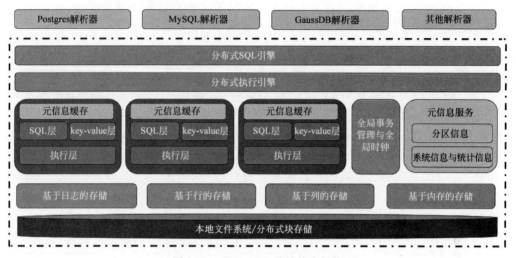

图 12-10　GaussDB 关键技术架构

12.5.3　GaussDB 云数据库架构

云数据库系统主要目的是提供数据库系统服务的基础设施,以实现对计算机资源的共享。

1. 设计思想与用户对象

云数据库系统利用云技术和 AI 技术,提供空间管理作用范围极为广大的、云部署的数据库系统服务的基础设施,以实现对计算机资源的共享。从数据存放的位置来看,可以分成三大类:

(1) 公有云数据库系统服务:该类数据库系统服务主要面向中小型企业的数据库需求。针对中小型企业提供公有云数据库系统服务,可以大幅降低这类实体的运营成本。例如,构建数据中心或者机房的成本、构建服务器的成本、运维服务器的成本、运维数据库系统的成本等;同时也使得这类使用公有云数据库系统服务的实体可以更加专注在其业务领域,而无需在基础设施的构建上花费太多精力。

（2）私有云数据库系统服务：该类数据库系统服务主要面向中大型企业的数据库需求。这类云数据库系统的构建通常需要在实体内部购买大量设备，同时构筑相关的 PaaS 层和 SaaS 层，数据库服务是其中非常关键的一类服务。该类服务使得内部各个部门的信息新系统可以共享相关资源，同时实现数据共享，并降低整体的维护成本，最终降低总体拥有成本。

（3）混合云数据库系统服务：这类数据库系统服务同时包含公有云数据库系统服务和私有云数据库系统服务两类。至于哪部分数据库系统服务选择公有云服务，哪些数据库系统服务选择私有云服务，主要从降低系统的总体拥有成本（Total Cost of Ownership，TCO）考虑，包括构建成本、运维成本、折旧费用等。

2．弹性伸缩的多租户数据库架构

为了能够适应各类中大型企业对云数据库系统的需求，GaussDB 云数据库系统提供了更强的存储资源、计算资源之间的组合能力。其主要目的是实现存储资源的独立扩容和缩容能力、计算资源的独立扩容和缩容能力，以及存储资源与计算资源在弹性扩缩容环境下的自由组合能力。从本质而言，GaussdB 云数据库系统提供多租户（Multi-tenant）和扩缩容（Elasticity）的组合能力。

（1）多租户存储计算共享架构是单个应用服务独立部署转向共享服务，对企业内部数据库系统的运维产生较大的变革，并有效降低其运维成本，如图 12-11 所示。

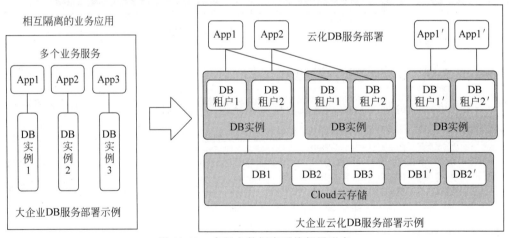

图 12-11　多租户数据库系统部署形态

从图 12-11 可知，数据库系统从孤立的独立部署转向计算与存储共享的部署形态，在实现计算与存储共享的同时，实现存储资源的独立扩缩容以及计算资源独立的扩缩容。当云部署的数据库系统能够提供独立的存储、计算扩缩容能力后，数据系统需要被迁移的概率将大幅度降低，由此可以提升数据库系统的业务连续性（Business

Continuity),系统比较容易实现在运行过程中存储资源的扩缩容以及计算资源的扩缩容。

（2）三层逻辑架构实现存储、计算独立扩缩容是为了有效实现云数据库系统在存储资源、计算资源的独立扩缩容,需要实现计算与存储的解耦以及各自的扩缩容能力,如图 12-12 所示。

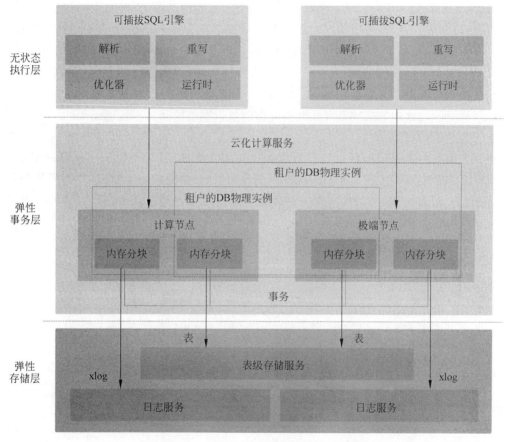

图 12-12　GaussDB 云数据库系统的分层架构

为了实现 GaussDB 云数据库系统在存储和计算方面的弹性,将整个数据库系统分解为 3 个层次,分别是弹性的存储层、弹性的事务处理层以及无状态的 SQL 执行层。和当前比较流行的云数据库系统 Aurora、PolarDB 相比,GaussDB 云数据库可以在事务处理层实现横向扩展,以保证满足中大型实体组织对数据库系统的不同需求(SLA)。无状态的 SQL 处理层可以实现对不同客户端连接请求数进行扩展的能力。

GaussDB 虽然实现了在数据库系统 3 个层次上的不同可扩展能力,但是并不要以为这些组件是部署在不同的物理机器上。相反地,为了更好地提供性能,这 3 个层次的组件通常在部署的时候具有很强的相关性,需要尽可能地联合部署(尽量部署在一台物理机上或一个交换机内),以降低网络时延带来的开销。

(3) 云数据库的克隆复制支持,是将实体单位的数据库系统搬到云系统上,可以提供更加便利的数据库系统管理功能,以满足实体对业务的测试、新业务的构建等不同需求,加速业务上线的速度。

由于云数据库系统实现多个数据库系统之间数据的共享(即在一个存储池中存储大量的数据库),因此,可以实现对这些数据库高效的复制、克隆、回合等功能。例如,某公司可能需要基于现有数据库系统的当前数据开发一个新的应用。传统的做法是:为了测试应开发的应用不影响到现有的线上应用,公司通常会构建一个新的数据库系统,并从当前线上系统导出一份最新的数据,并将这份新的数据导入另一个数据库系统中(例如刚创建的数据库系统实例),并在该数据库系统开发、测试新的应用。

当这些数据库系统共同部署在云数据库系统中时,可以实现数据库系统的克隆(包括数据与系统)和复制(仅数据),例如使用 COW 机制(对于持久化存储的 Copy-on-Write 机制)可以实现对于数据库数据的快速克隆(仅克隆了元数据,数据库数据并未复制)。通过 COW 机制,构建在克隆数据库上的业务可以直接修改克隆的数据库系统中的数据,如图 12-13 所示。

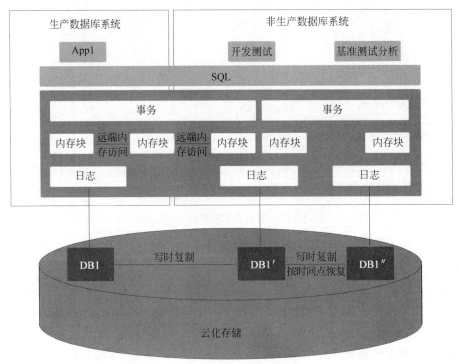

图 12-13　GaussDB 云数据库系统的数据库克隆与复制

　　云数据库系统可以对生产数据库系统进行克隆、复制等操作。克隆、复制出来的数据库系统可以用于非生产系统,并用于开发、测试流程或参与到基准测试中。需要说明的是,用户非生产系统的数据库系统保持了和生产系统当前一致的数据,同时生产系统中史新的一部分数据也可以实时同步到非生产数据库系统中,进而保持这两部分数据之间的一致性。

　　总之,GaussDB 云数据库系统通过分层实现了在存储层的弹性、在计算层的弹性以及这两者的任意组合,能够较好地适应中大型实体组织对云数据库系统的需求。另外,GaussDB 云数据库系统在此基础上又进一步实现了对现有数据库系统的高效克隆、复制,以满足实体提升业务的速度和节奏。

12.5.4　GaussDB 多模云数据库架构

12-2

　　从字面意思上理解,多模数据库系统主要是要实现对多种模型数据的管理与处理。主要包括 3 个层面的内容:

　　(1) 多模数据的存储:对于一个统一的多模数据库系统而言,需要提供多种数据模型的存储能力,包括关系、时序、流、图、空间等。

　　(2) 多模数据的处理:对于一个统一的多模数据库系统而言,需要提供多种数据库模型的处理能力,包括关系、时序、流、图、空间等。

　　(3) 多模数据之间的相关转换:大多数情况下,客户的数据产生源只有一个,即数据产生源的数据模型是单一的,但是后续处理可能需要使用多种模型来表征物理世界,进而进行数据处理,或者需要通过多种模型之间的相互协作来完成单一任务。因此,不同模型之间的数据转换也是极为重要的。

1. 设计思想与用户对象

　　多模数据库系统的设计与实现主要是要简化用户对数据管理、数据处理的复杂度,以及降低整体系统运维的复杂度。为此,在数据库系统之上提供统一的多模数据管理、处理能力,以及统一运维能力是多模数据库系统核心设计思想。

　　GaussDB 多模数据库用户需求可以分成两大类,而不同的类别的客户将影响到整个多模数据库系统的架构。

　　(1) 侧重多模数据一致性的用户:这类用户通常有比较单一的数据产生源,并以关系数据为主。对于重要关键性业务,强调数据之间的一致性,如银行类用户、政府类用户。在构建多模数据库系统时,需要重点考虑多模数据之间的一致性,以及多模数据之间的融合处理。

　　(2) 侧重多模极致性能的用户:这类及用户需求通常无法通过简单的多模数据融合来达成。在极其苛刻的条件下,通常需要极致的优化,才能满足他们的需求。

2. 面向数据强一致的多模数据库系统架构

GaussDB 用户除使用关系数据库能力外,还会使用图数据库、时序等多模引擎能力。如公共安全场景下,用户会将 MPPDB(Massively Parallel Processing DataBase,大规模并行处理数据库)的数据导入图数据库中,使用图引擎提供的图遍历算法,查找同航班、同乘火车等关系。在类似应用场景下,存在数据转换性能低,使用多套系统维护和开发成本高,数据导出安全性差等问题。引入多模数据库统一框架(Multi-Model DataBase Uniform Framework),为用户提供关系数据库、图数据库、时序数据库等多模数据库统一数据访问和维护接口,简化运维和应用开发人员的学习和使用成本,提升了数据使用安全性(数据无需在多个系统之间进行倒换,减少了数据在网络上暴露的时间)。

多模数据库系统的系统逻辑架构和系统物理架构如下:

(1) 系统逻辑架构,通过类似领养(Linked)机制,快速扩展图、时序数据库引擎能力,对外提供统一的 DML、DDL、DCL、Utilities、GUI 访问接口。运维和应用开发人员可以将扩展的多模数据库与 GuassDB 无缝衔接起来,统一管理与运维被当成一套系统,通过统一接口使用扩展引擎提供的能力,从而简化了对新的数据库引擎的学习和使用成本。

多模数据库统一架构如图 12-14 所示。

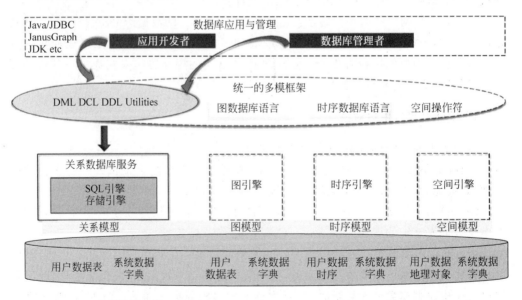

图 12-14　多模数据库统一框架(Multi-Model DataBase (MMDB) Uniform Framework)

在图 12-14 中,除了统一的多模框架外,该系统架构使用了统一的数据存储,即关系型存储。

为了简化用户对数据的管理与处理,多模数据库在数据统一存储(即关系型存储)的基础上提供了多类数据处理引擎,包括图数据处理引擎、时序数据处理引擎、空间数据处理引擎等。不仅可以提高对多类数据模型的处理效率,同时也提供了多类数据处理引擎的处理语言。例如,对于图引擎提供了 Gremlin 图处理语言的支持;对于时序引擎提供了业界标准的时序处理语言。

多模数据库系统中多模数据模型的任意组合。为了适应不同用户对不同类型数据处理的需求,GaussDB 多模数据库系统提供了多种模型之间的任意组合。在整体架构上,将引擎的元数据独立出来,以实现任意时刻的启动和关闭新的多模引擎。

(2) 多模数据库系统物理架构:多模数据库是处理包含图、时序等多种数据模型的统一数据库,如图 12-15 所示。

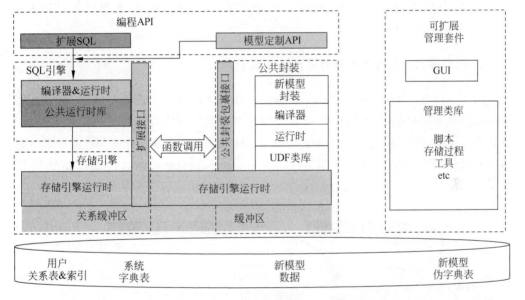

图 12-15　GaussDB 多模数据库系统的物理设计架构图

从图 12-15 可以看出,多模数据库提供统一的 DDL 和 DCL 管理,用户可以方便地把外部引擎交给多模数据库进行管理。

多模数据库 DML 采用 UDF(User Defined Function)的方式。提供统一的 GUI、ODBC、JDBC 等外部接口,输入相应的 UDF 对外部数据进行查询分析。多模数据库接收到查询请求后,发送给对应的外部引擎执行,并将执行结果返回,借助 GaussDB 原有的方式呈现给用户。

多模数据库的系统表采用虚拟系统表(Pseudo Catalog)的方式管理。虚拟系统表都是用户表。这样,用户可以方便地添加和删除多模,最低程度地对 MPPDB 施加影响。

多模数据库在 GaussDB 基础上进行设计。GaussDB 引入多模框架后,需要在 GaussDB 内部进行扩展,用来适配多模数据的执行和管理流程。这里的"扩展"指的是 GaussDB 内部针对多模引擎所做的适配。它既可能是功能上的——包括多模数据对象和关系型数据对象的相互依赖关系,对异常处理、事务管理所做的适配,还有针对多模数据的执行流程在 GaussDB 内部所做的适配工作;也可以是性能上的——例如优化器等组件上提供对多模引擎的支持。

公共模块(Common Envelope)介于这些扩展和外部引擎之间,关键组件——公共模块封装(Common Envelope Wrapper)打包提供了 GaussDB 扩展针对不同引擎的具体实现。也可以把这部分内容叫作外部引擎封装(Foreign Engine Wrapper),即针对不同的引擎,可以通过 Foreign Engine Wrapper 打包不同的实现过程。

此外,多模数据库还提供其他统一框架管理,包括连接管理、轻量解析(Shallow Parse)、多模缓存管理等。

3. 面向极致性能的多模数据库系统架构

对于一些面向极致性能的场景,上述多模数据系统可能无法满足需求,例如极端的互联网场景需要处理的数据量,或者处理需要的响应时间可能包含有极致的要求。在这类情况下,统一的关系存储可能无法满足这类业务的要求。在这类业务场景下通常需要面向特性数据模型的原生数据存取模型,进而加速数据的存取与处理,如图 12-16 所示。

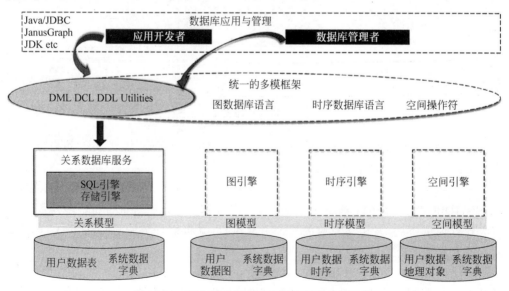

图 12-16　面向极致性能的多模数据库系统架构

知识点树

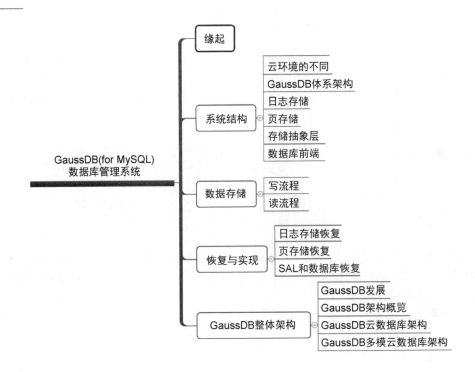

思考题

(1) 试述 GaussDB(for MySQL)是什么？

(2) 简述云环境的不同。

(3) 试述页存储机理。

(4) 试述日志存储机理。

(5) 简述 GaussDB(for MySQL)写流程的步骤。

(6) 简述 GaussDB(for MySQL)读流程的步骤。

(7) 简述日志存储恢复机理。

(8) 简述页存储恢复机理。

## 第 13 章

数据库应用系统开发的一般方法

学习数据库系统知识,就是为了解决实际的应用问题。本章结合"新华大学学生信息管理系统"数据库应用系统案例(这里仅以一个复杂系统的子系统为例),介绍各模块设计的一般方法,主要介绍数据库应用系统开发的流程和必备的数据库对象设计,以将对 GaussDB(for MySQL)数据库技术与应用的学习综合化。

13.1 总体设计

通过前面的学习,我们了解到数据库系统有一整套形式化语言,从数据计算、数据维护到数据查询,都有着完整的知识体系,数据库管理也有全面的优化理论,这些理论和技术是支撑我们进行数据库应用系统开发的必要储备。

数据库应用系统开发的总体设计,主要内容如下:

(1) 提出问题,分析需求;

(2) 设计总体系统架构;

(3) 确立系统功能。

13.1.1 提出问题

如今信息技术迅猛发展,"数字化校园"的概念早已不是新鲜名词。为了提高校园管理工作的效率,借助数字化校园中数据库、网络等技术实现校园信息化,成为各个高校首选的解决方案。

学生信息是一个高校进行信息化管理的元数据,学生信息的维护工作对于学校的高层管理者来说不可或缺,同时学生信息的管理也是数字化校园的一部分。学生信息需要进行整合、统计和管理,有必要开展学生信息数字化管理平台的建设。

为此,新华大学准备进行校园信息化,建立一个学生信息管理数据库平台。针对学校人事管理部门的大量业务,需要开发一套用于学生信息管理的系统,最终达到对学生信息进行系统化、自动化以及规范化的管理,通过学生信息管理提高人事管理部门的工作效率,最终为学生建立起一个稳定良好的学习环境。

13.1.2　总体系统架构

学生信息管理系统应该能够为学校管理者提供丰富的信息资源、快捷的查询方式以及功能全面、设置合理的解决方案。针对新华大学的学生信息对象的实际,系统目标设计如下:

(1) 为学校考核学生的成绩提供必要的数据支持;

(2) 为校园信息管理节约成本,减少管理的费用;

(3) 为使用者提供实用方便的操作体验,能切实提高工作效率;

(4) 能够拥有高性能的使用体验;

(5) 通过学生信息管理系统的实现,使学校的学生信息管理更加规范化。

"新华大学学生信息管理系统"解决方案逻辑架构如图 13-1 所示。

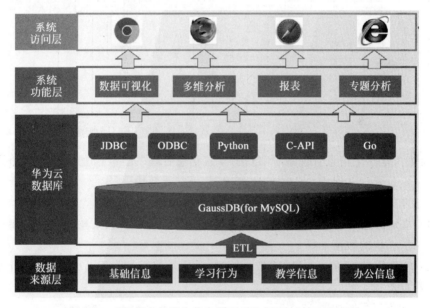

图 13-1　"新华大学学生信息管理系统"解决方案逻辑架构

13.1.3　系统功能

系统需要完成的功能如下:

(1) 学校信息管理:教务人员可以方便地更新、添加以及查询学校相关信息,包括学院信息、系信息、教师信息、教研室信息、课程信息以及班级相关信息。

(2) 学生档案管理:教务人员能够方便地对学生信息进行增加、删除、修改以及查询学生档案。

（3）成绩管理：教务人员能够方便地录入学生每门课程的成绩，能够快速查询出特定学生、特定课程的成绩信息，能够完成对成绩信息进行删除和更新操作。

"新华大学学生信息管理系统"的总体功能框架，如图 13-2 所示。

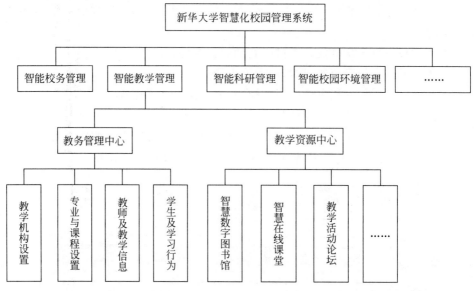

图 13-2 "新华大学学生信息管理系统"的总体功能框架

"新华大学学生信息管理系统"包括"学校信息管理""班级信息管理""教师信息管理""学生信息管理""课程及成绩信息管理"等子功能模块。

支撑业务功能实现的数据集有如下内容：

（1）基础信息管理：包括学校、系、班级信息管理，学生信息、教师信息和课程数据管理等功能模块的数据支撑。

（2）教务信息管理：包括课程教学管理、学生学习行为管理，以及数据分析等功能模块的数据支撑。

系统业务流程图如图 13-3 所示。

每个新的学期，教务人员首先会拿到全部新入学的学生信息，将这些未录入系统的信息添加进入数据管理系统。每添加一条数据进入系统，系统会对输入的学生基本信息进行数据校验，分析为每个学生分配的学号是否合法（例如已经分配的学号长度是否符合规范，新生成的学号是否在数据库已经存在），如果不具备唯一性，则提示数据录入错误，提示工作人员进行数据的更改，更改后若符合条件才会对学生的数据信息进行持久化保存，也就是存储到数据库服务器中。

当学生信息数据录入完成后，其他终端上的工作人员便可以对已经建立的数据进行管理，其中包括查看学生信息、更改学生信息和删除学生信息。

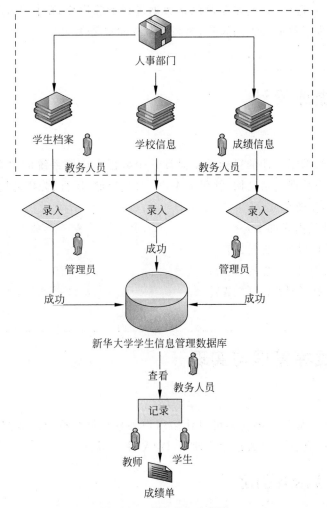

图 13-3 系统业务流程图

当教务工作人员需要查看学生的基本信息时,会使用查询功能。查询学生信息时,需要首先输入查询条件,系统会将输入的查询条件进行校验,若条件不合法会提示用户重新输入,例如学号的位数、出生年月日的格式等,系统以合法的查询条件进行数据库检索,最终将检索出的结果返回到屏幕,展现给教务工作人员。

当工作人员发生操作错误或者某些学生更改个人基本信息如姓名或者调整专业等情况发生时,需要对原有的学生信息进行更正,那么系统同样会根据工作人员的输入进行校验,然后将合法的数据进行持久化存储。

当学生转学、退学等情况发生时,数据库中该学生的基本信息便失去了原有的实际意义。为了提高系统的执行效率,清除无用的数据,需要对学生信息进行精简。删除学生信息时经过确认,系统才会对该条数据进行删除操作,确保不会有工作人员的误操作出现,减少了数据丢失的风险,提高了系统的安全性。

13.2　数据库设计

一般而言,数据库设计的目标就是设计一个数据库应用系统的关系模式,依据用户需求,再现客观数据关系结构,并服务用户;且使存储、运行、分析使用数据信息时准确无误、有效,尽量避免冗余。

数据库设计的内容如下:

(1) 概念结构设计(见 3.3 节);

(2) 逻辑结构设计(见 3.4 节);

(3) 物理结构设计(见 3.5 节)。

13.3　数据库管理与实现

数据库的一个显著优势就是可以让多用户共享。每个特定的数据库管理都是一个很专业的工作,通常要由数据库管理员(DBA)来完成。

13.3.1　数据库创建

一旦数据库设计者完成了数据库概念结构、逻辑结构和物理结构的设计,数据库管理员就会选择一个合适的方案进行数据库的创建。

在 GaussDB(for MySQL)的环境下,创建数据库有以下两种方法:

(1) 使用 SQL 语句创建数据库。

(2) 利用新建数据库视图实现创建,如图 13-4 所示。

13.3.2　数据库表的创建

数据库表、索引是数据库的基本对象,通常数据库管理员会根据数据库设计方案进行物理数据库定义(见 6.3.3 节),通常这个操作用 SQL 语句来实现。

图 13-5 所示为数据库全局概述结构。

图 13-4　"新建数据库"窗口

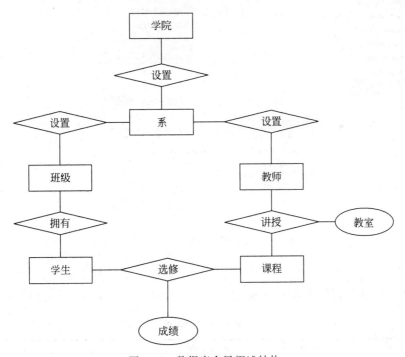

图 13-5　数据库全局概述结构

图 13-6 所示为数据库表的创建及索引的创建。

13.3.3　向数据表中输入数据

数据库创建完成,数据库中的数据的操纵方式很多。如果数据量很少,大多数情况下都是直接用数据库管理系统提供的工具来完成;如果数据量很大,多数用编程的

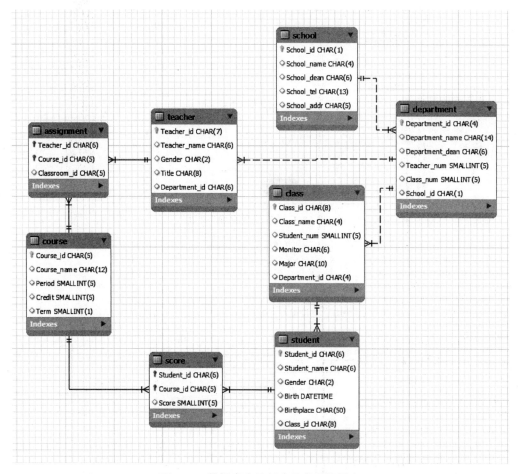

图 13-6　数据库表的创建及索引的创建

方法导入。

以下向已经创建的表输入数据，具体数据表中的数据如表 13-1～表 13-8 所示。

表 13-1　学院表

学 院 编 号	学 院 名 称	院 长 姓 名	电　话	地　址
A	计算机科学	沈存放	010-86782098	A-JSJ
B	电子信息与电气工程	张延俊	010-85764325	B-DZXDQG
C	生命科学	于博远	010-86907865	C-SMKX
D	化学化工	杨晓宾	010-86878228	D-HXHG
E	数学科学	赵石磊	010-81243989	E-SXKX
F	物理与天文	曹朝阳	010-80758493	F-WLTW
H	媒体与设计	王佳佳	010-81794522	H-MTSJ

表 13-2　系表

系　编　号	系　名　称	系　主　任	教师人数	班级个数	学院编号
A101	软件工程	李明东	20	8	A
A102	人工智能	赵子强	16	4	A
B201	信息安全	王月明	34	8	B
B202	微电子科学	张小萍	23	8	B
C301	生物信息	刘博文	23	4	C
C302	生命工程	李旭日	22	4	C
E501	应用数学	陈红萧	33	8	E
E502	计算数学	谢东来	23	8	E

表 13-3　班级表

班级编号	班级名称	班级人数	班长姓名	专业名称	系　编　号
A1011901	1901	32	江珊珊	软件工程	A101
A1011902	1902	33	赵红蕾	软件工程	A101
A1011903	1903	32	刘西畅	软件工程	A101
A1011904	1904	37	李薇薇	软件工程	A101
A1022001	2001	36	王猛仔	信息安全	A102
A1022002	2002	35	许海洋	信息安全	A102
A1022003	2003	38	何盼女	信息安全	A102
A1022004	2004	32	韩璐惠	信息安全	A102

表 13-4　学生表

学　　号	姓　　名	性　　别	出生年月	籍　　贯	班级编号
190101	江珊珊	女	2000-01-09	内蒙古	A1011901
190102	刘东鹏	男	2001-03-08	北京	A1011901
190115	崔月月	女	2001-03-17	黑龙江	A1011901
190116	白洪涛	男	2002-11-24	上海	A1011901
190117	邓中萍	女	2001-04-09	辽宁	A1011901
190118	周康乐	男	2001-10-11	上海	A1011901
190121	张宏德	男	2001-05-21	辽宁	A1011901
190132	赵迪娟	女	2001-02-04	北京	A1011901
200401	罗笑旭	男	2002-12-23	四川	A1022004
200407	张思奇	女	2002-09-19	吉林	A1022004
200413	杨水涛	男	2002-01-03	河北	A1022004
200417	李晓薇	女	2002-04-10	上海	A1022004
200431	韩璐惠	女	2001-06-16	河南	A1022004

表 13-5 教师表

教师编号	姓　名	性　别	职　称	系　编　号
A10101	李岩红	男	教授	A101
A10102	赵心蕊	女	讲师	A101
A10103	刘小阳	男	副教授	A101
A10104	徐勇力	男	教授	A101
E50101	谢君成	女	副教授	E501
E50102	张鹏科	男	教授	E501
E50103	刘鑫金	男	讲师	E501

表 13-6 课程表

课程编号	课程名称	学　时	学　分	学　期
01-01	数据结构	54	2	2
01-02	软件工程	72	3	4
01-03	数据库原理	72	3	3
01-04	程序设计	54	2	1
02-01	离散数学	54	2	2
02-02	概率统计	54	2	1
02-03	高等数学	72	3	1

表 13-7 学生成绩表

学　号	课程编号	成　绩
190115	01-01	97
190115	01-02	89
190115	01-03	90
190115	01-04	91
190132	01-01	70
190132	01-02	66
190132	01-03	56
190132	01-04	60
190101	01-01	90
190101	01-02	76
190101	01-02	87
190101	01-04	94

表 13-8　教师授课表

教 师 编 号	课 程 编 号	教 室 编 号
A101011	01-01	E-103
A101012	01 02	F-330
A101013	01-03	E-121
A101014	01-04	E-111
E501011	02-01	Z-101
E501012	02-02	Z-231
E501013	02-03	Z-122

13.3.4　视图设计

使用视图可以将数据表中的数据进行重新组织,建立临时数据集合;也可以限制用户使用数据的范围,实现有用数据的保密。视图的另一个重要用途是可以进行批量的数据更新。

1. 创建单表视图(v_school)

在"表设计视图"窗口中,选择创建视图的表,创建视图如图 13-7 所示。

图 13-7　创建单表视图(v_school)

2. 创建多表视图

在"表设计视图"窗口中,选择创建视图的表,如图 13-8 所示。

图 13-8　创建多表视图

13.3.5　存储过程设计

存储过程是一个 SQL 语句的集合,但它是按一个"单位"执行的,因此,如果想要表示一个或多个事务的操作,就可以创建存储过程。使用存储过程可以充分地降低网络负载,比单个的 SQL 操作命令执行更可靠、更高效。

1. 不带参数的存储过程

(1) 输入如下命令:

```
DELIMITER $
CREATE PROCEDURE `优秀学生`()
BEGIN
 SELECT * FROM student ST, score SC
 WHERE ST.student_id = SC.student_id AND SC.score >= 80;
END $
DELIMITER ;
```

(2) 执行 SQL 命令,运行结果如图 13-9 所示。

2. 带有输入参数的存储过程

(1) 输入如下命令:

```
DELIMITER $
CREATE PROCEDURE `插入学院`(IN id char(4), IN name char(14), IN dean char(6), IN tnum INT,
IN cnum INT, IN sid char(1))
```

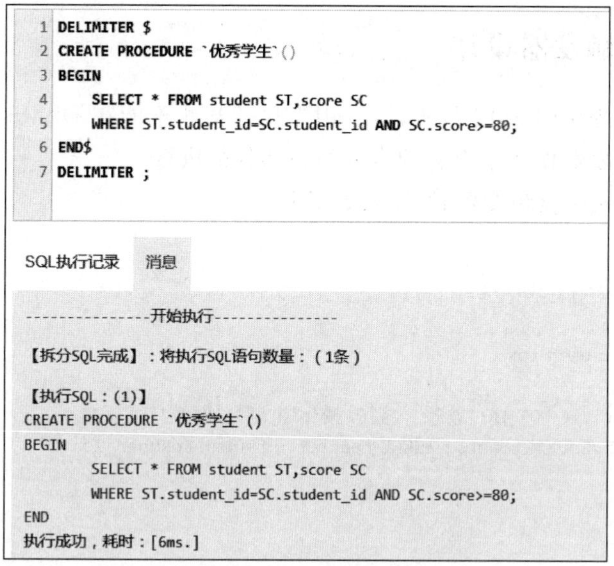

```
1  DELIMITER $
2  CREATE PROCEDURE `优秀学生`()
3  BEGIN
4      SELECT * FROM student ST,score SC
5      WHERE ST.student_id=SC.student_id AND SC.score>=80;
6  END$
7  DELIMITER ;
```

SQL执行记录　　消息

---------------开始执行---------------

【拆分SQL完成】：将执行SQL语句数量：（1条）

【执行SQL：(1)】
CREATE PROCEDURE `优秀学生`()
BEGIN
        SELECT * FROM student ST,score SC
        WHERE ST.student_id=SC.student_id AND SC.score>=80;
END
执行成功，耗时：[6ms.]

图 13-9　不带参数的存储过程

```
BEGIN
  INSERT INTO `department` (`Department_id`,`Department_name`,`Department_dean`,
`Teacher_num`,`Class_num`,`School_id`)
  VALUES (id,name,dean,tnum,cnum,sid);
  END $
DELIMITER ;
```

（2）执行 SQL 命令，运行结果如图 13-10 所示。

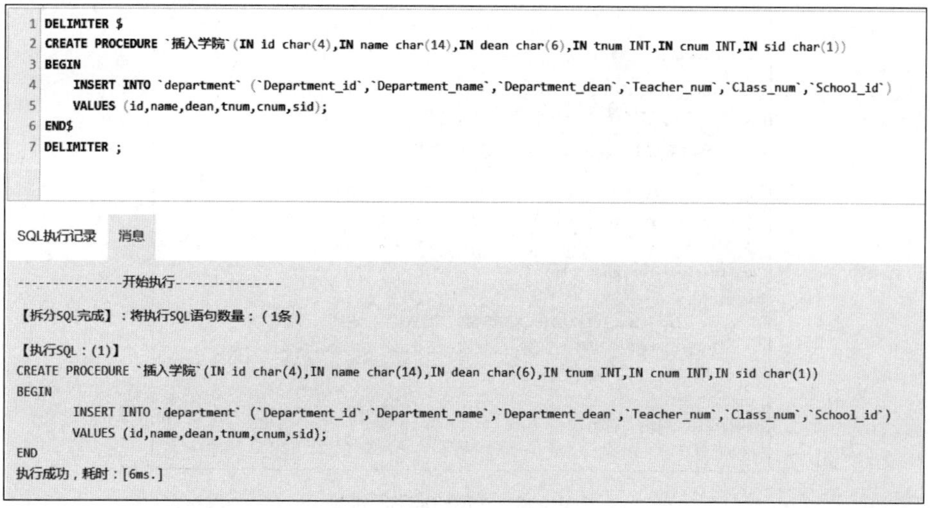

```
1  DELIMITER $
2  CREATE PROCEDURE `插入学院`(IN id char(4),IN name char(14),IN dean char(6),IN tnum INT,IN cnum INT,IN sid char(1))
3  BEGIN
4      INSERT INTO `department` (`Department_id`,`Department_name`,`Department_dean`,`Teacher_num`,`Class_num`,`School_id`)
5      VALUES (id,name,dean,tnum,cnum,sid);
6  END$
7  DELIMITER ;
```

SQL执行记录　　消息

---------------开始执行---------------

【拆分SQL完成】：将执行SQL语句数量：（1条）

【执行SQL：(1)】
CREATE PROCEDURE `插入学院`(IN id char(4),IN name char(14),IN dean char(6),IN tnum INT,IN cnum INT,IN sid char(1))
BEGIN
        INSERT INTO `department` (`Department_id`,`Department_name`,`Department_dean`,`Teacher_num`,`Class_num`,`School_id`)
        VALUES (id,name,dean,tnum,cnum,sid);
END
执行成功，耗时：[6ms.]

图 13-10　带参数的存储过程

13.3.6　触发器设计

触发器是过程化的 SQL 代码,可以用来执行某些不能在 DBMS 设计和实现级别执行的约束。触发器作为触发它的事务的一部分被执行。

(1) 创建插入检验触发器时,输入如下命令:

```
DELIMITER $
CREATE trigger tri_teacherInsert
AFTER INSERT
on teacher for each row
begin
    IF NEW.title NOT IN('教授','副教授','讲师','助教')
    THEN DELETE FROM teacher WHERE teacher_id = new.teacher_id;
    END IF;
end $
DELIMITER ;
```

(2) 执行 SQL 命令,运行结果如图 13-11 所示。

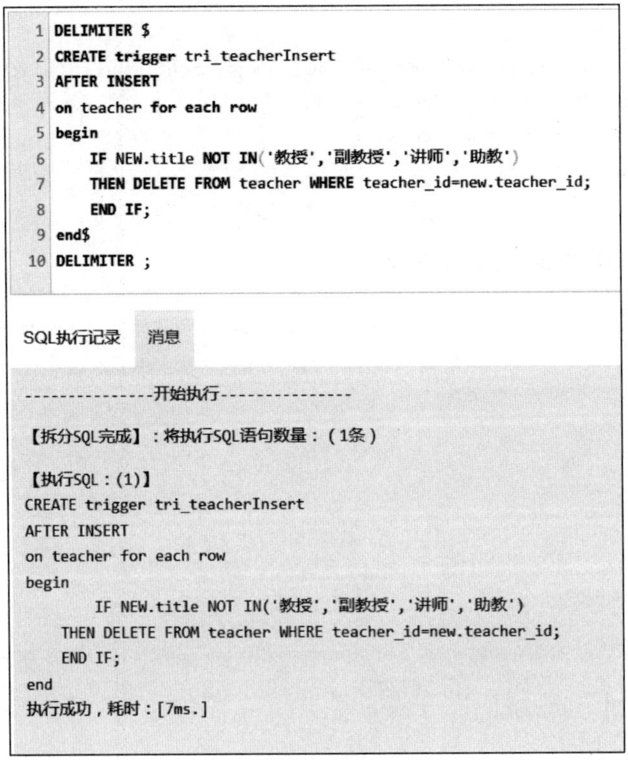

```
1  DELIMITER $
2  CREATE trigger tri_teacherInsert
3  AFTER INSERT
4  on teacher for each row
5  begin
6      IF NEW.title NOT IN('教授','副教授','讲师','助教')
7      THEN DELETE FROM teacher WHERE teacher_id=new.teacher_id;
8      END IF;
9  end$
10 DELIMITER ;
```

SQL执行记录　消息

```
--------------开始执行--------------

【拆分SQL完成】:将执行SQL语句数量:(1条)

【执行SQL:(1)】
CREATE trigger tri_teacherInsert
AFTER INSERT
on teacher for each row
begin
        IF NEW.title NOT IN('教授','副教授','讲师','助教')
    THEN DELETE FROM teacher WHERE teacher_id=new.teacher_id;
    END IF;
end
执行成功,耗时:[7ms.]
```

图 13-11　约束"职称"列值

（3）当向表（teacher）输入数据时，触发器会检验"职称"列是否违反约束条件。若违反约束条件，数据无法插入。

13.4　应用系统前端开发

为了更好地使用数据库，多数据的数据库应用系统都要作前端开发。它是利用应用编程接口（API）和数据库之间的关联操作方法来构建数据库操纵的应用。

GaussDB(for MySQL)支持高级语言 Java、Python 编写数据库应用系统程序。

13.4.1　数据库连接

"新华大学学生信息管理系统"数据库连接代码如下。

```python
import os
import redis

def get_db_uri(dbinfo):

    ENGINE = dbinfo.get('ENGINE')
    DRIVER = dbinfo.get('DRIVER')
    USER = dbinfo.get('USER')
    PASSWORD = dbinfo.get('PASSWORD')
    HOST = dbinfo.get('HOST')
    PORT = dbinfo.get('PORT')
    NAME = dbinfo.get('NAME')
    return "{} + {}://{}:{}@{}:{}/{}".format(ENGINE, DRIVER, USER, PASSWORD, HOST,
PORT, NAME)


class DevelopConfig:
    Debug = True

    DATABASE = {
        'ENGINE': 'mysql',
        'DRIVER': 'pymysql',
        'USER': 'root',
        'PASSWORD': '123123',
        'HOST': 'localhost',
        'PORT': '3306',
```

```
                'NAME': 'xinhua_gaussdb'
        }
        SQLALCHEMY_DATABASE_URI = get_db_uri(DATABASE)
        SQLALCHEMY_TRACK_MODIFICATIONS = False
        SECRET_KEY = 'secret_key'
        SESSION_TYPE = 'redis'
        SESSION_REDIS = redis.Redis(host = '127.0.0.1', port = 6379)
```

13.4.2　用户登录模块设计

最常见的前端开发程序是用户注册、登录功能模块的设计。

1. 注册页面展示

（1）程序代码如下。

```python
@blue.route('/register', methods = ['GET', 'POST'])
def register():
    """
    用户注册页面
    """
    if request.method == 'GET':
        return render_template('register.html')

    if request.method == 'POST':
        # 获取用户填写的信息
        username = request.form.get('username')
        pwd1 = request.form.get('pwd1')
        pwd2 = request.form.get('pwd2')

        # 定义变量来控制过滤用户填写的信息
        flag = True
        # 判断用户是否信息都填写了(all()函数可以判断用户填写的字段是否有空)
        if not all([username, pwd1, pwd2]):
            msg, flag = '* 请填写完整信息', False
        # 判断用户名长度是否大于16
        if len(username) > 16:
            msg, flag = '* 用户名太长', False
        # 判断两次填写的密码是否一致
        if pwd1 != pwd2:
            msg, flag = '* 两次密码不一致', False
        # 如果上面的检查有任意一项没有通过就返回注册页面,并提示响应的信息
        if not flag:
            return render_template('register.html', msg = msg)
```

```
# 核对输入的用户是否已经注册了
u = User.query.filter(User.username == username).first()
# 判断用户名是否已经存在
if u:
    msg = '用户名已经存在'
    return render_template('register.html', msg = msg)
# 上面的验证全部通过后就开始创建新用户
user = User(username = username, password = pwd1)
# 保存注册的用户
db.session.add(user)
db.commit()
# 跳转到登录页面
return redirect(url_for('blue.login'))
```

（2）用户注册页面如图 13-12 所示。

图 13-12　用户注册页面

2．登录页面展示

（1）程序代码如下。

```
@blue.route('/register', methods = ['GET', 'POST'])
def register():
    """
    用户注册页面
    """
    if request.method == 'GET':
        return render_template('register.html')
```

```
if request.method == 'POST':
    ＃ 获取用户填写的信息
    username = request.form.get('username')
    pwd1 = request.form.get('pwd1')
    pwd2 = request.form.get('pwd2')

    ＃ 定义变量来控制过滤用户填写的信息
    flag = True
    ＃ 判断用户是否信息都填写了(all()函数可以判断用户填写的字段是否有空)
    if not all([username, pwd1, pwd2]):
        msg, flag = '＊ 请填写完整信息', False
    ＃ 判断用户名长度是否大于 16
    if len(username) > 16:
        msg, flag = '＊ 用户名太长', False
    ＃ 判断两次填写的密码是否一致
    if pwd1 != pwd2:
        msg, flag = '＊ 两次密码不一致', False
    ＃ 如果上面的检查有任意一项没有通过就返回注册页面,并提示响应的信息
    if not flag:
        return render_template('register.html', msg = msg)
    ＃ 核对输入的用户是否已经注册了
    u = User.query.filter(User.username == username).first()
    ＃ 判断用户名是否已经存在
    if u:
        msg = '用户名已经存在'
        return render_template('register.html', msg = msg)
    ＃ 上面的验证全部通过后就开始创建新用户
    user = User(username = username, password = pwd1)
    ＃ 保存注册的用户
    db.session.add(user)
    db.commit()
    ＃ 跳转到登录页面
    return redirect(url_for('blue.login'))
```

（2）用户登录页面如图 13-13 所示。

13.4.3　数据维护

对于一般数据库用户,数据库应用系统通常是有专门的用户界面,如数据输入、数据修改、数据删除和数据查询等供用户进行的数据操纵。

1. 数据维护界面

（1）学院表数据维护界面,如图 13-14 所示。

图 13-13　用户登录页面

图 13-14　学院表数据维护页面

（2）添加学院页面如图 13-15 所示。

2．学生信息管理界面展示

学生信息管理模块主要记录学生的学生姓名、学号、性别、出生年月等自然信息，并可以对学生信息进行查询、添加和修改以及删除等操作。

（1）学生信息列表页面如图 13-16 所示。

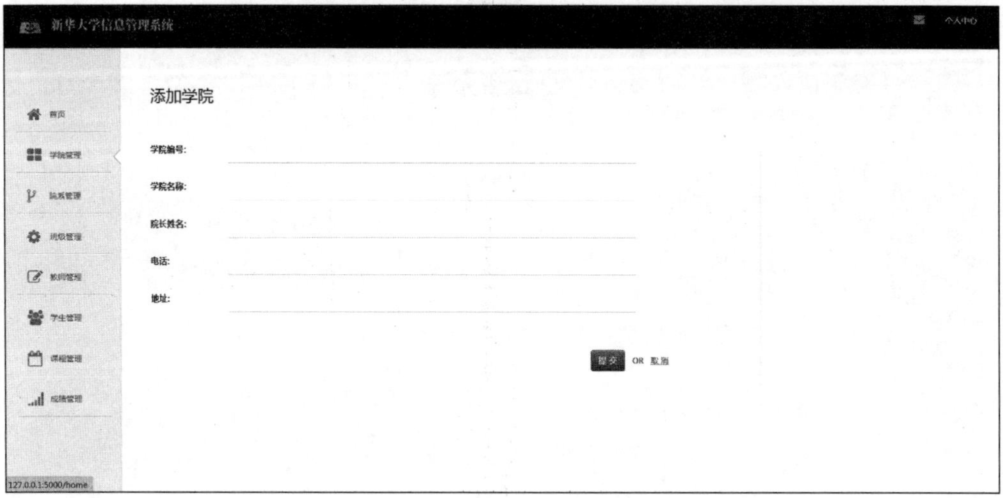

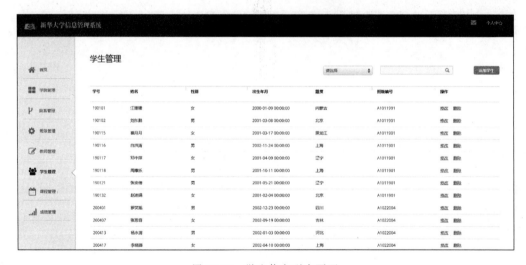

图 13-15　添加学院页面

图 13-16　学生信息列表页面

（2）添加学生页面如图 13-17 所示。

3. 课程信息管理界面展示

课程信息管理模块主要记录学院的课程名称、学期、学分等自然信息，并可以对课程信息进行查询、添加和修改以及删除等操作。

（1）课程信息列表页面如图 13-18 所示。

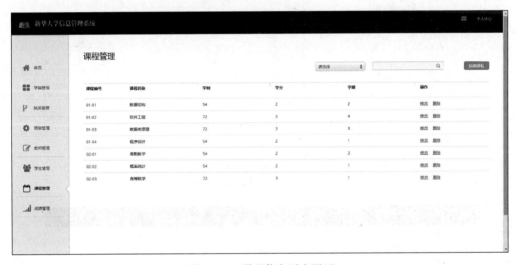

图 13-17　添加学生页面

图 13-18　课程信息列表页面

（2）添加课程页面如图 13-19 所示。

4. 学习成绩信息管理界面展示

学习成绩信息管理模块主要记录学生的课程名称、学期、学分等自然信息，并可以对课程信息进行查询、添加和修改以及删除等操作。

（1）学习成绩的列表页面如图 13-20 所示。

（2）查看具体学生的学习成绩页面如图 13-21 所示。

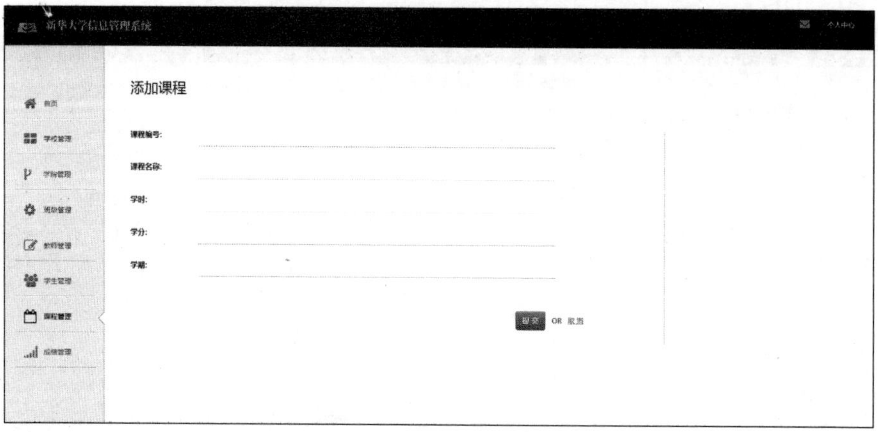

图 13-19　添加课程页面

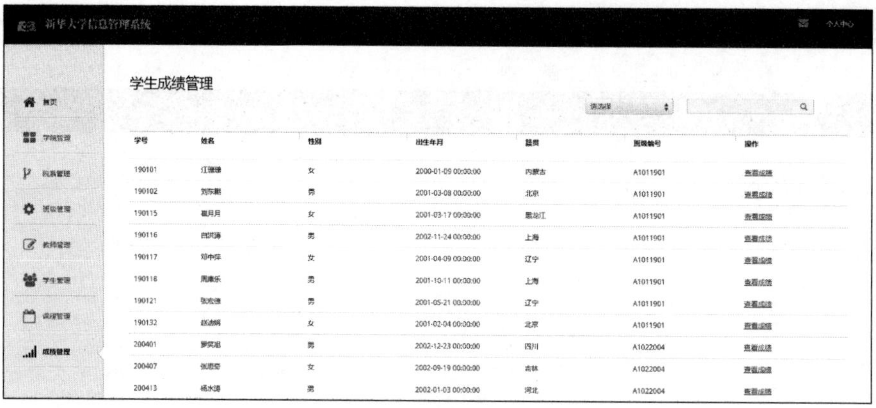

图 13-20　学习成绩的列表页面

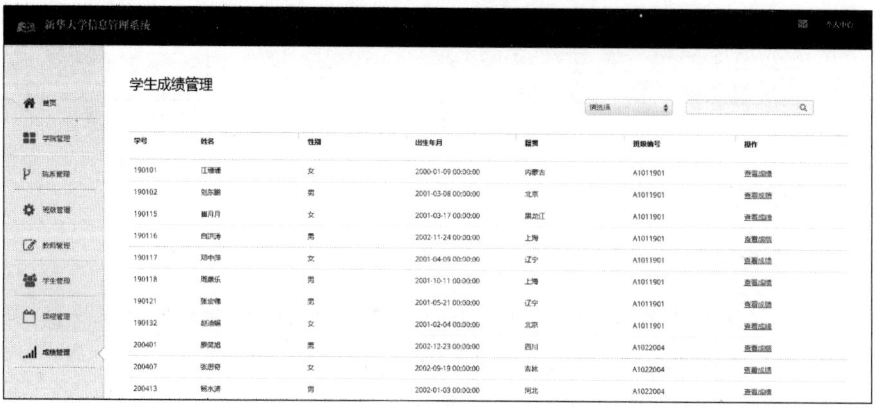

图 13-21　查看具体学生的学习成绩页面

知识点树

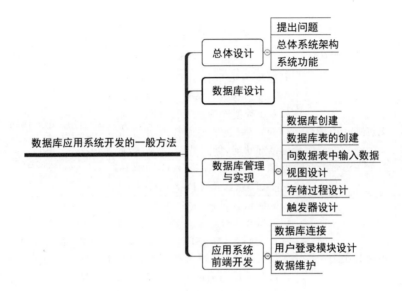

思考题

（1）试述数据库应用系统总体规划的核心元素。

（2）简述数据库设计的主要内容。

（3）简述维护数据库表都有哪些操作。

（4）试述视图在数据库应用系统中的作用。

（5）试述触发器在数据库应用系统中的作用。

访问 GaussDB(for MySQL)用户指南

表 A-1　连接方式

连接方式	连接地址	使用场景	说明
DAS 连接	无须使用 IP 地址	通过华为云数据管理服务(Data Admin Service,DAS)这款可视化的专业数据库管理工具,可获得执行 SQL、高级数据库管理、智能化运维等功能,做到易用、安全、智能地管理数据库。GaussDB(for MySQL)默认开通 DAS 连接权限	• 易用、安全、高级、智能; • 推荐使用 DAS 连接
内网连接	内网 IP 地址	系统默认提供内网 IP 地址。当应用部署在弹性云服务器上,且该弹性云服务器与 GaussDB(for MySQL)实例处于同一区域和同一 VPC 时,建议单独使用内网 IP 连接弹性云服务器与 GaussDB(for MySQL)数据库实例	• 安全性高,可实现 GaussDB(for MySQL)的较好性能; • 推荐使用内网连接
公网连接	弹性公网 IP 地址	不能通过内网 IP 地址访问 GaussDB(for MySQL)实例时,使用公网访问,建议单独绑定弹性公网 IP 地址连接弹性云服务器(或公网主机)与 GaussDB(for MySQL)数据库实例	• 降低安全性; • 为了获得更快的传输速率和更高的安全性,建议将应用迁移到与 GaussDB(for MySQL)实例在同一 VPC 内,使用内网连接

表 A-2　数据库配置

参　数	描　述
管理员账户名	(1) 数据库的登录名默认为 root。 (2) 管理员密码所设置的密码长度为 8~32 个字符,至少包含以下字符中的 3 种(大写字母、小写字母、数字、特殊字符~!@#%^*—_=+?,)的组合。请输入高强度密码并定期修改,以提高安全性,防止出现密码被暴力破解等安全风险。 (3) 请妥善保管密码,因为系统将无法获取用户密码信息
确认密码	必须和管理员密码相同

表 A-3　网络环境

网　络	参　数　描　述
虚拟私有云	GaussDB(for MySQL)实例所在的虚拟专用网络,可以对不同业务进行网络隔离。需要创建或选择所需的虚拟私有云。如何创建虚拟私有云,请参见《虚拟私有云用户指南》①中的"创建虚拟私有云基本信息及默认子网"。如果没有可选的虚拟私有云,GaussDB(for MySQL)数据库服务默认为您分配资源
子网	通过子网提供与其他网络隔离的、可以独享的网络资源,以提高网络安全性。子网在可用区内才会有效,创建 GaussDB(for MySQL)实例的子网默认开启DHCP 功能,不可关闭。可下拉选择或搜索所需子网。创建实例时,GaussDB(for MySQL)会自动配置读写内网地址,也可输入子网号段内未使用的读写内网地址
内网安全组	内网安全组限制实例的安全访问规则,加强 GaussDB(for MySQL)服务与其他服务间的安全访问。请确保所选取的内网安全组允许客户端访问数据库实例。如果不创建内网安全组或没有可选的内网安全组,GaussDB(for MySQL)数据库服务默认为您分配内网安全组资源

表 A-4　常用操作与系统权限的关系

操　作	GaussDB 完全访问权限	GaussDB ReadOnlyAccess(只读权限)
创建 GaussDB(for MySQL)实例	√	×
删除 GaussDB(for MySQL)实例	√	×
查询 GaussDB(for MySQL)实例列表	√	√

表 A-5　数据库访问

功　能	使　用　限　制
GaussDB(for MySQL)访问	(1) 如果 GaussDB(for MySQL)实例没开通公网访问,则该实例必须与弹性云服务器在同一个虚拟私有云内才能访问。 (2) 弹性云服务器必须处于目标 GaussDB(for MySQL)实例所属安全组允许访问的范围内。如果 GaussDB(for MySQL)实例与弹性云服务器处于不同的安全组,系统默认不能访问。需要在 GaussDB(for MySQL)的安全组添加一条"入"的访问规则。 (3) GaussDB(for MySQL)实例的默认端口为 3306,需用户手动修改端口号后,才能访问其他端口
部署	实例所部署的弹性云服务器,对用户都不可见,即只允许应用程序通过 IP 地址和端口访问数据库

———————————

① 即"华为云"中的参考文档。

续表

功　　能	使　用　限　制
数据库的 root 权限	创建实例页面只提供管理员 root 用户权限
修改数据库参数设置	大部分数据库参数可以通过控制台进行修改
数据迁移	使用 DRS 或 mysqldump 迁移到 GaussDB(for MySQL)数据
MySQL 存储引擎	GaussDB(for MySQL)完全兼容 MySQL,因此支持的存储引擎和 MySQL 相同
重启 GaussDB(forMySQL)实例	无法通过命令行重启,必须通过 GaussDB(for MySQL)的管理控制台操作重启实例
查看 GaussDB(forMySQL)备份	GaussDB(for MySQL)实例在对象存储服务上的备份文件,对用户不可见

表 A-6　常用操作与对应授权项

操 作 名 称	授　权　项	备　　注
创建数据库实例	gaussdb:instance:create gaussdb:param:list	界面选择 VPC、子网 安全组需要配置: vpc:vpcs:list vpc:vpcs:get vpc:subnets:get vpc:securityGroups:get 创建加密实例需要在项目上配置 KMS Administrator 权限
变更数据库实例的规格	gaussdb:instance:modifySpec	无
重启数据库实例	gaussdb:instance:restart	无
删除数据库实例	gaussdb:instance:delete	无
查询数据库实例列表	gaussdb:instance:list	无
实例详情	gaussdb:instance:list	实例详情界面展示 VPC、子网、安全组,需要对应配置 vpc:*:get 和 vpc:*:list
修改数据库实例密码	gaussdb:instance:modify	无
修改端口	gaussdb:instance:modify	无
修改实例名称	gaussdb:instance:modify	无
修改运维时间窗	gaussdb:instance:modify	无
手动主备倒换	gaussdb:instance:modify	无
切换策略	gaussdb:instance:modify	无
修改实例安全组	gaussdb:instance:modify	无

续表

操 作 名 称	授 权 项	备 注
绑定/解绑公网 IP	gaussdb:instance:modify	界面列出公网 IP 需要配置: vpc:publicIps:get vpc:publicIps:list
开启、关闭 SSL	gaussdb:instance:modify	无
创建参数模板	gaussdb:param:create	无
修改参数模板	gaussdb:param:modify	无
获取参数模板列表	gaussdb:param:list	无
应用参数模板	gaussdb:param:apply	无
删除参数模板	gaussdb:param:delete	无
创建手动备份	gaussdb:backup:create	无
删除手动备份	gaussdb:backup:delete	无
获取备份列表	gaussdb:backup:list	无
修改备份策略	gaussdb:instance: modifyBackup Policy	无
删除手动备份	gaussdb:backup:delete	无
查询可恢复时间段	gaussdb:instance:list	无
恢复到新实例	gaussdb:instance:create	界面选择 VPC、子网、安全组需要配置: vpc:vpcs:list vpc:vpcs:get vpc:subnets:get vpc:securityGroups:get
查询错误日志	gaussdb:log:list	无
查询项目标签	gaussdb:tag:list	无
批量添加删除项目标签	gaussdb:instance:dealTag	无
修改配额	gaussdb:quota:modify	无

表 A-7 其他服务的关系

相 关 服 务	交 互 功 能
弹性云服务器(ECS)	GaussDB(for MySQL)配合弹性云服务器(Elastic CloudServer,ECS)一起使用,通过内网连接 GaussDB(for MySQL)可以有效地降低应用响应时间、节省公网流量费用
虚拟私有云(VPC)	对 GaussDB(for MySQL)实例进行网络隔离和访问控制
对象存储服务(OBS)	存储 GaussDB(for MySQL)数据库实例的自动和手动备份数据
云监控服务(Cloud Eye)	云监控服务是一个开放性的监控平台,帮助用户实时监测 GaussDB(for MySQL)资源的动态。云监控服务提供多种告警方式以保证及时预警,为服务正常运行保驾护航

续表

相 关 服 务	交 互 功 能
云审计服务(CTS)	云审计服务(Cloud Trace Service,CTS)为用户提供云服务资源的操作记录,供查询、审计和回溯使用
数据复制服务(DRS)	使用数据复制服务,实现数据库平滑迁移上云
企业项目管理服务(EPS)	企业项目管理服务(Enterprise Project Management Service,EPS)提供统一的云资源按企业项目管理,以及企业项目内的资源管理、成员管理
标签管理服务(TMS)	标签管理服务(Tag Management Service,TMS)是一种快速便捷将标签集中管理的可视化服务,提供跨区域、跨服务的集中标签管理和资源分类功能

参 考 文 献

[1] 李国良,周敏奇. OpenGauss 数据库核心技术[M]. 北京:清华大学出版社,2020.

[2] 王珊,萨师煊. 数据库系统概论[M]. 4 版. 北京:高等教育出版社,2014.

[3] Siberschatz A,Korth H F,Sudarshan. 数据库系统概念[M]. 杨冬青,李红燕,唐世渭,译. 北京:机械工业出版社,2012.

[4] Ullman J,Widom J. 数据库系统基础教程[M]. 岳丽华,金培权,万寿红,等译. 北京:机械工业出版社,2010.

[5] Hector Garcia-Molina,Ullman J,Widom J. 数据库系统实现[M]. 杨冬青,吴愈青,包小源,等译. 北京:机械工业出版社,2014.

[6] Ozsu M T,Valduriez P. 分布式数据库原理[M]. 周立柱,范举,吴昊,等译. 北京:清华大学出版社,2014.

[7] Magnus Lie Hetland. Python 基础教程[M]. 司维,曾军崴,谭颖华,译. 北京:人民邮电出版社,2010.

[8] Alex Petrov. 数据库系统内幕[M]. 黄鹏程,傅宇,张晨,等译. 北京:机械工业出版社,2020.

[9] 李雁翎. 数据库技术及应用[M]. 4 版. 北京:高等教育出版社,2017.

[10] Mao Y,Kohler E,Morris R T. Cache craftiness for fast multicore key-value storage[C]. ACM European Conference on Computer Systems:ACM,2012,183-196.

[11] Giuseppe DeCandia,Deniz Hastorun. Dynamo:Amazon's Highly Available Key-value Store. [C]. ACM European Conference on Computer Systems:ACM,NY,USA,205-220.

[12] 康诺利,贝格. 数据库系统:设计、实现与管理(基础篇)[M]. 宁洪,贾丽丽,张元昭,译. 北京:电子工业出版社,2019.

[13] 李建中,王珊. 数据库系统原理[M]. 2 版. 北京:电子工业出版社,2004.

[14] 刘增杰. MySQL5.7 从入门到精通[M]. 北京:清华大学出版社,2016.

[15] 黄缙华. MySQL 入门很简单[M]. 北京:清华大学出版社,2011.

[16] 唐汉明,翟振兴,关宝军,等. 深入浅出 MySQL:数据库开发、优化与管理维护[M]. 2 版. 北京:人民邮电出版社,2014.

[17] 姜桂洪,孙福振,苏晶. MySQL 数据库应用与开发习题解答与上机指导[M]. 北京:清华大学出版社,2018.

[18] Mark Summerfield. Python3 程序开发指南[M]. 王弘博,孙传庆,译. 2 版. 北京:人民邮电出版社,2011.

[19] Eric Matthes. Python 编程:从入门到实践[M]. 袁国忠,译. 北京:人民邮电出版社,2016.